Otto Sterns Veröffentlichungen – Band 1

Horst Schmidt-Böcking · Karin Reich ·
Alan Templeton · Wolfgang Trageser ·
Volkmar Vill
Herausgeber

Otto Sterns Veröffentlichungen – Band 1

Sterns Veröffentlichungen von 1912 bis 1916

Herausgeber

Horst Schmidt-Böcking
Institut für Kernphysik
Universität Frankfurt
Frankfurt, Deutschland

Karin Reich
FB Mathematik – Statistik
Universität Hamburg
Hamburg, Deutschland

Alan Templeton
Oakland, USA

Wolfgang Trageser
Institut für Kernphysik
Universität Frankfurt
Frankfurt, Deutschland

Volkmar Vill
Inst. Organische Chemie und Biochemie
Universität Hamburg
Hamburg, Deutschland

ISBN 978-3-662-46952-1
DOI 10.1007/978-3-662-46953-8

ISBN 978-3-662-46953-8 (eBook)

Die Deutsche Nationalbibliothek verzeichnet diese Publikation in der Deutschen Nationalbibliografie; detaillierte bibliografische Daten sind im Internet über http://dnb.d-nb.de abrufbar.

Springer Spektrum
© Springer-Verlag Berlin Heidelberg 2016

Springer Berlin Heidelberg ist Teil der Fachverlagsgruppe Springer Science+Business Media (www.springer.com)

Grußwort zu den Gesammelten Werken von Otto Stern (Präsident Kreuzer)

Als Präsident der Akademie der Wissenschaften in Hamburg freue ich mich sehr, dass es gelungen ist, die Werke Otto Sterns einschließlich seiner Dissertation und der von ihm betreuten Werke seiner Mitarbeiter mit dieser Publikation nunmehr einer breiten Öffentlichkeit zugänglich zu machen. Otto Sterns Arbeiten bilden die Grundlagen für bahnbrechende Entwicklungen in der Physik in den letzten Jahrzehnten wie zum Beispiel die Kernspintomographie, die Atomuhr oder den Laser. Sie haben ihm 1943 den Nobelpreis für Physik eingebracht. Viele seiner Werke sind in seiner Hamburger Zeit von 1923 bis 1933 entstanden. Ein Grund mehr für die Akademie der Wissenschaften in Hamburg, dieses Projekt als Schirmherrin zu unterstützen.

Wie lebendig und präsent die Erinnerung an Otto Stern und sein Wirken in Hamburg noch sind, zeigte auch das „Otto Stern Symposium", welches unsere Akademie in Kooperation mit der Universität Hamburg, dem Sonderforschungsbereich „Nanomagnetismus" und der ERC-Forschungsgruppe „FURORE" im Mai 2013 veranstaltete. Veranstaltungsort war die Jungiusstraße 9, Otto Sterns Hamburger Wirkungsstätte, Anlass die Verleihung des Nobelpreises an ihn. Gleich sieben Nobelpreisträger waren es denn auch, die auf diesem Symposium Vorträge über Arbeiten hielten, die auf den Grundlagenforschungen Sterns beruhen. Mehr als 800 interessierte Zuhörer zog es an den Veranstaltungsort. Der Andrang war so groß, dass die Vorträge des Festsymposiums live in zwei weitere Hörsäle übertragen werden mussten. Auch Mitglieder der Familie Otto Sterns, darunter sein Neffe Alan Templeton waren extra aus den USA zum Symposium angereist. Es ist sehr erfreulich, dass nun seine Publikationen aus den Archiven wieder an das Licht der Öffentlichkeit geholt wurden.

Möglich wurde dies alles durch das unermüdliche Engagement und die intensive Arbeit von Horst Schmidt-Böcking, emeritierter Professor für Kernphysik an der Goethe-Universität Frankfurt am Main und ausgewiesener Kenner Otto Sterns, dem ich dafür an dieser Stelle meine Anerkennung und meinen Dank ausspreche. Mein Dank gilt auch unserem Akademiemitglied Karin Reich, Sprecherin unserer Arbeitsgruppe Wissenschaftsgeschichte, die den Kontakt zwischen Herrn Schmidt-Böcking mit der Akademie der Wissenschaften in Hamburg hergestellt hat.

Möglich wurde dies aber auch durch das Engagement des Springer-Verlags in Heidelberg, der die Publikation entgegenkommend unterstützt hat, wofür wir dem Verlag sehr danken.

Ich wünsche dem Band eine breite Rezeption und hoffe, dass er die Forschungen zu Otto Stern weiter befruchten wird.

Hamburg, im Dezember 2014

Prof. Dr.-Ing. habil.
Prof. E.h. Edwin J. Kreuzer
Präsident der Akademie der Wissenschaften
in Hamburg

Grußwort Festschriftausgabe
Gesammelte Werke von Otto Stern

Otto Stern ist eine herausragende Persönlichkeit der Experimentellen Physik. Seine zwischen 1914 und 1923 an der Goethe-Universität durchgeführten quantenphysikalischen Arbeiten haben Epoche gemacht. In Frankfurt entwickelte er die Grundlagen der Molekularstrahlmethode, dem wohl bedeutendsten Messverfahren der modernen Quantenphysik und Quantenchemie. Zusammen mit Walther Gerlach konnte er mit dieser Methode erstmals die von Debye und Sommerfeld vorausgesagte Richtungsquantelung von Atomen im Magnetfeld nachweisen. 1944 wurde ihm für das Jahr 1943 der Nobelpreis für Physik verliehen.

Doch die Wirkung seiner Arbeiten auf die Physik ist noch weitaus größer: Mehr als 20 Nobelpreise bauen auf seiner Forschung auf. Wichtige Erfindungen wie Kernspintomographie, Maser und Laser sowie die Atomuhr wären ohne seine Vorarbeit nicht denkbar gewesen. Seine außerordentliche Stellung innerhalb der Scientific Community wird auch daran deutlich, dass er von seinen Kollegen, unter ihnen Max Planck, Albert Einstein und Max von Laue, 81 Mal für den Nobelpreis vorgeschlagen wurde – öfter als jeder andere Physiker. Seit 2014 trägt daher die ehemalige Wirkungsstätte Sterns in der Frankfurter Robert-Mayer-Str. 2 den Titel „Historic Site" (Weltkulturerbe der Wissenschaft), verliehen von der Europäischen und Deutschen Physikalischen Gesellschaft. Auch die Goethe-Universität ehrte Otto Stern: Das neue Hörsaalzentrum auf dem naturwissenschaftlichen Campus Riedberg trägt seit 2012 den Namen des Wissenschaftspioniers.

Otto Sterns Arbeiten sind Meilensteine in der Geschichte der Physik. Mit der vorliegenden Festschrift sollen alle seine wissenschaftlichen Werke wieder veröffentlicht und damit der heutigen Physikergeneration zugänglich gemacht werden. Zusammen mit der Universität Hamburg, an der Otto Stern von 1923 bis 1933 lehrte und forschte, übernimmt die Goethe-Universität Frankfurt die Schirmherrschaft für die Festschrift. Ich hoffe, dass diese einmaligen Dokumente eine Inspiration sind – für heutige und künftiger Physikerinnen und Physiker.

Frankfurt a. M., im März 2015

Prof. Dr. Birgitta Wolff
Präsidentin Goethe-Universität Frankfurt

Grußwort Alan Templeton

Otto Stern, my dear great uncle, was a remarkable man, though you might not have known it from his low-key manner. He never flaunted his accomplishments, scientific or otherwise. His attitude was quite simply this: the work can speak for itself, there is no need to brag. Many members of our family are of a similar mind. Very much a cultured gentleman with good manners and a wide knowledge of the world, he was nonetheless somewhat unconventional. He was the only adult I knew as a child who honestly did not care what his neighbors thought of him. Uncle Otto had no interest in gardening, therefore the backyard of his Berkeley home was allowed to grow wild, allowing me at times the pleasure of exploring it while the adults talked of less exciting things.

He also had a housekeeper who always addressed him as: "Dr. Stern" which seemed right out of a period movie. She was competent and able, but she was not allowed to truly clean up – let alone organize – the most important room in the house: Otto's study. This was clearly the most interesting place to be, and whenever I think of Otto, I see him in my mind's eye either enjoying a fine meal or thinking in his study while seated at the wonderful and massive desk designed expressly for him by his beloved and creative younger sister, Elise Stern. This wonderful hardwood desk, now visible and still in use at the Chemistry Library of U.C. Berkeley, was always covered with piles of papers, providing a profusion of ideas and equations, words and symbols. The whole room was filled with books, papers, correspondence, and notes whose order was unclear, perhaps even to Otto himself. Amid this colorful mess is where Otto did much of his insightful work and elegant writing.

But Otto was more than just a scientist with a clever mind who enjoyed proving conventional wisdom wrong. He was also a very kind, principled and caring human being who helped many people throughout his life in large and small ways. He had a fine sense of humor as well and loved a good conversation, often with a glass of wine in one hand and his trademark cigar in the other.

Oakland, California, 1 December 2014   Alan Templeton

Vorwort der Herausgeber

Otto Stern war einer der großen Pioniere der modernen Quantenwissenschaften. Es ist fast 100 Jahre her, dass er 1919 in Frankfurt die Grundlagen der Molekularstrahlmethode entwickelte, einem der bedeutendsten Messverfahren der modernen Quantenphysik und Quantenchemie. 1916 postulierten Pieter Debye und Arnold Sommerfeld die Hypothese der Richtungsquantelung, eine der fundamentalsten Eigenschaften der Quantenwelt schlechthin. 1922 gelang es Otto Stern zusammen mit Walther Gerlach diese vorausgesagte Richtungsquantelung und damit die Quantisierung des Drehimpulses erstmals direkt nachzuweisen. Stern und Gerlach hatten 1922 damit indirekt schon den Elektronenspin entdeckt sowie die dem gesunden Menschenverstand widersprechende „Verschränktheit" zwischen Quantenobjekt und der makroskopischen Apparatur bewiesen.

Ab 1923 als Ordinarius an der Universität Hamburg verbesserte Stern zusammen mit seinen Mitarbeitern (Immanuel Estermann (1900–1973), Isidor Rabi (1898–1988), Emilio Segrè (1905–1989), Robert Otto Frisch (1904–1979), u. a.) die Molekularstrahlmethode so weit, dass er sogar die innere Struktur von Elementarteilchen (Proton) und Kernen (Deuteron) vermessen konnte und damit zum Pionier der Kern- und Elementarteilchenstrukturphysik wurde. Außerdem gelang es ihm zusammen mit Mitarbeitern, die Richtigkeit der de Broglie-Impuls-Wellenlängenhypothese im Experiment mit 1 % Genauigkeit sowie den von Einstein vorausgesagten Recoil-Rückstoss bei der Photonabsorption von Atomen nachzuweisen. 1933 musste Stern wegen seiner mosaischen Abstammung aus Deutschland in die USA emigrieren. 1944 wurde er mit dem Physiknobelpreis 1943 ausgezeichnet. Er war bis 1950 vor Arnold Sommerfeld und Max Planck (1858–1947) der am häufigsten für den Nobelpreis nominierte Physiker. Kernspintomographie, Maser und damit Laser, sowie die Atomuhr basieren auf Verfahren, die Otto Stern entwickelt hat. Ziel dieser gesammelten Veröffentlichungen ist es, an diese bedeutende Frühzeit der Quantenphysik zu erinnern und vor allem der jetzigen Generation von Physikern Sterns geniale Experimentierverfahren wieder bekannt zu machen.

Wir möchten an dieser Stelle Frau Pia Seyler-Dielmann und Frau Viorica Zimmer für die große Hilfe bei der Besorgung und bei der Aufbereitung der alten Veröffentlichungen danken. Außerdem möchten wir den Verlagen: American Physical Society, American Association for the Advancement of Science, Birkhäuser Verlag, Deutsche Bunsen Gesellschaft, Hirzel Verlag, Nature Publishing Group, Nobel Archives, Preussische Akademie der Wissenschaften, Schweizerische Chemische Gesellschaft, Società Italiana di Fisica, Springer Verlag, Walter de Gruyter Verlag, und Wiley-Verlag unseren großen Dank aussprechen, dass wir die Original-Publikationen verwenden dürfen.

Frankfurt, den 31.3.2015   Horst Schmidt-Böcking, Alan Templeton,
                                        Wolfgang Trageser, Volkmar Vill und Karin Reich

Inhaltsverzeichnis

Band 1

Band 2

Band 3

Band 4

Band 5

Lebenslauf und wissenschaftliches Werk von Otto Stern

Abb. 1.1 Otto Stern. Geb. 17.2.1888 in Sohrau/Oberschlesien, gest. 17.8.1969 in Berkeley/CA. Nobelpreis für Physik 1943 (Bild Nachlass Otto Stern, Familie Alan Templeton)

© Springer-Verlag Berlin Heidelberg 2016
H. Schmidt-Böcking, K. Reich, A. Templeton, W. Trageser, V. Vill (Hrsg.), *Otto Sterns Veröffentlichungen – Band 1*, DOI 10.1007/978-3-662-46953-8_1

Mit der erfolgreichen Durchführung des sogenannten „STERN-GERLACH-Experimentes" 1922 in Frankfurt haben sich Otto Stern und Walther Gerlach weltweit unter den Physikern einen hohen Bekanntheitsgrad erworben [1]. In diesem Experiment konnten sie die von Arnold Sommerfeld und Pieter Debye vorausgesagte „RICHTUNGSQUANTELUNG" der Atome im Magnetfeld erstmals nachweisen [2]. Zu diesem Experiment hatte Otto Stern die Ideen des Experimentkonzeptes geliefert und Walther Gerlach gelang die erfolgreiche Durchführung. Dieses Experiment gilt als eines der wichtigsten Grundlagenexperimente der modernen Quantenphysik.

Die Entstehung der Quantenphysik wird jedoch meist mit Namen wie Planck, Einstein, Bohr, Sommerfeld, Heisenberg, Schrödinger, Dirac, Born, etc. in Verbindung gebracht. Welcher Nichtphysiker kennt schon Otto Stern und weiß, welche Beiträge er über das Stern-Gerlach-Experiment hinaus für die Entwicklung der Quantenphysik geleistet hat. Um seine große Bedeutung für den Fortschritt der Naturwissenschaften zu belegen und um ihn unter den „Giganten" der Physik richtig einordnen zu können, kann man die Archive der Nobelstiftung bemühen und nachschauen, welche Physiker von ihren Physikerkollegen am häufigsten für den Nobelpreis vorgeschlagen wurden. Es ist von 1901 bis 1950 Otto Stern, der 82 Nominierungen erhielt, 7 mehr als Max Planck und 22 mehr als Einstein [3].

Otto Stern waren wegen des 1. Weltkrieges und der 1933 durch die Nationalsozialisten erzwungenen Emigration in die USA nur 14 Jahre Zeit in Deutschland gegeben, um seine bahnbrechenden Experimente durchzuführen [4]. Zwei Jahre nach seiner Dissertation 1914 begann der 1. Weltkrieg und Otto Stern meldete sich freiwillig zum Militärdienst. Erst nach dem Ende des ersten Weltkrieges konnte er 1919 in Frankfurt mit seiner richtigen Forschungsarbeit beginnen. 1933 musste er wegen der Diktatur der Nationalsozialisten seine Forschung in Deutschland beenden und Deutschland verlassen. In diesen 14 Jahren publizierte er 47 von seinen insgesamt 71 Publikationen (mit Originaldoktorarbeit (S1), ohne die Doppelpublikation seines Nobelpreisvortrages S72), 8 vor 1919 und 17 nach 1933[1]. Darunter sind 8 Konferenzbeiträge, die als einseitige kurze Mitteilungen anzusehen sind. Hinzu kommen noch 22 Publikationen (M1 bis M22) seiner Mitarbeiter in Hamburg und eine Publikation von Walther Gerlach (M0) in Frankfurt, an denen er beteiligt war, aber wo er auf eine Mit-Autorenschaft verzichtete. Seine wichtigsten Arbeiten betreffen Experimente mit der von ihm entwickelten Molekularstrahlmethode MSM. In ca. 50 seiner Veröffentlichungen war die MSM Grundlage der Forschung. Die Publikationen seiner Mitarbeiter basierten alle auf der MSM. Stern hat zahlreiche bahnbrechende Pionierarbeiten durchgeführt, wie z. B. die 1913 mit Einstein publizierte Arbeit über die Nullpunktsenergie (S5), die Messung der mittleren Maxwell-Geschwindigkeit von Gasstrahlen in Abhängigkeit der Temperatur des Verdampfers (sein Urexperiment zur Entwicklung der MSM) (S14+S16+S17), zusammen mit Walther Gerlach der Nachweis, dass Atome ein magnetisches Moment haben (S19), der Nachweis der Richtungsquantelung (Stern-Gerlach-Experiment) (S20),

---

[1] In der kurzen Sternbiographie von Emilio Segrè [5] und in der Sonderausgabe von Zeit. F. Phys. D [6] zu Sterns 100. Geburtstag 1988 werden jeweils nur 60 Publikationen Sterns aufgeführt.

die erstmalige Bestimmung des Bohrschen magnetischen Momentes des Silbera-toms (S21), der Nachweis, dass Atomstrahlen interferieren und die direkte Messung der de Broglie-Beziehung für Atomstrahlen (S37+S39+S40+S42), die Messung der magnetischen Momente des Protons und Deuterons (S47+S52+S54+S55) und der Nachweis von Einsteins Voraussage, dass Photonen einen Impuls haben und Rückstöße bei Atomen (M17) bewirken können. Die von Otto Stern entwickelte MSM wurde der Ausgangspunkt für viele nachfolgende Schlüsselentdeckungen der Quantenphysik, wie Maser und Laser, Kernspinresonanzmethode oder Atomuhr. 20 spätere Nobelpreisleistungen in Physik und Chemie wären ohne Otto Sterns MSM nicht möglich geworden.

Otto Stern begann seine beindruckende Experimentserie 1918 bei Nernst in Ber-lin (Zusammenarbeit von wenigen Monaten mit Max Volmer) [4] und dann ab Februar 1919 in Frankfurt. Dort in Frankfurt entwickelte er die Grundlagen der MSM (S14+S16+S17), eine Messmethode, mit der man erstmals die Quanteneigenschaften eines einzelnen Atoms untersuchen und messen konnte. Mit dieser MSM gelang ihm 1922 in Frankfurt zusammen mit Walther Gerlach das sogenannte Stern-Gerlach-Experiment (S20), das der eigentliche experimentelle Einstieg in die bis heute so schwer verständliche Verschränkheit von Quantenobjekten darstellt. Im Oktober 1921 nahm er eine a. o. Professor für theoretische Physik in Rostock an und wechselte am 1.1.1923 zur 1919 neu gegründeten Universität Hamburg. Hier in Hamburg gelangen ihm bis zu seiner Emigration am 1.10.1933 viele weite-re bahnbrechende Entdeckungen zur neuen Quantenphysik. Zusammen mit seinen Mitarbeitern Otto Robert Frisch und Immanuel Estermann konnte er in Hamburg erstmals die magnetischen Momente des Protons und Deuterons bestimmen und damit wichtige Grundsteine für die Kern- und Elementarteilchenstrukturphysik le-gen.

Otto Stern wurde am 17. Februar 1888 als ältestes Kind der Eheleute Oskar Stern (1850–1919) und Eugenie geb. Rosenthal (1863–1907) in Sohrau/Oberschlesien ge-boren. Sein Vater war ein reicher Mühlenbesitzer. Otto Stern hatte vier Geschwister, den Bruder Kurt (1892–1938) und die drei Schwestern Berta (1889–1963), Lotte Hanna (1897–1912) und Elise (1899–1945) [4].

Nach dem Abitur 1906 am Johannes Gymnasium in Breslau studierte Otto Stern zwölf Semester physikalische Chemie, zuerst je ein Semester in Freiburg im Breis-gau und München. Am 6. März 1908 bestand er in Breslau sein Verbandsexamen und am 6. März 1912 absolvierte er das Rigorosum und wurde am Sonnabend, dem 13. April 1912 um 16 Uhr mit einem Vortrag über „Neuere Anschauungen über die Affinität" zum Doktor promoviert. Vorlesungen hörte Otto Stern u. a. bei Richard Abegg (Breslau, Abegg führte die Elektronenaffinität und die Valenzre-gel ein), Adolph von Baeyer (München, Nobelpreis in Chemie 1905), Leo Graetz (München, Physik), Walter Herz (Breslau, Chemie), Richard Hönigswald (Bres-lau, Physik, Schwarzer Strahler), Jacob Rosanes (Breslau, Mathematik), Clemens Schaefer (Breslau, Theoretische Physik), Conrad Willgerodt (Freiburg, Chemie) und Otto Sackur (Breslau, Chemie) (siehe Dissertation, (S1)). In einigen Biogra-phien über Otto Stern wird Arnold Sommerfeld als einer seiner Lehrer genannt. Im Interview mit Thomas S. Kuhn 1962 erwähnt Otto Stern jedoch, dass er während seines Münchener Semesters wohl einige Male in Sommerfelds Vorlesungen gegangen sei, jedoch nichts verstanden habe [7].

Für Otto Stern stand fest, dass er seine Doktorarbeit in physikalischer Chemie durchführen würde. Dieses Fach wurde damals in Breslau u. a. von Otto Sackur vertreten, der auf dem Grenzgebiet von Thermodynamik und Molekulartheorie arbeitete. Der eigentliche „Institutschef" in Breslau war Eduard Buchner, der 1907 den Nobelpreis für Chemie (Erklärung des Hefeprozesses) erhielt. Da Buchner 1911 nach Würzburg ging, hat Otto Stern die Promotion unter Heinrich Biltz als Referenten der Arbeit abgeschlossen. Die Dissertation hat er seinen Eltern gewidmet.

In seiner Dissertation (S1) über den osmotischen Druck des Kohlendioxyds in konzentrierten Lösungen konnte Otto Stern sowohl seine theoretischen als auch seine experimentellen Fähigkeiten unter Beweis stellen, ein Zeichen bereits für seine späteren Arbeiten, in denen er Experiment und Theorie in exzellenter Weise miteinander verband.

Sterns Doktorarbeit (S1) wurde in Zeit. Phys. Chem. 1912 (S2) als seine erste Zeitschriftenpublikation veröffentlicht. Diese Arbeit enthält sowohl einen theoretischen als auch einen längeren experimentellen Teil. Im theoretischen Teil hat Stern mit Hilfe der van der Waalschen Gleichungen den osmotischen Druck an der Grenzfläche einer Flüssigkeit (semipermeable Wand) berechnet. Die Arbeit enthält die vollständige theoretische Ableitung in hochkonzentrierter Lösung. Im experimentellen Teil beschreibt er im Detail seine sehr sorgfältigen Messungen. In dieser Arbeit hat er seine ersten Apparaturen entworfen und gebaut. Der junge a. o. Professor Otto Sackur betreute seine Dissertation. Sackur war zusammen mit Tetrode der erste, dem es gelang, die Entropie eines einatomigen idealen Gases auf der Basis der neuen Quantenphysik zu berechnen, in dem er zeigte, dass die minimale Phasenraumzelle pro Zustand und Freiheitsgrad der Bewegung genau gleich der Planckschen Konstante ist. Dem Einfluss Sackurs ist es zuzuschreiben, dass das Problem „Entropie" Otto Stern zeitlebens nicht mehr los lies. Die Größe der Entropie ist ein Maß für Ordnung oder Unordnung in physikalischen oder chemischen Systemen. Ihr Ursprung und Zusammenhang mit der Quantenphysik hat Stern stets beschäftigt. Otto Sackur hat damit Sterns Denken und Forschen tief geprägt.

Prag 1912

Nach der Promotion wechselte Otto Stern im Mai 1912 durch Vermittlung Fritz Habers zu Albert Einstein nach Prag. Sackur hatte ihm zugeredet, zu Einstein zu gehen, obwohl Stern selbst es als eine „große Frechheit" betrachtete, als Chemiker bei Einstein anzufangen. Im Züricher Interview schildert Otto Stern seine erste Begegnung so [8]: *Ich erwartete einen sehr gelehrten Herrn mit großem Bart zu treffen, fand jedoch niemand, der so aussah. Am Schreibtisch saß ein Mann ohne Krawatte, der aussah wie ein italienischer Straßenarbeiter. Das war Einstein, er war furchtbar nett. Am Nachmittag hatte er einen Anzug angezogen und war rasiert. Ich habe ihn kaum wiedererkannt.*

Abb. 1.2 Otto Stern und Albert Einstein (ca. 1925, Bild Nachlass Otto Stern, Familie Alan Templeton)

Stern betrachtete es als einen großen Glücksfall, dass er Diskussionspartner von Einstein werden konnte, denn Einstein war nach Aussage Sterns völlig vereinsamt, da er an der deutschen Karls Universität in Prag niemanden sonst hatte, mit dem er diskutieren konnte. Wie Stern sagte [8]: *"Nolens volens nur mit mir, die Zeit mit Einstein war für mich entscheidend, um in die richtigen Probleme eingeführt zu werden"*.

Die Diskussion zwischen Einstein und Stern ging meist über prinzipielle Probleme der Physik. Stern war wegen seiner Interessen an der physikalischen Chemie und speziell dem Phänomen der Entropie sehr an der Quantentheorie interessiert. Die Klärung der Ursachen der Entropie ist für Stern zeitlebens von großer Bedeutung gewesen. Die statistische Molekulartheorie Boltzmanns spielte folglich für Stern eine große Rolle. Bei den Arbeiten über Entropie, wie Stern in seinem Züricher Interview berichtet, konnte Einstein jedoch Stern wenig helfen.

Zürich 1912 -1914

Als Albert Einstein im Oktober 1912 an die Universität Zürich ging, folgte Otto Stern ihm. Einstein stellte ihn als wissenschaftlichen Mitarbeiter an. Drei Semester blieben Einstein und Stern in Zürich. Aus dieser Zeit entstand eine mit Einstein gemeinsame Veröffentlichung über die Nullpunktsenergie mit dem Titel: *Einige Argumente für die Annahme einer molekularen Agitation beim absoluten Nullpunkt.* Diese Arbeit wurde 1913 in den Annalen der Physik (S5) publiziert. In dieser Arbeit wird die spezifische Wärme in Abhängigkeit der absoluten Temperatur berechnet. Als Ausgangspunkt für die Energie und Besetzungswahrscheinlichkeit eines einzelnen Resonators wird die Plancksche Strahlungsformel benutzt, einmal ohne und zum andern mit Annahme einer Nullpunktsenergie. Wenn die Temperatur gegen Null geht, unterscheiden sich beide Kurven deutlich. Durch Vergleich mit Messdaten für Wasserstoff konnten Einstein und Stern zeigen, dass die Kurve mit Berücksichtigung einer Nullpunktsenergie sehr gut, ohne Nullpunkts-Energieterm jedoch sehr schlecht mit den Daten übereinstimmt. Kennzeichnend für Einstein und Stern ist noch eine Fußnote, die sie in der Publikation hinzugefügt haben; um die Art ihrer „querdenkenden" Arbeitsweise zu charakterisieren: *Es braucht kaum betont zu werden, dass diese Art des Vorgehens sich nur durch unsere Unkenntnis der tatsächlichen Resonatorgesetze rechtfertigen lässt.*

Am 26. Juni 1913 stellte Otto Stern einen Antrag auf Habilitation im Fach Physikalische Chemie und auf „Venia Legendi" mit dem Titel Privatdozent [8, 9]. Seine nur 8-seitige (Din A5) Habilitationsschrift hat den Titel (S4): *Zur kinetischen Theorie des Dampfdruckes einatomiger fester Stoffe und über die Entropiekonstante einatomiger Gase.* Wie Stern ausführt, konnte man damals wohl die relative Temperaturabhängigkeit des Dampfdruckes mit Hilfe der klassischen Thermodynamik berechnen, jedoch nicht dessen Absolutwert speziell bei niedrigen Temperaturen. Erst die neue Quantentheorie gestattet, die absoluten Entropiekonstanten und damit das Verdampfungs- und Absorbtionsgleichgewicht zwischen Gasen und Festkörpern zu berechnen. Stern beschreibt in seiner Habilitationsschrift noch einen zweiten Weg, um die absoluten Werte des Dampfdruckes zu erhalten, in dem man für hohe Temperaturen die klassische Molekularkinetik nach Boltzmann anwendet. Gutachter seiner Arbeit waren die Professoren Einstein, Weiss und Baur. Am 22. Juli 1913 stimmt der „Schulrat" dem Habilitationsantrag zu und beauftragt Stern, seine Antrittsvorlesung zu halten. Im WS 1913/14 hält Otto Stern eine 1-stündige Vorlesung über das Thema: *Theorie des chemischen Gleichgewichts unter besonderer Berücksichtigung der Quantentheorie.* Im SS hält er eine 2-stündige Vorlesung über Molekulartheorie.

Hier in Zürich traf Stern Max von Laue. Zwischen Laue und Stern begann eine tiefe, lebenslange Freundschaft, die auch den 2. Weltkrieg überdauerte. Der dritte in diesem Bunde war Albert Einstein, denn Laue und Einstein kannten sich seit 1907, als Laue den noch etwas unbekannten Einstein auf dem Patentamt in Bern besuchte. Seit dieser Zeit hat Laue wichtige Beiträge zur Relativitätstheorie publiziert. Laue war der einzige deutsche Wissenschaftler von Rang, der während der Nazizeit und nach dem Krieg zu Einstein und Stern stets sehr freundschaftliche Bindungen unterhielt.

Die Zeit von Otto Stern in Zürich war, wie er selbst sagt, was seine experimentellen Arbeiten in der Physikalischen Chemie und Physik betrifft, nicht besonders erfolgreich [8]. Auf Einsteins Wunsch hatte er experimentell gearbeitet. Neben der gemeinsamen theoretischen Arbeit mit Einstein über die Nullpunktsenergie sowie seine veröffentlichte Habilitationsschrift hat Stern nur eine weitere Zeitschriftenpublikation in Zürich eingereicht. Zu dieser Arbeit hat ihn Ehrenfest angeregt. Diese theoretische Arbeit mit dem Titel „*Zur Theorie der Gasdissozation*" wurde im Februar 1914 eingereicht und in den Annalen der Physik 1914 publiziert (S4). Darin wird die Reaktion zwischen zwei idealen Gasen betrachtet und die Entropie sowie die Gleichgewichtskonstante der Reaktion mit Hilfe von Thermodynamik und der Quantentheorie berechnet.

Da Stern während des Studiums nur wenig Gelegenheit hatte, theoretische Physik zu lernen, obwohl er sich auf diesem Gebiet habilitiert hatte, hat er in Prag und Zürich die Einsteinschen Vorlesungen besucht. Otto Stern sagt, dass er bei Einstein das *Querdenken* gelernt hat. Immanuel Estermann [10], einer seiner späteren, engsten Mitarbeiter schreibt zu Sterns Beziehung zu Albert Einstein: *Stern hat einmal erzählt, daß ihn an Einstein nicht so die spezielle Relativitätstheorie interessierte, sondern vielmehr die Molekulartheorie, und Einstein's Ansätze, die Konzepte der Quantenhypothese auf die Erklärung des zunächst noch unverständlichen Temperaturverhaltens der spezifischen Wärmen in kristallinen Körpern anzuwenden. Eine der ersten Veröffentlichungen Sterns zusammen mit Einstein war der Frage nach der Nullpunktsenergie gewidmet, d. h. der Frage, ob sich die Atome eines Körpers am absoluten Nullpunkt in Ruhe befinden, oder eine Schwingung um eine Gleichgewichtsposition mit einer Mindestenergie ausführen. Der eigentliche Gewinn, den Stern aus der Zusammenarbeit mit Einstein zog, lag in der Einsicht, unterscheiden zu können, welche bedeutenden und weniger bedeutenden physikalischen Probleme gegenwärtig die Physik beschäftigen; welche Fragen zu stellen sind und welche Experimente ausgeführt werden müssen, um zu einer Antwort zu gelangen. So entstand aus einer relativ kurzen wissenschaftlichen Verbindung mit Einstein eine lebenslange Freundschaft.* Als Anfang August 1914 der erste Weltkrieg ausbrach, ließ Otto Stern sich in Zürich zum WS 1914/15 beurlauben, um als Freiwilliger seinen Wehrdienst für Deutschland zu leisten. Einstein war schon am 1. April 1914 als Direktor des Kaiser-Wilhelm-Instituts für Physik in Berlin ernannt worden.

Frankfurt und 1. Weltkrieg

Otto Sterns Freund Max von Laue war am 14. August 1914 von Kaiser Wilhelm II. zum ersten Professor für Theoretische Physik an die 1914 neu gegründete königliche Stiftungsuniversität Frankfurt berufen worden [11]. Stern nahm Laues Angebot an, bei Laue als Privatdozent für theoretische Physik anzufangen. Obwohl er schon am 10.11.1914 seine Umhabilitierung an die Universität Frankfurt beantragt hat [11], ist Otto Stern formal erst Ende 1915 aus dem Dienst der Universität Zürich ausgeschieden.

Die ersten zwei Jahre des Krieges diente Otto Stern als Unteroffizier und wurde meist auf der Kommandatur beschäftigt. Er war in einem Schnellkurs in Berlin als Metereologe ausgebildet worden. Stern hat im Krieg auch Berlin besuchen können, um mit Nernst daran zu arbeiten, wie dünnflüssige Öle dickflüssig gemacht werden könnten. Bei diesen Besuchen hat er sich regelmäßig mit seinen Vater getroffen. Ab Ende 1915 tat Otto Stern Dienst auf der Feldwetterstation in Lomsha in Polen. Da er dort nicht voll ausgelastet war und [8] *„um seinen Verstand aufrechtzuerhalten"*, hat er sich nebenbei mit theoretischen Problemen der Entropie beschäftigt und zwei beachtenswerte, sehr ausführliche Arbeiten über Entropie verfasst. 1. „Die Entropie fester Lösungen" (eingereicht im Januar 1916 und erschienen in Ann. Phys. 49, 823 (1916)) (S7) und 2. „Über eine Methode zur Berechnung der Entropie von Systemen elastisch gekoppelter Massenpunkte" (S8) (eingereicht im Juli 1916). In der zweiten dieser Arbeiten ist ein Gleichungssystem für n gekoppelte Massenpunkte zu lösen, das auf eine Determinante n-ten Grades zurückgeführt wird. In Erinnerung an den Entstehungsort dieser Arbeit hat Wolfgang Pauli diese Determinante immer als die Lomsha-Determinante bezeichnet. Zwischen Einstein und Stern wurden in dieser Zeit oft Briefe gewechselt, in denen thermodynamische Probleme diskutiert wurden. Offensichtlich waren beide jedoch oft unterschiedlicher Meinung und Einstein wollte die Diskussion dann später lieber in Berlin fortsetzen. Wie entscheidend Einsteins Beiträge zu den beiden Lomsha-Publikationen waren, ist nicht klar. Da jedoch in beiden Veröffentlichungen Stern seinem Freund Einstein keinen Dank ausspricht, kann Stern Einsteins Beitrag als nicht so wichtig angesehen haben.

Berliner Zeit im Nernstschen Institut 1918–9

Viele Physiker und Physikochemiker waren gegen Ende des ersten Weltkrieges mit militärischen Aufgaben betraut, vorwiegend im Labor von Walther Nernst an der Berliner Universität. In diesem Labor arbeitete Otto Stern mit dem Physiker und späteren Nobelpreisträger James Franck und mit Max Volmer zusammen, die beide ausgezeichnete Experimentalphysiker waren. Dieser Kontakt und die dortige Zusammenarbeit mit Max Volmer haben sicher dazu beigetragen, dass sich Otto Stern ab Beginn 1919 fast völlig experimentellen Problemen zuwandte. Volmers Arbeitsgebiet war die experimentelle Physikalische Chemie. Bei diesen Arbeiten wurden beide durch die promovierte Chemikerin Lotte Pusch (spätere Ehefrau von Max Volmer) unterstützt.

Zusammen mit Max Volmer entstanden in der kurzen Zeit von Ende 1918 bis Mitte 1919 drei Zeitschriftenpublikationen, die mehr experimentelle als theoretische Forschungsziele hatten. Die erste Publikation (S10) (Januar 1919 eingereicht) befasste sich mit der Abklingzeit der Fluoreszenzstrahlung, oder heute würde man sagen: der Lebensdauer von durch Photonen angeregter Zustände in Atomen oder Molekülen. Schnelle elektronische Uhren waren damals noch nicht vorhanden, also brauchte man beobachtbare parallel ablaufende Prozesse als Uhren. Da bot sich die

Molekularbewegung an. Wenn die Moleküle sich mit typisch 500 m/sec (je nach Temperatur kann man die Geschwindigkeit beeinflussen) bewegen und wenn man ihre Leuchtbahnen unter dem Mikroskop mit 1 Mikrometer Auflösung beobachten kann (Moleküle brauchen dann für diese Flugstrecke zwei Milliardestel Sekunde), dann kann man indirekt eine zeitliche Auflösung von nahezu einer Milliardestel Sekunde erreichen, unglaublich gut für die damalige Zeit direkt nach dem 1. Weltkrieg.

Stern und Volmer diskutieren in ihrer Arbeit verschiedene Wege, wie man Atome anregen kann und dann die Fluoreszenzstrahlung der sich schnell bewegenden Atome in Gasen mit unterschiedlichen Drucken und Temperaturen beobachten muss, um unter Berücksichtigung der Molekularbewegung mit sekundären Stößen eine Lebensdauer zu bestimmen. In ihrem Experiment erreichen sie eine Auflösung von ca. 2. Milliardestel Sekunde. Fokussiert durch eine Linse tritt ein scharf kollimierter Lichtstrahl in eine Vakuumapparatur mit veränderbaren Gasdruck und Temperatur ein, der die Gasatome zur Fluoreszenzstrahlung anregt. In dieser Arbeit wurde der sogenannte Stern-Volmer-Plot entwickelt und die danach benannte Stern-Volmer-Gleichung abgeleitet, die die Abhängigkeit der Intensität der Fluoreszenz (Quantenausbeute) eines Farbstoffes gegen die Konzentration von beigemischten Stoffen beschreibt, die die Fluorenzenz zum Löschen bringen. Die Veröffentlichung enthält jedoch noch einen visionären Gedanken, der das Prinzip der modernen „Beam Foil Spectroscopy" schon anwendet, d. h. ein extrem scharf kollimierter Anregungsstrahl (damals Licht, heute oft eine sehr dünne Folie) wird mit einem schnellen Gasstrahl gekreuzt und dann strahlabwärts das Leuchten gemessen. Aus der Geometrie des Leuchtschweifs kann man direkt die Lebensdauer bestimmen.

In der 2. Berliner Veröffentlichung (S11) von Stern und Volmer wurden die Ursachen und Abweichungen der Atomgewichte von der *Ganzzahligkeit* durch mögliche Isotopenbeimischungen und Bindungsenergieeffekte untersucht. Sie argumentieren: Weicht das chemisch ermittelte Atomgewicht von der Ganzzahligkeit ab, so kann das einmal daran liegen, dass die Kerne aus unterschiedlichen Isotopen gebildet werden. Für Stern und Volmer bestand ein Isotop aus einer unterschiedlichen Anzahl von Wasserstoffkernen (hier positive Elektronen genannt), die im Kern von negativen Elektronen (Bohrmodell des Kernes) umkreist werden (Proutsche Hypothese). Zum andern können Kerne abhängig von ihrer inneren Struktur auch unterschiedlich stark gebunden sein und damit nach Einstein (Energie gleich Masse) unterschiedliche Masse haben können.

Stern und Volmer berechnen auf der Basis eines „Bohrmodells" für die Kerne deren mögliche Bindungsenergien. Dabei berücksichtigten sie aber nur die Coulombkraft, aber nicht die damals noch unbekannte „Starke Kernkraft". Die so berechneten Bindungsenergie-Effekte waren daher viel zu klein und Stern und Volmer konnten die gemessenen Massenunterschiede damit nicht erklären. Sie schlossen daher Bindungsenergieeffekte als mögliche Ursachen für die unterschiedlichen Atomgewichte aus.

Um den Einfluss der Isotopie zu bestimmen, haben Stern und Volmer dann Diffusionsexperimente durchgeführt, um evtl. einzelne Isotopenmassen anzureichern. Sie kamen dann aber zu dem Schluss, dass Isotopieeffekte die nicht-ganzzahligen

Atomgewichte nicht erklären können. Daraus schlossen sie, dass das verwendete Kernkraftmodell falsch sein muss und Bindungsenergieeffekte vermutlich doch die Ursache sein könnten.

In der 3. gemeinsamen Arbeit (S13) wird der Einfluss der Lichtabsorption auf die Stärke chemischer Reaktionen untersucht. Ausgehend von der Bohr-Einsteinschen Auffassung über den Einfluss der Lichtabsorption auf das photochemische Äquivalenzprinzip wird die Proportionalität von Lichtmenge und chemischer Umsetzung am Beispiel der Zersetzung von Bromhydrid erforscht. Diese Arbeit wurde November 1919 eingereicht und ist 1920 in der Zeitschrift für Wissenschaftliche Photographie erschienen.

Zurück nach Frankfurt (Februar 1919–Oktober 1921)

Ab Frühjahr 1919 musste Stern wieder in Frankfurt sein, da er in einem zusätzlich eingeführten Zwischensemester, beginnend am 3. Februar und endend am 16. April, für Kriegsteilnehmer eine zweistündige Vorlesung „*Einführung in die Thermodynamik*" halten musste. Max von Laue hatte am Ende des Wintersemesters Frankfurt schon verlassen und hatte am Kaiser-Wilhelm-Institut für Physik in Berlin seine Tätigkeit aufgenommen. Max Born als Laues Nachfolger (von Berlin kommend, wo er eine a. o. Professur inne hatte) hat in diesem Zwischensemester schon in Frankfurt Vorlesungen gehalten (Einführung in die theoretische Physik). Sterns erste Forschungsarbeit in Frankfurt, die zu einer Publikation führte, gelang ihm zusammen mit Max Born. Diese Arbeit war theoretischer Art „*Über die Oberflächenenergie der Kristalle und ihren Einfluß auf die Kristallgestalt*". Sie erschien 1919 in den Sitzungsberichten der Preußischen Akademie der Wissenschaften (S9).

In der relativ kurzen Zeit (bis Oktober 1921), die Otto Stern in Frankfurt blieb, hat er dann Physikgeschichte geschrieben. Obwohl zwischen Krieg und Inflation die finanzielle Basis für Forschung extrem schwierig war, gelangen Otto Stern so bedeutende technologische Entwicklungen und bahnbrechende Experimente, dass sie ihm Weltruhm sowie 1943 den Nobelpreis einbrachten. Er war Privatdozent in einem Institut der theoretischen Physik. Max Born war der Institutsdirektor und Stern sein Mitarbeiter. Dieses theoretische Institut hatte noch eine wichtige erwähnenswerte Besonderheit zu bieten, die für Otto Stern, dem nun zur Experimentalphysik wechselnden Forscher, von größter Bedeutung war: zum Institut gehörte eine mechanische Werkstatt mit dem jungen, aber ausgezeichneten Institutsmechaniker Adolf Schmidt.

Max Born berichtet in seinen Lebenserinnerungen [12] über diese Zeit: *Mein Stab bestand aus einem Privatdozenten, einer Assistentin und einem Mechaniker. Ich hatte das Glück, in Otto Stern einen Privatdozenten von höchster Qualität zu finden, einen gutmütigen, fröhlichen Mann, der bald ein guter Freund von uns wurde. Diese Zeit war die einzige in meiner wissenschaftlichen Laufbahn, in der ich eine Werkstatt und einen ausgezeichneten Mechaniker zu meiner Verfügung hatte; Stern und ich machten guten Gebrauch davon.*

Die Arbeit in meiner Abteilung wurde von einer Idee Sterns beherrscht. Er wollte die Eigenschaften von Atomen und Molekülen in Gasen mit Hilfe molekularer Strahlen, die zuerst von Dunoyer [13] erzeugt worden, waren, nachweisen und messen. Sterns erstes Gerät sollte experimentell das Geschwindigkeitsverteilungsgesetz von Maxwell beweisen und die mittlere Geschwindigkeit messen. Ich war von dieser Idee so fasziniert, dass ich ihm alle Hilfsmittel meines Labors, meiner Werkstatt und die mechanischen Geräte zur Verfügung stellte.

Wie Born erzählt, Otto Stern entwarf die Apparaturen, aber der Mechanikermeister der Werkstatt, Adolf Schmidt, setzte diese Entwürfe um und baute die Apparaturen. Sterns erste große Leistung war das Ausmessen der Geschwindigkeitsverteilung der Moleküle, die sich in einem Gas bei einer konstanten Temperatur T bewegen. Diese Arbeit wurde die Grundlage zur Entwicklung der sogenannten Atom- oder Molekularstrahlmethode, die zu einer der erfolgreichsten Untersuchungsmethoden in Physik und Chemie überhaupt werden sollte. Der Franzose Louis Dunoyer hatte 1911 gezeigt, dass, wenn man Gas durch ein kleines Loch in ein evakuiertes Gefäß strömen lässt, sich bei hinreichend niedrigem Druck (unter 1/1000 millibar) die Atome oder Moleküle geradlinig im Vakuum bewegen. Der Atomstrahl erzeugt an einem Hindernis wie bei einem Lichtstrahl einen scharfen Schatten auf einer Auffangplatte (Atome oder Moleküle können auf kalter Auffangplatte kondensieren). Der Molekularstrahl besteht aus unendlich vielen, einzelnen und separat fliegenden Atomen oder Molekülen. In diesem Strahl hat man also einzelne, isolierte Atome zur Verfügung, an denen man Messungen durchführen kann. Niemand konnte vor Stern einzelne Atome isolieren und daran Quanteneigenschaften messen.

Um an den einzelnen Atomen des Molekularstrahls quantitative Messungen durchzuführen, musste Stern jedoch wissen, mit welcher Geschwindigkeit und in welche Richtung diese Atome bei einer festen Temperatur fliegen. Maxwell hatte diese Geschwindigkeit schon theoretisch berechnet, aber niemand vor Stern konnte Maxwells Rechnungen überprüfen. Otto Stern baute für diese Messung ein genial einfaches Experiment auf (S14+S16+S17). Als Quelle für seinen Atomstrahl verwendete er einen dünnen Platindraht, der mit Silberpaste bestrichen und dann erhitzt wurde. Bei ausreichend hoher Temperatur verdampfte das Silber und flog radial vom Draht weg nach außen. Der verdampfte, im Vakuum geradlinig fliegende Strahl wurde mit zwei sehr engen Schlitzen (wenige cm Abstand) ausgeblendet und auf einer Auffangplatte (wenige cm hinter dem zweiten Schlitz montiert) kondensiert. Der Fleck des Silberkondensates konnte unter dem Mikroskop beobachtet und in seiner Größe und Verteilung sehr genau vermessen werden. Vom Labor ausgesehen fliegen die Atome im Vakuum immer auf einer exakt geraden Bahn, im rotierenden System gesehen scheinen die Atome sich jedoch auf einer gekrümmten Bahn zu bewegen. Um das Prinzip dieser Geschwindigkeitsmessung verständlicher zu machen, erklärt Stern dies Messverfahren mit nur einem Schlitz. Setzt man nun Schlitz und Auffangplatte in schnelle Rotation mit dem Draht als Drehpunkt, dann dreht sich die Auffangplatte während des Fluges der Atome vom Schlitz zur Auffangplatte um einen kleinen Winkelbereich weiter, so dass der Auftreffort auf der Auffangplatte des geradlinig fliegenden Strahles gegen die Rotationsrichtung leicht versetzt (im Vergleich zur nicht rotierenden Apparatur) ist. Durch zwei Messungen bei stehender und drehender Apparatur erhält man zwei strichartige Verteilungen. Aus dieser gemessenen Verschiebung, aus der Geometrie der Apparatur und der Drehgeschwindigkeit kann man nun die mittlere radiale Geschwindigkeit der Atome oder Moleküle bestimmen.

Stern reichte diese Arbeit mit dem Titel: *„Eine Messung der thermischen Molekulargeschwindigkeit"* im April 1920 bei der Zeitschrift für Physik ein (S16). Stern war mit dem gemessenen Ergebnis dieser Arbeit nicht ganz zufrieden. Die Messung lieferte für eine gemessene Temperatur von 961° eine mittlere Geschwindigkeit von ca. 600 m/sec, wohingegen die Maxwelltheorie nur 534 m/sec voraussagte. Stern versuchte in dieser Arbeit, die Diskrepanz zwischen Messung und Theorie durch kleine Messfehler bei der Temperatur etc. zu erklären. Albert Einstein hatte sofort erkannt, dass diese Diskrepanz ganz andere Gründe hatte. Er machte Stern darauf aufmerksam, dass bei der Strömung von Gasen von einem Raum (hoher Druck) durch ein winziges Loch in einen anderen Raum (Vakuum) die schnelleren Moleküle eine merklich größere Transmissionsrate haben als langsamere (S17). Nach Berücksichtigung dieses Effektes erniedrigte sich die gemessene mittlere Molekulargeschwindigkeit und stimmte auf einmal gut mit der Maxwell-Theorie überein. Noch eine scheinbar nebensächliche Aussage Sterns in dieser Publikation ist von großer visionärer Bedeutung und sie ist der eigentliche Grund, dass diese Arbeit so bedeutsam ist und Stern dafür der Nobelpreis zu Recht verliehen wurde: *Die hier verwendete Versuchsanordnung gestattet es zum ersten Male, Moleküle mit einheitlicher Geschwindigkeit herzustellen.* Für die Physik heißt das: Atome oder Moleküle konnten nun in einem bestimmten Impulszustand hergestellt werden, was quantitative Messungen der Impulsänderung ermöglichte. Dies war ein wichtiger Meilenstein für die Quantenphysik!

Otto Stern hatte damit die Grundlagen geschaffen, um mit Hilfe der Impulsspektroskopie von langsamen Atomen und Molekülen ein nur wenige 10 cm großes Mikroskop zu realisieren, mit dem man in Atome, Moleküle oder sogar Kerne hineinschauen konnte. Dank dessen exzellenten Winkelauflösung gelang es ihm später in Hamburg, sogar die Hyperfeinstruktur in Atomen und den Rückstoßimpuls bei Photonenstreuung nachzuweisen. Dies waren bedeutende Meilensteine auf dem Weg in die moderne Quantenphysik. In zahllosen nachfolgenden Arbeiten bis zur Gegenwart wird Otto Sterns Methode der Strahlpräparierung angewandt. Mehr als 20 spätere Nobelpreisarbeiten in Physik und Chemie verdanken letztlich dieser Pionierarbeit Otto Sterns ihren wissenschaftlichen Erfolg.

Otto Stern war genial im Planen von bahnbrechenden Apparaturen, aber im Experimentieren selbst fehlte ihm das erforderliche Geschick. In Walther Gerlach fand er dann den Experimentalphysiker, der auch schwierigste Experimente erfolgreich durchführen konnte. Gerlach kam am 1.10.1920 als erster Assistent und Privatdozent ins Institut für experimentelle Physik an die Universität Frankfurt. Das Duo Stern-Gerlach experimentierte dann so erfolgreich, dass es in den nur zwei verbleibenden Jahren der gemeinsamen Forschung in Frankfurt ganz große Physikgeschichte geschrieben hat.

Abb. 1.3 1920 in Berlin v. l.: Das sogenannte „Bonzenfreie Treffen" mit Otto Stern, Friedrich Paschen, James Franck, Rudolf Ladenburg, Paul Knipping, Niels Bohr, E. Wagner, Otto von Baeyer, Otto Hahn, Georg von Hevesy, Lise Meitner, Wilhelm Westphal, Hans Geiger, Gustav Hertz und Peter Pringsheim. (Bild im Besitz von Jost Lemmerich)

Obwohl Otto Stern zahlreiche bedeutende Pionierexperimente durchgeführt hat, überragt das sogenannte Stern-Gerlach Experiment zusammen mit Walther Gerlach alle anderen an Bedeutung. Aus diesem Grunde sollen hier die Hintergründe zu diesem Experiment ausführlicher dargestellt werden, auch deshalb, weil bis heute in vielen Lehrbüchern die Physik dieses Experimentes nicht korrekt dargestellt wird. Stern und Gerlach begannen schon Anfang 1921 mit der Planung und Ausführung des Experiments zum Nachweis der Richtungsquantelung magnetischer Momente von Atomen in äußeren Feldern (S18+S20). Richtungsquantelung heißt, die Ausrichtungswinkel von magnetischen Momenten von Atomen im Raum sind nicht isotrop über den Raum verteilt, sondern stellen sich nur unter diskreten Winkeln ein, d. h. sie sind in der Richtung gequantet. Ausgehend vom Zeeman-Effekt, der 1896 von Pieter Zeeman in Leiden (Nobelpreis für Physik 1902) durch Untersuchung der im Magnetfeld emittierten Spektrallinien entdeckt wurde, hatten zuerst Peter Debye (1916, Nobelpreis für Chemie 1936) und dann Arnold Sommerfeld (1916) gefordert [2], dass sich die inneren magnetischen Momente von Atomen in einem äußeren magnetischen Feld nur unter diskreten Winkeln einstellen können.

Jeder Physiker würde von der Annahme ausgehen, dass die Atome (z. B. in Gasen) und damit auch deren innere magnetischen Momente beliebig im kraftfreien Raum orientiert sein müssen. Es sei denn, es gäbe äußere Kräfte, die solche Atome ausrichten können. Wenn ein makroskopisches äußeres Magnetfeld **B** angelegt wird, dann könnte eine solche ausrichtende Kraft zwischen Magnetfeld und Atomen nur dann auftreten, wenn die Atome entweder eine elektrische Ladung tragen oder aber ein inneres magnetisches Moment haben. Da neutrale Atome perfekt ungeladen sind, könnte daher nur ein inneres magnetisches Moment als Kraftquelle in Frage kommen. Nach den Gesetzen der damals und heute gültigen klassischen Physik sollten die magnetischen Momente der Atome jedoch in einem äußeren Magnetfeld **B** nur eine Lamorpräzession (Kreiselbewegung) um die Richtung **B** ausführen können, d. h. der Winkel zwischen magnetischem Moment und äußerem Feld **B** kann dadurch aber nicht verändert werden. Die isotrope Winkel-Ausrichtung der atomaren magnetischen Momente relativ zu **B** sollte daher unbedingt erhalten bleiben. Da nach der klassischen Physik die magnetischen Momente der Atome im Raum völlig isotrop vorkommen sollten, muss der Winkel α und damit auch die Energieaufspaltung der Spektrallinien im Magnetfeld (Zeeman-Effekt) kontinuierliche Verteilungen (Bänderstruktur) zeigen.

Um aber die in der Spektroskopie beobachtete scharfe Linienstruktur der sogenannten Feinstrukturaufspaltung in Atomen und die scharfen Spektrallinien des Zeeman-Effektes zu erklären, mussten Debye und Sommerfeld daher etwas postulieren, das dem gesunden Menschenverstand völlig widersprach. Das „Absurde" an der Richtungsquantelung ist, dass diese Ausrichtung abhängig von der B-Richtung ist, die der Experimentator durch seine Apparatur zufällig wählt. Woher sollen die Atome „wissen", aus welcher Richtung der Experimentator sie beobachtet? Nach allem, was die Physiker damals wussten, ja selbst was wir bis heute wissen, gibt es keinen uns bekannten physikalisch erklärbaren Prozess, der diese Momente nach dem Beobachter ausrichtet und eine Beobachter-abhängige Richtungsquantelung erzeugt. Selbst Debye sagte zu Gerlach: *Sie glauben doch nicht, dass die Einstellung der Atome etwas physikalisch Reelles ist, das ist eine Rechenvorschrift, das Kursbuch der Elektronen. Es hat keinen Sinn, dass Sie sich abquälen damit.* Max Born bekannte später: *Ich dachte immer, daß die Richtungsquantelung eine Art symbolischer Ausdruck war für etwas, was wir eigentlich nicht verstehen.* Im Interview mit Thomas Kuhn und Paul Ewald [14] erzählte Born: *„Ich habe versucht, Stern zu überzeugen, dass es keinen Sinn macht, ein solches Experiment durchzuführen. Aber er sagte mir, es ist es wert, es zu versuchen."* ·

Wie Otto Stern im Züricher Interview erzählt [8], hat er überhaupt nicht an die Existenz einer solchen Richtungsquantelung geglaubt. In einem Seminarvortrag im Bornschen Institut wurde der Fall diskutiert und Otto Stern auf das Problem aufmerksam gemacht. Otto Stern überlegte: Wenn Debye und Sommerfeld recht haben, dann müssten die magnetischen Momente von gasförmigen Atomen in einem äußeren Magnetfeld sich ebenso ausrichten. Dies hat Otto Stern nicht in Ruhe gelassen. Er berichtete später: *Am nächsten Morgen, es war zu kalt aufzustehen, da habe ich mir überlegt, wie man das auf andere Weise experimentell klären könnte.* Mit seiner Atomstrahlmethode konnte er das machen.

Am 26. August 1921 reichte Otto Stern bei der Zeitschrift für Physik als alleiniger Autor eine Publikation (S18) ein, in der der experimentelle Weg zur experimentellen Überprüfung der Richtungsquantelung und die Machbarkeit, d. h. ob man die zu erwartenden kleinen Effekte auf die Bahn der Molekularstrahlen wirklich beobachten könne, diskutiert wurde. In dieser Arbeit bringt Otto Stern weitere Bedenken gegen das Debye-Sommerfeld-Postulat vor und führt aus: *Eine weitere Schwierigkeit für die Quantenauffassung besteht, wie schon von verschiedenen Seiten bemerkt wurde, darin, daß man sich gar nicht vorstellen kann, wie die Atome des Gases, deren Impulsmomente ohne Magnetfeld alle möglichen Richtungen haben, es fertig bringen, wenn sie in ein Magnetfeld gebracht werden, sich in die vorgeschriebenen Richtungen einzustellen. Nach der klassischen Theorie ist auch etwas* *ganz anderes zu erwarten. Die Wirkung des Magnetfeldes besteht nach Larmor nur darin, daß alle Atome eine zusätzliche gleichförmige Rotation um die Richtung der magnetischen Feldstärke als Achse ausführen, so daß der Winkel, den die Richtung des Impulsmomentes mit dem Feld B bildet, für die verschiedenen Atome weiterhin alle möglichen Werte hat. Die Theorie des normalen Zeeman-Effektes ergibt sich auch bei dieser Auffassung aus der Bedingung, daß sich die Komponente des Impulsmomentes in Richtung von B nur um den Betrag $h/2\pi$ oder Null ändern darf.*

Stern hatte sich zu dieser Vorveröffentlichung entschlossen, da Hartmut Kallmann und Fritz Reiche in Berlin ein ähnliches Experiment für die räumliche Ausrichtung von Dipolmolekülen in inhomogenen elektrischen Feldern (Starkeffekt, von Paul Epstein und Karl Schwarzschild theoretisch untersucht) gemacht hatten und kurz vor der Publikation standen. Otto Stern stand mit Kallmann und Reiche in Kontakt. Debye und Sommerfeld hatten für die auf der Bahn umlaufenden Elektronen eine Ausrichtung des magnetischen Momentes in drei Ausrichtungen vorausgesagt (analog der Triplettaufspaltung beim Zeeman-Effekt): parallel, antiparallel und senkrecht zum äußeren Magnetfeld, d. h. eine Triplettaufspaltung, und damit eine dreifach Ablenkung des Atomstrahles (parallel und antiparallel sowie keine Ablenkung zum Magnetfeld). Bohr hingegen erwartete nur eine Zweifachaufspaltung (Duplett) nach oben und unten, aber in der Mitte keine Intensität.

Otto Stern erhielt im Herbst 1921 einen Ruf auf eine a. o. Professur für theoretische Physik an der Universität Rostock. Schon im Wintersemester 1921/22 hielt er in Rostock Vorlesungen über theoretische Physik. Obwohl Otto Stern ab Herbst 1921 nicht mehr in Frankfurt war, gingen die gemeinsamen Arbeiten zur Messung der magnetischen Momente von Atomen mit Walter Gerlach in Frankfurt weiter. Wie Gerlach in seinem Interview mit Thomas Kuhn 1963 [15] berichtet, war die Apparatur erst im Herbst 1921 durch den Mechaniker Adolf Schmidt fertig gestellt worden. Schon bald danach konnte Gerlach in der Nacht vom 4. auf den 5. November 1921 den ersten großen Erfolg verbuchen. Ein Silberstrahl von 0,05 mm Durchmesser wurde in einem Vakuum von einigen 10^{-5} milli bar entlang eines Schneiden-förmigen Polschuhs geleitet und auf einem wenige cm entfernten Glasplättchen aufgefangen. Aus der Form des Fleckes des dort niedergeschlagenen Silbers wurde die Verbreiterung des Strahles bei eingeschaltetem Magnetfeld gemessen. Dies war der Beweis, dass Silberatome ein magnetisches Moment haben. Aus der Verbreiterung konnte eine erste Abschätzung für die Größe des magnetischen Momentes des Silberatoms gewonnen werden. Über eine mögliche Aufspaltung konnte wegen der schlechten Winkelauflösung noch keine verlässliche Aussage gemacht werden.

Gerlach hat in den folgenden Monaten versucht, die Apparatur weiter zu verbessern, ohne jedoch eine Aufspaltung zu sehen. In den ersten Februartagen 1922 (Wochenende 3.–5.2.1922) trafen sich Stern und Gerlach in Göttingen [15]. Nach diesem Treffen wurde eine entscheidende Änderung an der Ausblendung vorgenommen. In der bisher benutzten Apparatur wurde der Strahl durch zwei sehr kleine Rundblenden (wenige Mikrometer Durchmesser) begrenzt. Da der Strahl aus einer kleinen runden Öfchenöffnung emittiert wurde, mussten diese drei Punkte auf eine Linie gebracht werden, was offensichtlich nicht hinreichend präzise gelang.

Wie Gerlach in seinem Interview mit Thomas Kuhn berichtet (er bezieht sich auf den Brief von James Franck vom 15.2.1922) wurde eine der Strahlblenden durch einen Spalt ersetzt. Diese Änderung brachte umgehend den entscheidenden Fortschritt und die Richtungsquantelung wurde in der Nacht vom 7. auf 8.2.1922 in den Räumen des Instituts für theoretische Physik im Gebäude des Physikalischen Vereins Frankfurt zum ersten Male experimentell nachgewiesen. Das Stern-Gerlach-Experiment hatte damit eindeutig bewiesen: Die Richtungsquantelung der inneren magnetischen Momente von Atomen existierte wirklich. Das Postulat der Richtungsquantelung von Peter Debye und Arnold Sommerfeld entsprach einer reellen, physikalisch nachweisbaren Eigenschaft der Quantenwelt, obwohl es dem „gesunden Menschenverstand" völlig widersprach. Es gibt also die Fernwirkung zwischen Apparatur/Beobachter und Quantenobjekt. Egal in welcher Richtung der Experimentator zufällig sein Magnetfeld anlegt, die Atome „kennen" diese Richtung. Der Aufbau der Apparatur wurde später in zwei Publikationen im Detail beschrieben: W. Gerlach und O. Stern Ann. Phys. 74, 673 (1924) (S26) und Walther Gerlach, Über die Richtungsquantelung im Magnetfeld II, Annalen der Phys., 76, 163–197 (1925) (M0).

Viele der Physiker waren überrascht, dass es die Richtungsquantelung wirklich gab. Stern selbst hatte überhaupt nicht an sie geglaubt. Wolfgang Pauli schrieb in einer Postkarte an Gerlach: *Jetzt wird wohl auch der ungläubige Stern von der Richtungsquantelung überzeugt sein.* Arnold Sommerfeld bemerkte dazu: *Durch ihr wohldurchdachtes Experiment haben Stern und Gerlach nicht nur die Richtungsquantelung im Magnetfeld bewiesen, sondern auch die Quantennatur der Elektrizität und ihre Beziehung zur Struktur der Atome.* Albert Einstein schrieb: *Das wirklich interessante Experiment in der Quantenphysik ist das Experiment von Stern und Gerlach. Die Ausrichtung der Atome ohne Stöße durch Strahlung kann nicht durch die bestehenden Theorien erklärt werden. Es sollte mehr als 100 Jahre dauern, die Atome auszurichten.* Doch Stern war auch nach dem Experiment keineswegs von der Richtungsquantelung überzeugt. In seinem Züricher Interview 1961 [8] sagt er über das Frankfurter Stern-Gerlach-Experiment: *Das wirklich Interessante kam ja dann mit dem Experiment, das ich mit Gerlach zusammen gemacht habe, über die Richtungsquantelung. Ich hatte mir immer überlegt, dass das doch nicht richtig sein kann, wie gesagt, ich war immer noch sehr skeptisch über die Quantentheorie. Ich habe mir überlegt, es muss ein Wasserstoffatom oder ein Alkaliatom im Magnetfeld Doppelbrechung zeigen. Man hatte ja damals nur das Elektron in einer Ebene laufend und da kommt es ja darauf an, ob die elektrische Kraft, das Feld in der Ebene oder senkrecht steht. Das war ein völlig sicheres Argument meiner Ansicht nach, da man es auch anwenden konnte auf ganz langsame Änderungen der elektrischen Kraft, ganz adiabatisch. Also das konnte ich absolut nicht verstehen. Damals hab ich mir überlegt, man kann doch das experimentell prüfen. Ich war durch die Messung der Molekulargeschwindigkeit auf Molekularstrahlen eingestellt und so hab ich das Experiment versucht. Da hab ich das mit Gerlach zusammengemacht, denn das war ja doch eine schwierige Sache. Ich wollte doch einen richtigen Experimentalphysiker mit dabei haben. Das ging sehr schön, wir haben das immer so gemacht: Ich habe z. B. zum Ausmessen des magnetischen Feldes eine kleine Dreh-waage gebaut, die zwar funktionierte, aber nicht sehr gut war. Dann hat Gerlach eine sehr feine gebaut, die sehr viel besser war. Übrigens eine Sache, die ich bei der Gelegenheit hier betonen möchte, wir haben damals nicht genügend zitiert die Hilfe, die der Madelung uns gegeben hat. Damals war der Born schon weg, und sein Nachfolger war der Madelung. Madelung hat uns im wesentlichen das magnetische Feld mit der Schneide und ja ... (inhomogen) suggeriert. Aber wie nun das Experiment ausfiel, da hab ich erst recht nichts verstanden, denn wir fanden ja dann die diskreten Strahlen und trotzdem war keine Doppelbrechung da. Wir haben extra noch einmal Versuche gemacht, ob doch noch etwas Doppelbrechung da war. Aber wirklich nicht. Das war absolut nicht zu verstehen. Das ist auch ganz klar, dazu braucht man nicht nur die neue Quantentheorie, sondern gleichzeitig auch das magnetische Elektron. Diese zwei Sachen, die damals noch nicht da waren. Ich war völlig verwirrt und wusste gar nicht, was man damit anfangen sollte. Ich habe jetzt noch Einwände gegen die Schönheit der Quantenmechanik. Sie ist aber richtig.*

Damals glaubten alle, dass die Beobachtung einer Dublettaufspaltung Niels Bohr recht gäbe und Sommerfelds Voraussage falsch sei. In der Tat hatten Gerlach und Stern aber die Richtungsquantelung des damals noch unbekannten Elektronenspins und nicht die eines auf einer Bahn umlaufenden Elektrons beobachtet. Somit hatten weder Bohr noch Sommerfeld recht! Warum es aber noch einige Jahre brauchte, bis Uhlenbeck und Goudsmit den Elektronenspin postulierten, ist aus heutiger Sicht sehr schwer zu verstehen. Einmal hatte Arthur Compton schon 1921 [16] auf die magnetischen Eigenschaften des Elektrons und damit indirekt auf seinen Eigenspin hingewiesen und zum andern hatte Alfred Landé (zu dieser Zeit ebenfalls in Frankfurt tätig) schon defacto die Grundlagen für seine g-Faktorformel auf semiempirischem Wege entwickelt [17]. Mit dieser Formel wird die komplette Drehimpulsdynamik der Elektronen in Atomen und ihre Kopplung zum Gesamtspin korrekt vorausgesagt. Sie enthält außerdem Sommerfelds innere Quantenzahl $k = 1/2$ (d. h. den Elektronenspin) und die richtigen „Spreizfaktoren" g (d. h. den korrekten g-Faktor g $= 2$) für das Elektron. In den Publikationen [18] analysiert dann Landé schon 1923 das Stern-Gerlach-Experiment als Richtungsquantelung einer um sich selbst drehenden Ladung und stellt klar, dass es sich beim Ag-Atom nicht um ein auf einer Bahn umlaufendes Elektron handeln kann.

Landé schreibt [18]: *Dass hier zwei abgelenkte Atomstrahlen im Abstand $+/-1$ Magneton, aber kein unabgelenkter Strahl auftritt, deuteten Stern und Gerlach ursprünglich so, es besitze das untersuchte Silberatom (Dublett-s-Termzustand) 1 Magneton als magnetisches Moment und stelle seine Achse parallel ($m = +1$) bzw. antiparallel ($m = -1$), nicht aber quer zum Feld ($m = 0$) ein, entsprechend dem bekannten Querstellungsverbot von Bohr. Die spektroskopischen Erfahrungstatsachen führen aber zu folgender anderer Deutung. Mit seinem $J = 1$ stellt sich das Silberatom nicht mit den Projektionen $m = +/-1$ unter Ausschluss von $m = 0$ ein, sondern nach Gleichung 4^2 mit $m = +/-1/2$. Das Fehlen des unabge-*

---

[2] $m = J - 1/2, J - 3/2, \ldots, -J + 1/2$

lenkten Strahles ist also nicht durch ein Ausnahmeverbot ... zu erklären ... Zu
m = +/ − 1/2 beim Silberatom würde nun normaler Weise eine Strahlablenkung
von +/ − 1/2 Magneton gehören. Wegen des „g-Faktors" ist aber für die magne-
tischen Eigenschaften nicht m, sondern mg maßgebend, und g ist, wie erwähnt, bei
den s-Termen gleich 2, daher m · g = (+/ − 1/2) · 2 = +/ − 1 im Einklang mit
Stern-Gerlach.[3]

Alfred Landé hätte nur ein wenig weiter denken müssen. Es konnte doch nur
für das Entstehen des Drehimpulsvektors k das um sich selbst drehende Elektron in
Frage kommen. Seinen Spin $k = 1/2$ mit $g = 2$ hat er schon richtig erkannt. Leider
wurden seine wichtigen Arbeiten zur Interpretation des Stern-Gerlach-Ergebnisses
fast nie zitiert und fast tot geschwiegen. Für den Nobelpreis für Physik wurde er nie
vorgeschlagen, was er aus Sicht dieser Buchautoren sicher verdient gehabt hätte.

Wie wird eigentlich diese Verschränkheit zwischen Atom und Apparatur ver-
mittelt? Für jedes durch die Apparatur fliegende, einzelne Atom gilt diese Verschränkheit und es gilt dabei eine strikte Drehimpulserhaltung (Verschränkheit) zu
jeder Zeit mit der Stern-Gerlach-Apparatur (entlang des Weges durch die Apparatur). Der Kollaps der Atomwellenfunktion mit Ausrichtung des Drehimpulses
auf eine Raumrichtung muss am Eingang zur Apparatur im inhomogenen Magnetfeld mit 100 % Effizienz erfolgen. Dann muss entlang der Bahn (homogenes
Feld) diese Richtung strikt erhalten bleiben, sonst gäbe es keine so eindeutigen
Atomstrahlbahnen mit klar trennbaren Strahlkondensaten auf der Auffangplatte.
Die Drehimpulskopplung zwischen Atom und Apparatur muss also für das Zu-
standekommen dieser Verschränkheit eine wesentliche Rolle spielen.

Um die Experimente zu dem magnetischen Moment von Silber in Frankfurt zu
einem erfolgreichen Ende zu bringen, kam Otto Stern in den Osterferien 1922 von
Rostock nach Frankfurt. Es gelang ihnen, das magnetische Moment des Silberatoms mit guter Genauigkeit zu bestimmen. Am 1. April konnten Walther Gerlach
und Otto Stern dazu eine Veröffentlichung bei der Zeitschrift für Physik einreichen
(S21). Innerhalb einer Fehlergrenze von 10 % stimmte das gemessene magnetische
Moment mit einem Bohrschen Magneton überein.

Otto Sterns kurze Rostocker Episode (Oktober 1921 bis 31.12.1923)

Die Universität Rostock hatte Otto Stern im Oktober 1921 als theoretischen Physiker auf ein Extraordinariat berufen. Diese Stelle war 1920 als erste Theorieprofessur
in Rostock geschaffen worden. Wilhelm Lenz (später Hamburg) war für ca. 1 Jahr
Sterns Vorgänger. Als theoretischer Physiker verfügte Stern über keine Ausstattung.
Stern hatte in Rostock kaum Geld und Apparaturen für Experimente, daher sind
Otto Sterns experimentelle Erfolge für die 15 Monate in Rostock (Oktober 1921
bis zum 31.12.1922) schnell erzählt. Denn in dieser Zeit gab es fast nur die schon

---

[3] Abraham [19] hatte schon 1903 gezeigt, dass um sich selbst rotierende Ladungen (Elektronenspin) je nach Ladungsverteilung (Flächen- oder Volumenverteilung) unterschiedliche elektroma-
gnetische Trägheitsmomente haben.

besprochenen Experimente mit Gerlach und die fanden alle in Frankfurt statt. Während der Rostocker Zeit hat Otto Stern nur eine rein Rostocker Publikation „Über den experimentellen Nachweis der räumlichen Quantelung im elektrischen Feld" in Phys. Z. 23, 476–481 (1922) veröffentlicht (S22), die eine rein theoretische Arbeit darstellt. In dieser Arbeit wurde das Verhalten der elektrischen atomaren Dipolmomente im inhomogenen Feld (inhomogener Starkeffekt) und seine Analogie zum Zeeman-Effekt untersucht.

Rostock war für Stern nur eine Durchgangsstation. Erwähnenswert ist, dass Stern mit Immanuel Estermann seinen wichtigsten Mitarbeiter fand. Der in Berlin geborene Estermann, der kurz zuvor seine Dissertation bei Max Volmer in Hamburg beendet hatte, kam in Rostock in Sterns Gruppe und arbeitete mit Stern bis zu dessen Emeritierung 1946 in Pittsburgh zusammen. In der Rostocker Zeit untersuchten Estermann und Stern mit einer einfachen Molekularstrahlapparatur Methoden der Sichtbarmachung dünner Silberschichten. Dabei wurden Nassverfahren als auch Verfahren von Metalldampfabscheidung auf den sehr dünnen Schichten angewandt. Es konnten noch Schichtdicken von nur 10 atomaren Lagen sichtbar gemacht werden. Diese Arbeit wurde dann 1923 von Hamburg aus mit Estermann und Stern als Autoren in Z. Phys. Chem. 106, 399 (1923) (S23) publiziert.

Otto Sterns erfolgreiche Hamburger Zeit (1.1.1923 bis 31.10.1933)

Die 1919 neugegründete Hamburger Universität hatte am 31.3.1919 ein Extraordinariat für Physikalische Chemie geschaffen, auf das am 30.6.1920 der 1885 geborene Max Volmer berufen worden war. Volmer nutzte seit 1922 Räume im Physikalischen Staatsinstitut, wo die räumlichen und apparativen sowie personellen Bedingungen als auch die finanziellen Mittel unbefriedigend bis ungenügend waren. Die Geräte waren größtenteils aus dem chemischen Institut ausgeliehen oder wurden selbst hergestellt. Volmer erhielt 1922 einen Ruf auf ein Ordinariat für Physikalische und Elektrochemie an die TU-Berlin. Zum 1.10.1922 verließ er Hamburg und trat seine Stelle in Berlin an.

Auf Bemühen Volmers war aber diese Stelle 1923 in ein Ordinariat umgewandelt worden. Auf Betreiben des Hamburger theoretischen Physikers Lenz wurde Otto Stern dann diese Stelle angeboten. Die Hamburger Berufungsverhandlungen 1922 verschafften Otto Stern keine sehr günstige Startposition [20]. Da er von einem Extraordinariat kam, gab es in Rostock keine Bleibeverhandlungen und Stern war gezwungen, „jedes" Angebot aus Hamburg anzunehmen.

In Hamburg hat Stern nicht nur an seine Frankfurter Erfolge anknüpfen, sondern diese noch übertreffen können. In Hamburg konnte er bis 1933 zusammen mit seinen Mitarbeitern 40 weitere auf der Molekularstrahltechnik aufbauende Arbeiten publizieren. In den 1926 veröffentlichten Arbeiten a. Zur Methode der Molekularstrahlen I. (S28) und b. Zur Methode der Molekularstrahlen II. (S29) (letztere zusammen mit Friedrich Knauer) wurden die Ziele der kommenden Forschungsarbeiten in Hamburg unter Verwendung der MSM visionär beschrieben. Otto Stern schreibt dazu: *Die Molekularstrahlmethode muss so empfindlich gemacht werden, dass sie in vielen Fällen Effekte zu messen und Probleme angreifen erlaubt, die den bisher bekannten experimentellen Methoden unzugänglich sind.* Die von Stern für realistisch betrachteten Experimente konnte Otto Stern in seiner Hamburger Zeit in der Tat alle mit einer beeindruckenden Erfolgsbilanz durchführen.

Um dies zu erreichen, musste jedoch einmal die Messgeschwindigkeit und zum andern auch die Messgenauigkeit der MSM wesentlich verbessert werden. Stern war sich bewusst, dass er mit der optischen Spektroskopie konkurrieren musste. Dabei konnte seine MSM Eigenschaften eines Zustandes direkt messen, wohingegen die optische Spektroskopie immer nur Energiedifferenzen von zwei Zuständen und niemals den Zustand direkt beobachten konnte.

Um die Messgeschwindigkeit zu verbessern, musste der Molekularstrahl viel intensiver gemacht werden. Das konnte man mit einem sehr dünnen Platindraht als Verdampfer nicht mehr erreichen, da dessen Oberfläche als Quelle einfach zu klein war. Daher musste man Öfchen als Verdampfer entwickeln, die einen hohen Verdampfungsdruck erreichen konnten und deren Tiefe so erhöht werden konnte, dass man in Sekundenschnelle Schichten auf der Auffangplatte auftragen konnte. Die Begrenzung des Druckes im Ofen wurde durch die freie Weglänge der Gasmoleküle gegeben, die nur vergleichbar oder größer als die Ofenspaltbreite sein musste. Das heißt, man konnte die Ofenspaltbreite beliebig klein machen und konnte den dadurch bedingten Intensitätsverlust durch Druckerhöhung im Ofen ausgleichen, ohne dass die Messzeit vergrößert wurde. Die dann in Hamburg durchgeführten experimentellen Untersuchungen und Verbesserungen der Strahlstärke ergaben, dass man schon nach drei bis 4 Sekunden Messzeit den Strahlfleck mit Hilfe von chemischen Entwicklungsmethoden erkennen konnte.

Otto Stern beschreibt dann in (S28 + S29) eine Reihe von Untersuchungen, die für die Quantenphysik (Atome und Kerne) wegweisend wurden. Als erstes ging es um die Frage, hat der Atomkern (z. B. das Proton) ein magnetisches Moment und wie groß ist das. Nach Sterns damaliger Vorstellung des Kernaufbaus (umlaufende Protonen) sollte das magnetische Moment des Protons der 1/1836-te Teil des magnetischen Momentes des Elektrons sein. Wie Stern ausführt, war die Auflösung in der optischen Spektroskopie damals jedoch noch nicht ausreichend, um im Zeeman-Effekt diese Aufspaltung (Hyperfeinaufspaltung) durch das Kernmoment nachzuweisen. Otto Sterns MSM sollte jedoch auch dieses kleine magnetische Moment noch messen können. 1933 konnte dann Otto Stern zusammen mit Otto Robert Frisch in Hamburg die Messung des magnetischen Momentes des Protonkerns zum ersten Male erfolgreich durchführen. Die im Labor durchführbare Wechselwirkung mit den Kernmomenten ist später die Grundlage geworden, um eine Kernspinresonanzmethode zu realisieren und moderne Kernspintomographen zu entwickeln. Neben Dipolmomenten gibt es, wie wir heute wissen, auch höhere Multipolmomente, wie Quadrupolmoment. Otto Stern hat schon 1926 darauf hingewiesen, dass man mit der MSM diese Momente vor allem im Grundzustand messen könne.

Die kleinen Ablenkungen der Molekularstrahlteilchen in äußeren Feldern und durch Stoß mit anderen Molekularstrahlen, die mit der MSM gemessen werden können, ermöglichen auch die Untersuchung der langreichweitigen Molekülkräfte (z. B. van der Waals-Kraft). Auch diese extrem wichtige Anwendung der Molekularstrahltechnik spielt bis auf den heutigen Tag in der Physik und der Chemie eine fundamental wichtige Rolle. Otto Stern hat bereits 1926 visionär diese Möglichkeiten erkannt und beschrieben. Seine Publikation von 1926 schließt mit der Aufzählung von drei wichtigen Anwendungen der MSM: a. Messung des Einsteinschen Strahlungsrückstoßes, das heißt, den direkten Beweis erbringen, dass das Photon einen Impuls besitzt, das diesen durch Streuung an einem Atom auf dieses übertragen kann. Das Atom wird dann entgegen des reflektierten Photons mit einem sehr kleinen aber durch die MSM messbaren Rückstoßimpuls abgelenkt werden. Dieser Strahlungsrückstoß wird heute benutzt, um mit Hilfe der Laserkühlung sehr kalte Gase (Bose-Einstein-Kondensat) zu erzeugen und damit makroskopische Quantensysteme im Labor herzustellen. b. Messung der de Broglie-Wellenlänge von langsamen Atomstrahlen. Stern war vollkommen klar, falls sich das de Broglie-Bild als richtig erweisen sollte, dass dann auch allen bewegten Teilchen (Atome) eine Wellenlänge zugeordnet werden muss. Werden diese Atome an regelmäßigen Strukturen eines Kristalls an der Oberfläche gestreut, dann sollten diese „Streuwellen" analog der Lichtstreuung Beugungs- und Interferenzbilder zeigen. Schon drei Jahre später hat Stern dieses für Quantenphysik so fundamental wichtige Experiment durchführen können. c. Seine Molekularstrahlen können dazu benutzt werden, um die Lebensdauer eines angeregten Zustandes zu messen. Der bewegte Strahl wird an einem sehr eng kollimierten Ort angeregt und dann das Fluoreszenzleuchten strahlabwärts örtlich genau vermessen. Den Ort kann man dann über die Molekulargeschwindigkeit in eine Zeitskala transformieren.

Wenn man die Publikationen Otto Sterns und seiner Mitarbeiter ab 1926 in Hamburg bewertet, dann stellt man fest, dass erst ab 1929 die wirklich großen Meilenstein-Ergebnisse veröffentlicht wurden. Dies hängt sicher auch mit einem Ruf an die Universität-Frankfurt zusammen. Otto Stern hatte im April 1929 einen Ruf auf ein Ordinariat für Physikalische Chemie an die Universität Frankfurt erhalten [4, 20]. Die darauf erfolgten Bleibeverhandlungen in Hamburg gaben Otto Stern die Chance, sein Institut völlig neu einzurichten. Die Universität Hamburg war bereit, alles zu tun, um Otto Stern in Hamburg zu halten.

Otto Sterns Arbeitsgruppe bestand aus seinen Assistenten, ausländischen Wissenschaftlern und seinen Doktoranden. Seine Assistenten waren Immanuel Estermann, der mit Stern aus Rostock zurück nach Hamburg gekommen war, Friedrich Knauer, Robert Schnurmann und ab 1930 Otto Robert Frisch. Mit Immanuel Estermann hat Stern über 20 Jahre eng zusammengearbeitet und zusammen 17 Publikationen veröffentlicht. Außerordentlich erfolgreich war die dreijährige Zusammenarbeit von 1930 bis 1933 mit Otto Robert Frisch, dem Neffen Lise Meitners. In diesen drei Jahren haben beide 9 Arbeiten zusammen publiziert, die fast alle für die Physik von fundamentaler Bedeutung wurden. Der vierte Assistent in Sterns Gruppe war Robert Schnurmann.

Einer der ausländischen Wissenschaftler (Fellows) war Isidor I. Rabi (1927–28). Er war für die Weiterentwicklung der Molekularstrahlmethode und damit für die Physik schlechthin der wichtigste „Schüler" Sterns, obwohl er die Schülerbezeichnung selbst nie benutzte. Aufbauend auf seinen Erfahrungen im Sternschen Labor hat er in den Vereinigten Staaten eine Physikschule aufgebaut, die an Bedeutung

weltweit in der Atom- und Kernphysik ihres Gleichen sucht und viele Nobelpreisträger hervorgebracht hat. Rabi erklärt in einem Interview mit John Rigden kurz vor
seinem Tode im Jahre 1988, warum Otto Stern und seine Experimente seine weiteren wissenschaftlichen Arbeiten entscheidend prägten. Er sagte zu Rigden [21]:
*When I was at Hamburg University, it was one of the leading centers of physics in
the world. There was a close collaboration between Stern and Pauli, between experiment and theory. For example, Stern's question were important in Pauli's theory
of magnetism of free electrons in metals. Conversely, Pauli's theoretical researches
were important influences in Stern's thinking. Further, Stern's and Pauli's presence
attracted man illustrious visitors to Hamburg. Bohr and Ehrenfest were frequent
visitors.*

*From Stern and from Pauli I learned what physics should be. For me it was not
a matter of more knowledge. . . . Rather it was the development of taste and insight;
it was the development of standards to guide research, a feeling for what is good
and what is not good. Stern had this quality of taste in physics and he had it to the
highest degree. As far as I know, Stern never devoted himself to a minor problem.*

Rabi hatte sich in Hamburg eine neue Separationsmethode von Molekularstrahlen im Magnetfeld ausgedacht (M7), die für die späteren Anwendungen von Molekularstrahlen von großer Bedeutung werden sollte. Da die Inhomogenität des
Magnetfeldes auf kleinstem Raum schwierig zu vermessen war und man außerdem
nicht genau wusste, wo der Molekularstrahl im Magnetfeld verlief, musste eine
homogene Magnetfeldanordnung zu viel genaueren Messergebnissen führen. Nach
Rabis Idee tritt der Molekularstrahl unter einem Winkel ins homogene Magnetfeld ein. Ähnlich wie der Lichtstrahl bei schrägem Einfall an der Wasseroberfläche
gebrochen wird, wird auch der Molekularstrahl beim Eintritt ins Magnetfeld „gebrochen", d. h. seine Bahn erfährt einen kleinen „Knick". Wie im inhomogenen Magnetfeld erfährt der Strahl eine Aufspaltung je nach Größe und Richtung des inneren
magnetischen Momentes. Die Trennung der verschiedenen Bahnen der Atome in
der neuen Rabi-Anordnung kann sogar wesentlich größer sein als im inhomogenen Magnetfeld. Rabi konnte in seinem Hamburger Experiment das magnetische
Moment des Kaliums bestimmen und konnte innerhalb 5 % Fehler zeigen, dass es
einem Bohrschen Magneton entspricht (M7).

Es waren nicht nur Sterns Mitarbeiter sondern auch seine Professorenkollegen
die in Sterns Hamburger Zeit in seinem Leben und wissenschaftlichen Wirken eine
Rolle spielten. An erster Stelle ist hier Wolfgang Pauli zu nennen, einer der bedeutendsten Theoretiker der neuen Quantenphysik. Wie vorab schon erwähnt, war er
1923 fast zeitgleich mit Stern nach Hamburg gekommen. Wie Stern im Züricher
Interview erzählt, sind sie fast immer zusammen zum Essen gegangen und meist
wurde dabei über „Was ist Entropie?", über die Symmetrie im Wasserstoff oder das
Problem der Nullpunktsenergie diskutiert.

Stern selbst betrachtet seine Messung der Beugung von Molekularstrahlen an
einer Oberfläche (Gitter) als seinen wichtigsten Beitrag zur damaligen Quantenphysik. Stern bemerkt dazu im Züricher Interview [8]: *Dies Experiment lieb ich
besonders, es wird aber nicht richtig anerkannt. Es geht um die Bestimmung der
De Broglie-Wellenlänge. Alle Experimenteinheiten sind klassisch außer der Gitter-*

konstanten. Alle Teile kommen aus der Werkstatt. Die Atomgeschwindigkeit wurde mittels gepulster Zahnräder bestimmt. Hitler ist schuld, dass dieses Experiment nicht in Hamburg beendet wurde. Es war dort auf dem Programm.

Die ersten Experimente dazu hat Otto Stern ab 1928 mit Friedrich Knauer durchgeführt (S33). Dazu wurde das Reflexionsverhalten von Atomstrahlen (vor allem He-Strahlen) an optischen Gittern und Kristallgitteroberflächen untersucht. Dazu wurden die Atomstrahlen unter sehr kleinen Einfallswinkeln relativ zur Oberfläche gestreut und die Streuverteilung in Abhängigkeit vom Streuwinkel und der Orientierung der Gitterebenen relativ zum Strahl vermessen. Da im Experiment das Vakuum nicht unter 10^{-5} Torr gesenkt werden konnte, ergab sich ein grundlegendes Problem bei diesen Experimenten: Auf den Kristalloberflächen lagerten sich in Sekundenschnelle die Gasatome des Restgases ab, so dass die Streuung an den abgelagerten Atomschichten stattfand. Dabei fand mit diesen ein nicht genau kontrollierter Impulsaustausch statt, der die Winkelverteilung der reflektierten Gasstrahlen stark beeinflusste. Trotzdem konnten Stern und Knauer schon 1928 klar nachweisen, dass die He-Strahlen spiegelnd an der Oberfläche reflektiert wurden. Beugungseffekte konnten noch nicht nachgewiesen werden. Die erste Veröffentlichung darüber war ein Vortrag Sterns im September 1927 auf den Internationalen Physikerkongress in Como.

1929 berichtete Otto Stern in den Naturwissenschaften (S37) erstmals über den erfolgreichen Nachweis von Beugung der Atomstrahlen an Kristalloberflächen. Stern hatte die Apparatur so verbessert, dass er bei Festhaltung des Einfallswinkels des Atomstrahles auf die Kristalloberfläche die Kristallgitterorientierungen verändern konnte. Er beobachtete eine starke Winkelabhängigkeit der reflektierten Atomstrahlen von der Kristallorientierung. Diese Effekte konnten nur durch Beugungseffekte erklärt werden.

Da Knauers wissenschaftliche Interessen in andere Richtungen gingen, musste Otto Stern vorerst alleine an diesen Beugungsexperimenten weiter arbeiten. Otto Stern fand jedoch in Immanuel Estermann sehr schnell einen kompetenten Mitarbeiter. Beide konnten dann in (S40) erste quantitative Ergebnisse zur Beugung von Molekularstrahlen publizieren und durch ihre Daten de Broglies Wellenlängenbeziehung verifizieren.

Zusammen mit Immanuel Estermann und Otto Robert Frisch wurde die Apparatur nochmals verbessert und monoenergetische Heliumstrahlen erzeugt. Der Heliumstrahl wurde durch zwei auf derselben Achse sitzende sich sehr schnell drehende Zahnräder geschickt. In diesem Fall kann nur eine bestimmte Geschwindigkeitskomponente aus der Maxwellverteilung durch das Zahnradsystem hindurchgehen und man hat auf diese Weise einen monoenergetischen oder monochromatischen He-Strahl erzeugt. Estermann, Frisch und Stern konnten dann 1931 in (S43) über eine erfolgreiche Messung der De Broglie-Wellenlänge von Heliumatomstrahlen berichten. Um ganz sicher zu gehen, hatten sie auf zwei Wegen einen monoenergetischen He-Strahl erzeugt: einmal durch Streuung der Gesamt-Maxwellverteilung an einer LiF-Spaltfläche und Auswahl einer bestimmten Richtung des gestreuten Beugungsspektrums und zum andern durch Durchgang des Strahles durch eine rotierendes Zahnradsystem. Dass der unter einem festen Winkel gebeugte Strahl monoenergetisch ist, haben sie durch hintereinander angeordnete Doppelstreuung überprüft. Als die gemessene de Brogliewellenlänge 3 % von der berechneten abwich, war Stern klar, da hatte man im Experiment irgendeinen Fehler gemacht oder etwas übersehen. Stern hatte vorher alle apparativen Zahlen in typisch Sternscher Art bis auf besser als 1 % berechnet. Bei der Auswertung (siehe Seite 213 der Originalpublikation) stellten die Autoren fest: Die Beugungsmaxima zeigen Abweichungen alle nach derselben Seite, vielleicht ist uns noch ein kleiner systematischer Fehler entgangen? In der Tat, da gab es noch einen kleinen systematischen Fehler. Stern berichtet: *Die Abweichung fand ihre Erklärung, als wir nach Abschluß der Versuche den Apparat auseinandernahmen. Die Zahnräder waren auf einer Präzisions-Drehbank (Auerbach-Dresden) geteilt worden, mit Hilfe einer Teilscheibe, die laut Aufschrift den Kreisumfang in 400 Teile teilen sollte. Wir rechneten daher mit einer Zähnezahl von 400. Die leider erst nach Abschluß der Versuche vorgenommene Nachzählung ergab jedoch eine Zähnezahl von 408 (die Teilscheibe war tatsächlich falsch bezeichnet), wodurch die erwähnte Abweichung von 3 % auf 1 % vermindert wurde.*

Diese Beugungsexperimente von Atomstrahlen lieferten nicht nur den eindeutigen Beweis, dass auch Atom- und Molekülstrahlen Welleneigenschaften haben, sondern Stern konnte auch erstmals die de Broglie-Wellenlänge absolut bestimmen und damit das Welle-Teilchen-Konzept der Quantenphysik in brillanter Weise bestätigen.

Eine andere Reihe fundamental wichtiger Experimente Otto Sterns Hamburger Zeit befasste sich mit der Messung von magnetischen Momenten von Kernen, hier vor allem das des Protons und das des Deuterons. Otto Stern hatte schon 1926 in seiner Veröffentlichung, wo er visionär die zukünftigen Anwendungsmöglichkeiten der MSM beschreibt, vorgerechnet, dass man auch die sehr kleinen magnetischen Momente der Kerne mit der MSM messen kann. Damit bot sich mit Hilfe der MSM zum ersten Mal die Möglichkeit, experimentell zu überprüfen, ob die positive Elementarladung im Proton identische magnetische Eigenschaften wie die negative Elementarladung im Elektron hat. Stern ging davon aus, dass das mechanische Drehimpulsmoment des Protons identisch zu dem des Elektrons sein muss. Nach der damals schon allgemein anerkannten Dirac-Theorie musste das magnetische Moment des Protons wegen des Verhältnisses der Massen 1836 mal kleiner als das des Elektrons sein. Die von Dirac berechnete Größe wird ein Kernmagneton genannt. Otto Stern sagt dazu in seinem Züricher Interview [8]: *Während der Messung des magnetischen Momentes des Protons wurde ich stark von theoretischer Seite beschimpft, da man glaubte zu wissen, was rauskam. Obwohl die ersten Versuche einen Fehler von 20 % hatten, betrug die Abweichung vom erwarteten theoretischen Wert mindestens Faktor 2.*

Die Hamburger Apparatur war für die Untersuchung von Wasserstoffmolekülen gut vorbereitet. Der Nachweis von Wasserstoffmolekülen war seit langem optimiert worden und außerdem konnte Wasserstoff gekühlt werden, so dass wegen der langsameren Molekülstrahlen eine größere Ablenkung erreicht wurde. Stern hatte erkannt, dass seine Methode Information über den Grundzustand und über die Hyperfeinwechselwirkung (Kopplung zwischen magnetischen Kernmomenten mit denen der Elektronenhülle) lieferte, was die hochauflösende Spektroskopie damals nicht leisten konnte.

Frisch und Stern konnten 1933 in Hamburg den Strahl noch nicht monochromatisieren und erreichten daher nur eine Auflösung von ca. 10 %. Das inhomogene Magnetfeld betrug ca. $2 \cdot 10^5$ Gauß/cm. Ähnlich wie bei der Apparatur zur Messung der de Broglie-Wellenlänge beschrieben Frisch und Stern auch in dieser Publikation (S47) alle Einzelheiten der Apparatur und die Durchführung der Messung in größtem Detail.

Da in diesem Experiment der Wasserstoffstrahl auf flüssige Lufttemperatur gekühlt war, waren zu 99 % die Moleküle im Rotationsquantenzustand Null. Diese Annahme konnte auch im Experiment bestätigt werden. Beim Orthowasserstoff stehen beide Kernspins parallel, d. h. das Molekül hat de facto 2 Protonenmomente. Für das magnetische Moment des Protons erhielten Frisch und Stern einen Wert von 2–3 Kernmagnetons mit ca. 10 % Fehlerbereich, was in klarem Widerspruch zu den damals gültigen Theorien, vor allem zur Dirac Theorie stand. Fast parallel zur Publikation in Z. Phys. (Mai 1933) wurde im Juni 1993 als Beitrag zur Solvay-Conference 1933 in Nature (S51) von den Autoren Estermann, Frisch und Stern und dann von Estermann und Stern im Juli 1933 in (S52) ein genauerer Wert publiziert mit 2,5 Kermagneton $+/-$ 10 % Fehler. Estermann und Stern haben wegen der großen Bedeutung dieses Ergebnisses in kürzester Zeit noch einmal alle Parameter des Experimentes sehr sorgfältig überprüft und auch bisher noch unberücksichtigte Einflüsse diskutiert. Auf der Basis dieser sorgfältigen Fehlerabschätzungen kommen sie zu dem eindeutigen Schluss, dass das Proton ein magnetisches Moment von 2,5 Kernmagneton haben muss und die Fehlergrenze 10 % nicht überschreitet. Dieser Wert stimmt innerhalb der Fehlergrenze mit dem heute gültigen Wert von 2,79 Kermagnetonen überein und belegt klar, dass die damals in der Physik anerkannten Theorien über die innere Struktur des Protons falsch waren.

1937 haben Estermann und Stern nach ihrer erzwungenen Emigration in die USA zusammen mit O. C. Simpson am Carnegie Institute of Technology in Pittsburgh diese Messungen mit fast identischer Apparatur wie in Hamburg wiederholt und sehr präzise alle Fehlerquellen ermittelt (S62). Sie erhalten dort einen Wert von 2,46 Kernmagneton mit einer Fehlerangabe von 3 %. Rabi und Mitarbeiter [22] hatten 1934 mit einem monoatomaren H-Strahl das magnetische Moment des Protons zu 3,25 Kernmagneton mit 10 % Fehlerangabe ermittelt.

Obwohl Stern und Estermann im Sommer 1933 schon de-facto aus dem Dienst der Universität Hamburg ausgeschieden waren, haben beide noch ihre kurze verbleibende Zeit in Hamburg genutzt, um auch das magnetische Moment des Deutons (später Deuteron) zu messen. G. N. Lewis/Berkeley hatte Stern 0,1 g Schweres Wasser zur Verfügung gestellt, das zu 82 % aus dem schweren Isotop des Wasserstoffs Deuterium (Deuteron ist der Kern des Deuteriumatoms und setzt sich aus einem Proton und Neutron zusammen) bestand. Da ihnen die Zeit fehlte, in typisch Sternscher Weise alle wichtigen Zahlen im Experiment (z. B. die angegebenen 82 %) sehr sorgfältig zu überprüfen, konnten sie in Ihrer Publikation „Über die magnetische Ablenkung von isotopen Wasserstoff-molekülen und das magnetische Moment des ‚Deutons‘" in (S54) nur einen ungefähren Wert angeben. Sie stellten fest, dass der Deuteronkern einen kleineren Wert hat als das Proton. Dies ist nur möglich, wenn das neutrale Neutron ebenfalls ein magnetisches Moment hat, das dem des Protons entgegengerichtet ist. Heute wissen wir, dass das magnetische Moment des Neutrons $(-)1,913$ Kernmagneton beträgt und damit intern auch eine elektrische Ladungsverteilung haben muss, die sich im größeren Abstand perfekt zu Null addiert.

Nicht unerwähnt bleiben darf hier das in Hamburg von Otto Robert Frisch durchgeführte Experiment zum Nachweis des Einsteinschen Strahlungsrückstoßes. Einstein hatte 1905 vorausgesagt, dass jedes Photon einen Impuls hat und dieser bei der Emission oder Absorption eines Photons durch ein Atom sich als Rückstoß beim Atom bemerkbar macht. Otto Robert Frisch bestrahlte einen Na-MS mit Na-Resonanzlicht (D1 und D2 Linien einer Na-Lampe) und bestimmte die durch den Photonenimpulsübertrag bewirkte Ablenkung der Na-Atome. Der Ablenkungswinkel betrug $3 \cdot 10^{-5}$ rad, d. h. ca. 6 Winkelsekunden. Da die Experimente wegen der unerwarteten Entlassung der jüdischen Mitarbeiter Sterns in Hamburg abrupt abgebrochen werden mussten, konnte Frisch nur den Effekt qualitativ bestätigen. Otto Robert Frisch hat dies als alleiniger Autor (M17) publiziert.

Durch die 1933 erfolgte Machtübernahme der Nationalsozialisten wurde Otto Sterns Arbeitsgruppe ohne Rücksicht auf deren große Erfolge praktisch von einem auf den andern Tag zerschlagen. Wie oben bereits erwähnt, waren alle Assistenten Sterns (außer Knauer) jüdischer Abstammung. Auf Grund des Nazi-Gesetzes zur Wiederherstellung des Berufsbeamtentums vom 7. April 1933 erhielten Estermann, Frisch und Schnurmann am 23. Juni 1933 per Einschreiben von der Landesunterichtsbehörde der Stadt Hamburg ihr Entlassungsschreiben [20].

Nach seinem Ausscheiden aus dem Dienst der Universität Hamburg stellte Otto Stern den Antrag, einen Teil seiner Apparaturen mitnehmen zu können. Mit der Prüfung des Antrages wurde sein Kollege Professor Peter Paul Koch beauftragt. Der umgehend zu dem Schluss kam, dass diese Apparaturen für Hamburg keinen Verlust bedeuten und nur in den Händen von Otto Stern wertvoll sind. Otto Stern konnte somit einen Teil seiner wertvollen Apparaturen mit in die Emigration nehmen.

Damit war das äußerst erfolgreiche Wirken Otto Sterns und seiner Gruppe in Hamburg zu Ende. Wie in dem Brief Knauers an Otto Stern [23] vom 11. Oktober 1933 zu lesen ist, verfügte Koch (der jetzt in Hamburg das Sagen hatte) unmittelbar nach Sterns Weggang in diktatorischer Weise die Zerschlagung des alten Sternschen Instituts. Selbst der dem Nationalsozialismus nahestehende Knauer beklagte sich darüber.

1933 Emigration in die USA

Es war nicht leicht für die zahlreichen deutschen, von Hitler vertriebenen Wissenschaftler in den USA in der Forschung eine Stelle zu finden, geschweige denn eine gute Stelle. Es hätte nahe gelegen wegen Sterns früherer Besuche in Berkeley, dass er dort eine neue wissenschaftliche Heimat findet. Aber dem war nicht so. Stern hatte dennoch Glück. Ihm wurde eine Forschungsprofessur am Carnegie Institute of Technology in Pittsburgh/Pennsylvania angeboten. Stern nahm dieses Angebot an und zusammen mit seinem langjährigen Mitarbeiter Estermann baute er dort eine neue Arbeitsgruppe auf.

Wie Immanuel Estermann in seiner Kurzbiographie [10] über Otto Stern schreibt: *Die Mittel, die Stern in Pittsburgh während der Depression zur Verfügung standen, waren relativ gering. Den Schwung seines Hamburger Laboratoriums konnte Stern nie wieder beleben, obwohl auch im Carnegie-Institut eine Reihe wichtiger Publikationen entstanden.*

Im neuen Labor in Pittsburgh wurde weiter mit Erfolg an der Verbesserung der Molekularstrahlmethode gearbeitet. Doch gelangen Stern, Estermann und Mitarbeitern auf dem Gebiet der Molekularstrahltechnik keine weiteren Aufsehen erregenden Ergebnisse mehr. Von Pittsburgh aus publizierte Stern zehn weitere Arbeiten zur MSM. Vier davon befassten sich mit der Größe des magnetischen Momentes des Protons und Deuterons. Dabei konnten aber keine wirklichen Verbesserungen in der Messgenauigkeit erreicht werden. Ab 1939 hatte auch hier Rabi die Führung übernommen. Er konnte mit seiner Resonanzmethode den Fehler bei der Messung des Kernmomentes des Protons auf weit unter 1 % senken. Das weltweite Zentrum der Molekularstrahltechnik war von nun an Rabis Labor an der Columbia-University in New York und ab 1940 am MIT in Boston.

Eine Publikation Otto Sterns mit seinen Mitarbeitern J. Halpern, I. Estermann, und O. C. Simpson ist noch erwähnenswert: „The scattering of slow neutrons by liquid ortho- and parahydrogen" publiziert in (S61). Sie konnten zeigen, dass Parawasserstoff eine wesentlich größere Tansmission für langsame Neutronen hat als Orthowasserstoff. Mit dieser Arbeit konnten sie die Multiplettstruktur und das Vorzeichen der Neutron-Proton-Wechselwirkung bestimmen.

Otto Stern und der Nobelpreis

Otto Stern wurde zwischen 1925 und 1945 insgesamt 82mal für den Nobelpreis nominiert. Im Fach Physik war er von 1901 bis 1950 der am häufigsten Nominierte. Max Planck erhielt 74 und Albert Einstein 62 Nominierungen. Nur Arnold Sommerfeld kam Otto Stern an Nominierungen sehr nahe: er wurde 80mal vorgeschlagen, aber nie mit dem Nobelpreis ausgezeichnet [3].

1944 endlich, aber rückwirkend für 1943, wurde Otto Stern der Nobelpreis verliehen. 1943 als auch 1944 erhielt Stern nur jeweils zwei Nominierungen, doch diese waren in Schweden von großem Gewicht: Hannes Alfven hatte ihn 1943 und Manne Siegbahn hatte ihn 1944 nominiert. Manne Siegbahn schlug 1944 außerdem Isidor I. Rabi und Walther Gerlach vor. Siegbahns Nominierung war extrem kurz und ohne jede Begründung und am letzten Tag der Einreichungsfrist geschrieben [3]. Hulthèn war wiederum der Gutachter und er schlug Stern und Rabi vor. Stern erhielt den Nobelpreis für das Jahr 1943 (Bekanntgabe am 9.11.1944). Isidor Rabi bekam den Physikpreis für 1944. Die offizielle Begründung für Sterns Nobelpreis lautet:

„Für seinen Beitrag zur Entwicklung der Molekularstrahlmethode und die Entdeckung des magnetischen Momentes des Protons".

Die Rede im schwedischen Radio, die E. Hulthèn am 10. Dezember 1944 zum Nobelpreis an Otto Stern hielt, würdigte dann überraschend vor allem die Entdeckung der Richtungsquantelung und weniger die in der Nobelauszeichnung angegebenen Leistungen.

Nicht lange nach dem Erhalt des Nobelpreises ließ sich Otto Stern im Alter von 57 Jahren emeritieren. Er hatte sich in Berkeley, wo seine Schwestern wohnten, in der 759 Cragmont Ave. ein Haus gekauft, um dort seinen Lebensabend zu verbringen. Zusammen mit seiner jüngsten unverheirateten Schwester Elise wollte er dort leben. Doch seine jüngste Schwester starb unerwartet im Jahre 1945.

Nachdem Otto Stern sich 1945/6 in Berkeley zur Ruhe gesetzt hatte, hat er sich aus der aktuellen Wissenschaft weitgehend zurückgezogen. Nur zwei wissenschaftliche Publikationen sind in der Berkeleyzeit entstanden, eine 1949 über die Entropie (S70) und die andere 1962 über das Nernstsche Theorem (S71).

Am 17. August 1969 beendete ein Herzinfarkt während eines Kinobesuchs in Berkeley Otto Sterns Leben.

Literatur

1. W. Gerlach und O. Stern, Der experimentelle Nachweis der Richtungsquantelung im Magnetfeld. Z. Physik, 9, 349–352 (1922)

2. P. Debey, Göttinger Nachrichten 1916 und A. Sommerfeld, Physikalische Zeitschrift, Bd. 17, 491–507, (1916)

3. Center for History of Science, The Royal Swedish Academy of Sciences, Box 50005, SE-104 05 Stockholm, Sweden, http://www.center.kva.se/English/Center.htm

4. H. Schmidt-Böcking und K. Reich, Otto Stern-Physiker, Querdenker, Nobelpreisträger, Herausgeber: Goethe-Universität Frankfurt, Reihe: Gründer, Gönner und Gelehrte. Societätsverlag, ISBN 978-3-942921-23-7 (2011)

5. E. Segrè, A Mind Always in Motion, Autobiography of Emilio Segrè, University of California Press, Berkeley, 1993 ISBN 0-520-07627-3

6. Sonderband zu O. Sterns Geburtstag, Z. Phys. D, 10 (1988)

7. Interview with Dr. O. Stern, By T. S. Kuhn at Stern's Berkeley home, May 29&30,1962, Niels Bohr Library & Archives, American Institute of Physics, College park, MD USA, www.aip.org/history/ohilist/LINK

8. ETH-Bibliothek Zürich, Archive, http://www.sr.ethbib.ethz.ch/, O. Stern tape-recording Folder "ST-Misc.", 1961 at E.T.H. Zürich by Res Jost

9. ETH-Bibliothek Zürich, Archive, http://www.sr.ethbib.ethz.ch/, Stern Personalakte

10. I. Estermann, Biographie Otto Stern in Physiker und Astronomen in Frankfurt ed. Von K. Bethge und H. Klein, Neuwied: Metzner 1989 ISBN 3-472-00031-7 Seite 46–52

11. Archiv der Universität Frankfurt, Johann Wolfgang Goethe-Universität Frankfurt am Main, Senckenberganlage 31–33, 60325 Frankfurt, Maaser@em.uni-frankfurt.de

12. M. Born, Mein Leben, Die Erinnerungen des Nobelpreisträgers, Nymphenburgerverlagshandlung GmbH, München 1975, ISBN 3-485-000204-6

13. L. Dunoyer, Le Radium 8, 142

14. 14. Interview with M. Born by P. P. Ewald at Born's home (Bad Pyrmont, West Germany) June, 1960, Niels Bohr Library & Archives, American Institute of Physics, College Park, MD USA, www.aip.org/history/ohilist/LINK

15. Oral Transcript AIP Interview W. Gerlach durch T. S. Kuhn Februar 1963 in Gerlachs Wohnung in Berlin

16. A. H. Compton, The magnetic electron, Journal of the Franklin Institute, Vol. 192, August 1921, No. 2, page 14

17. A. Landé, Zeitschrift für Physik 5, 231–241 (1921) und 7, 398–405 (1921)

18. A. Landé, Schwierigkeiten in der Quantentheorie des Atombaus, besonders magnetischer Art, Phys. Z.24, 441–444 (1923)

19. M. Abraham, Prinzipien der Dynamik des Elektrons, Annalen der Physik. 10, 1903, S. 105–179

20. Senatsarchiv Hamburg, Kattunbleiche 19, 22041 Hamburg; Personalakte Otto Stern, http://www.hamburg.de/staatsarchiv/

21. I.I. Rabi as told to J. S. Rigden, Otto Stern and the discovery of Space quantization, Z. Phys. D, 10, 119–1920 (1988)

22. I.I. Rabi et al. Phys. Rev. 46, 157 (1934)

23. The Bancroft Library, University of California, Berkeley, Berkeley, CA und D. Templeton-Killen, Stanford, A. Templeton, Oakland

Publikationsliste von Otto Stern

Ann. Physik	= Annalen der Physik
Phys. Rev.	= Physical Review
Physik. Z.	= Physikalische Zeitschrift
Z. Electrochem.	= Zeitschrift für Elektrochemie
Z. Physik	= Zeitschrift für Physik
Z. Physik. Chem.	= Zeitschrift für physikalische Chemie

Publikationsliste aller Publikationen von Otto Stern als Autor (S..)

S1. Otto Stern, Zur kinetischen Theorie des osmotischen Druckes konzentrierter Lösungen und über die Gültigkeit des Henryschen Gesetzes für konzentrierte Lösungen von Kohlendioxyd in organischen Lösungsmitteln bei tiefen Temperaturen. Dissertation Universität Breslau (+3) 1–35 (+2) (1912) Verlag: Grass, Barth, Breslau.

S1a. Otto Stern, Zur kinetischen Theorie des osmotischen Druckes konzentrierter Lösungen und über die Gültigkeit des Henry'schen Gesetzes für dieselben AU Stern, Otto SO Jahresbericht der Schlesischen Gesellschaft für vaterländische Cultur VO 90 I (II. Abteilung: Naturwissenschaften. a. Sitzungen der naturwissenschaftlichen Sektion) PA 1-36 PY 1913 DT B URL. Die Publikationen S1 und S1a sind vollkommen identisch.

S2. Otto Stern, Zur kinetischen Theorie des osmotischen Druckes konzentrierter Lösungen und über die Gültigkeit des Henryschen Gesetzes für konzentrierte Lösungen von Kohlendioxyd in organischen Lösungsmitteln bei tiefen Temperaturen. Z. Physik. Chem., 81, 441–474 (1913)

S3. Otto Stern, Bemerkungen zu Herrn Dolezaleks Theorie der Gaslöslichkeit, Z. Physik. Chem., 81, 474–476 (1913)

© Springer-Verlag Berlin Heidelberg 2016
H. Schmidt-Böcking, K. Reich, A. Templeton, W. Trageser, V. Vill (Hrsg.), *Otto Sterns Veröffentlichungen – Band 1*, DOI 10.1007/978-3-662-46953-8_2

S4. Otto Stern, Zur kinetischen Theorie des Dampfdrucks einatomiger fester Stoffe und über die Entropiekonstante einatomiger Gase, Habilitationsschrift Zürich Mai 1913, Druck von J. Leemann, Zürich I, oberer Mühlsteg 2. und Physik. Z., 14, 629–632 (1913)

S5. Albert Einstein und Otto Stern, Einige Argumente für die Annahme einer Molekularen Agitation beim absoluten Nullpunkt. Ann. Physik, 40, 551–560 (1913) 345 statt 40

S6. Otto Stern, Zur Theorie der Gasdissoziation. Ann. Physik, 44, 497–524 (1914) 349 statt 44

S7. Otto Stern, Die Entropie fester Lösungen. Ann. Physik, 49, 823–841 (1916) 354 statt 49

S8. Otto Stern, Über eine Methode zur Berechnung der Entropie von Systemen elastische gekoppelter Massenpunkte. Ann. Physik, 51, 237–260 (1916) 356 statt 51

S9. Max Born und Otto Stern, Über die Oberflächenenergie der Kristalle und ihren Einfluss auf die Kristallgestalt. Sitzungsberichte, Preußische Akademie der Wissenschaften, 48, 901–913 (1919)

S10. Otto Stern und Max Volmer, Über die Abklingungszeit der Fluoreszenz. Physik. Z., 20, 183–188 (1919)

S11. Otto Stern und Max Volmer. Sind die Abweichungen der Atomgewichte von der Ganzzahligkeit durch Isotopie erklärbar. Ann. Physik, 59, 225–238 (1919)

S12. Otto Stern, Zusammenfassender Bericht über die Molekulartheorie des Dampfdrucks fester Stoffe und Berechnung chemischer Konstanten. Z. Elektrochem., 25, 66–80 (1920)

S13. Otto Stern und Max Volmer. Bemerkungen zum photochemischen Äquivalentgesetz vom Standpunkt der Bohr-Einsteinschen Auffassung der Lichtabsorption. Zeitschrift für wissenschaftliche Photographie, Photophysik und Photochemie, 19, 275–287 (1920)

S14. Otto Stern, Eine direkte Messung der thermischen Molekulargeschwindigkeit, Physik. Z., 21, 582–582 (1920)

S15. Otto Stern, Zur Molekulartheorie des Paramagnetismus fester Salze. Z. Physik, 1, 147–153 (1920)

S16. Otto Stern, Eine direkte Messung der thermischen Molekulargeschwindigkeit. Z. Physik, 2, 49–56 (1920)

S17. Otto Stern, Nachtrag zu meiner Arbeit: „Eine direkte Messung der thermischen Molekulargeschwindigkeit", Z. Physik, 3, 417–421 (1920)

S18. Otto Stern, Ein Weg zur experimentellen Prüfung der Richtungsquantelung im Magnetfeld. Z. Physik, 7, 249–253 (1921)

S19. Walther Gerlach und Otto Stern, Der experimentelle Nachweis des magnetischen Moments des Silberatoms. Z. Physik, 8, 110–111 (1921)

S20. Walther Gerlach und Otto Stern, Der experimentelle Nachweis der Richtungsquantelung im Magnetfeld. Z. Physik, 9, 349–352 (1922)

S21. Walther Gerlach und Otto Stern, Das magnetische Moment des Silberatoms. Z. Physik, 9, 353–355 (1922)

S22. Otto Stern, Über den experimentellen Nachweis der räumlichen Quantelung im elektrischen Feld. Physik. Z., 23, 476–481 (1922)

S23. Immanuel Estermann und Otto Stern, Über die Sichtbarmachung dünner Silberschichten auf Glas. Z. Physik. Chem., 106, 399–402 (1923)

S24. Otto Stern, Über das Gleichgewicht zwischen Materie und Strahlung. Z. Elektrochem., 31, 448–449 (1925)

S25. Otto Stern, Zur Theorie der elektrolytischen Doppelschicht. Z. Elektrochem., 30, 508–516 (1924)

S26. Walther Gerlach und Otto Stern, Über die Richtungsquantelung im Magnetfeld. Ann. Physik, 74, 673–699 (1924)

S27. Otto Stern, Transformation of atoms into radiation. Transactions of the Faraday Society, 21, 477–478 (1926)

S28. Otto Stern, Zur Methode der Molekularstrahlen I. Z. Physik, 39, 751–763 (1926)

S29. Friedrich Knauer und Otto Stern, Zur Methode der Molekularstrahlen II. Z. Physik, 39, 764–779 (1926)

S30. Friedrich Knauer und Otto Stern, Der Nachweis kleiner magnetischer Momente von Molekülen. Z. Physik, 39, 780–786 (1926)

S31. Otto Stern, Bemerkungen über die Auswertung der Aufspaltungsbilder bei der magnetischen Ablenkung von Molekularstrahlen. Z. Physik, 41, 563–568 (1927)

S32. Otto Stern, Über die Umwandlung von Atomen in Strahlung. Z. Physik. Chem., 120, 60–62 (1926)

S33. Friedrich Knauer und Otto Stern, Über die Reflexion von Molekularstrahlen. Z. Physik, 53, 779–791 (1929)

S34. Georg von Hevesy und Otto Stern, Fritz Haber's Arbeiten auf dem Gebiet der Physikalischen Chemie und Elektrochemie. Naturwissenschaften, 16, 1062–1068 (1928)

S35 Otto Stern, Erwiderung auf die Bemerkung von D. A. Jackson zu John B. Taylors Arbeit: „Das magnetische Moment des Lithiumatoms", Z. Physik, 54, 158–158 (1929)

S36. Friedrich Knauer und Otto Stern, Intensitätsmessungen an Molekularstrahlen von Gasen. Z. Physik, 53, 766–778 (1929)

S37. Otto Stern, Beugung von Molekularstrahlen am Gitter einer Kristallspaltfläche. Naturwissenschaften, 17, 391–391 (1929)

S38. Friedrich Knauer und Otto Stern, Bemerkung zu der Arbeit von H. Mayer „Über die Gültigkeit des Kosinusgesetzes der Molekularstrahlen." Z. Physik, 60, 414–416 (1930)

S39. Otto Stern, Beugungserscheinungen an Molekularstrahlen. Physik. Z., 31, 953–955 (1930)

S40. Immanuel Estermann und Otto Stern, Beugung von Molekularstrahlen. Z. Physik, 61, 95–125 (1930)

S41. Thomas Erwin Phipps und Otto Stern, Über die Einstellung der Richtungsquantelung, Z. Physik, 73, 185–191 (1932)

S42. Immanuel Estermann, Otto Robert Frisch und Otto Stern, Monochromasierung der de Broglie-Wellen von Molekularstrahlen. Z. Physik, 73, 348–365 (1932)

S43. Immanuel Estermann, Otto Robert Frisch und Otto Stern, Versuche mit monochromatischen de Broglie-Wellen von Molekularstrahlen. Physik. Z., 32, 670–674 (1931)

S44. Otto Robert Frisch, Thomas Erwin Phipps, Emilio Segrè und Otto Stern, Process of space quantisation. Nature, 130, 892–893 (1932)

S45. Otto Robert Frisch und Otto Stern, Die spiegelnde Reflexion von Molekularstrahlen. Naturwissenschaften, 20, 721–721 (1932)

S46. Robert Otto Frisch und Otto Stern, Anomalien bei der spiegelnden Reflektion und Beugung von Molekularstrahlen an Kristallspaltflächen I. Z. Physik, 84, 430–442 (1933)

S47. Otto Robert Frisch und Otto Stern, Über die magnetische Ablenkung von Wasserstoffmolekülen und das magnetische Moment des Protons I. Z. Physik, 85, 4–16 (1933)

S48. Otto Stern, Helv. Phys. Acta 6, 426–427 (1933)

S49. Otto Robert Frisch und Otto Stern, Über die magnetische Ablenkung von Wasserstoffmolekülen und das magnetische Moment des Protons. Leipziger Vorträge 5, p. 36–42 (1933), Verlag: S. Hirzel, Leipzig

S50. Otto Robert Frisch und Otto Stern, Beugung von Materiestrahlen. *Handbuch der Physik* XXII. II. Teil. Berlin, Verlag Julius Springer. 313–354 (1933)

S51. Immanuel Estermann, Otto Robert Frisch und Otto Stern, Magnetic moment of the proton. Nature, 132, 169–169 (1933)

S52. Immanuel Estermann und Otto Stern, Über die magnetische Ablenkung von Wasserstoffmolekülen und das magnetische Moment des Protons II. Z. Physik, 85, 17–24 (1933)

S53. Immanuel Estermann und Otto Stern, Eine neue Methode zur Intensitätsmessung von Molekularstrahlen. Z. Physik, 85, 135–143 (1933)

S54. Immanuel Estermann und Otto Stern,. Über die magnetische Ablenkung von isotopen Wasserstoffmolekülen und das magnetische Moment des „Deutons". Z. Physik, 86, 132–134 (1933)

S55. Immanuel Estermann und Otto Stern,. Magnetic moment of the deuton. Nature, 133, 911–911 (1934)

S56. Otto Stern, Bemerkung zur Arbeit von Herrn Schüler: Über die Darstellung der Kernmomente der Atome durch Vektoren. Z. Physik, 89, 665–665 (1934)

S57. Otto Stern, Remarks on the measurement of the magnetic moment of the proton. Science, 81, 465–465 (1935)

S58. Immanuel Estermann, Oliver C. Simpson und Otto Stern, Magnetic deflection of HD molecules (Minutes of the Chicago Meeting, November 27–28, 1936), Phys. Rev. 51, 64–64 (1937)

S59. Otto Stern, A new method for the measurement of the Bohr magneton. Phys. Rev., 51, 852–854 (1937)

S60. Otto Stern, A molecular-ray method for the separation of isotopes (Minutes of the Washington Meeting, April 29, 30 and May 1, 1937), Phys. Rev. 51, 1028–1028 (1937)

S61. J. Halpern, Immanuel Estermann, Oliver C. Simpson und Otto Stern, The scattering of slow neutrons by liquid ortho- and parahydrogen. Phys. Rev., 52, 142–142 (1937)

S62. Immanuel Estermann, Oliver C. Simpson und Otto Stern, The magnetic moment of the proton. Phys. Rev., 52, 535–545 (1937)

S63. Immanuel Estermann, Oliver C. Simpson und Otto Stern, The free fall of molecules (Minutes of the Washington, D. C. Meeting, April 28–30, 1938), Phys. Rev. 53, 947–948 (1938)

S64. Immanuel Estermann, Oliver C. Simpson und Otto Stern, Deflection of a beam of Cs atoms by gravity (Meeting at Pittsburgh, Pennsylvania, April 28 and 29, 1944), Phys. Rev. 65, 346–346 (1944)

S65. Immanuel Estermann, Oliver·C. Simpson und Otto Stern, The free fall of atoms and the measurement of the velocity distribution in a molecular beam of cesium atoms. Phys. Rev., 71, 238–249 (1947)

S66. Otto Stern, Die Methode der Molekularstrahlen, Chimia 1, 91–91 (1947)

S67. Immanuel Estermann, Samuel N.Foner und Otto Stern, The mean free paths of cesium atoms in helium, nitrogen, and cesium vapor. Phys. Rev., 71, 250–257 (1947)

S68. Otto Stern, Nobelvortrag: The method of molecular rays. In: *Les Prix Nobel en 1946*, ed. by M. P. A. L. Hallstrom *et al.*, pp. 123–130. Stockholm, Imprimerie Royale. P. A. Norstedt & Soner. (1948)

S69. Immanuel Estermann, W.J. Leivo und Otto Stern, Change in density of potassium chloride crystals upon irradiation with X-rays. Phys. Rev., 75, 627–633 (1949)

S70. Otto Stern, On the term k ln n in the entropy. Rev. of Mod. Phys., 21, 534–535 (1949)

S71. Otto Stern, On a proposal to base wave mechanics on Nernst's theorem. Helv. Phys. Acta, 35, 367–368 (1962)

S72. Otto Stern, The method of molecular rays. Nobel lectures Dec. 12, 1946/Physics 8–16 (1964), Verlag: World Scientific, Singapore **identisch mit S68**

Publikationsliste der Mitarbeiter ohne Stern als Koautor (M..)

M0. Walther Gerlach, Über die Richtungsquantelung im Magnetfeld II, Annalen der Phys., 76, 163–197 (1925)

M1. Immanuel Estermann, Über die Bildung von Niederschlägen durch Molekularstrahlen, Z. f. Elektrochem. u. angewandte Phys. Chem., 8, 441–447 (1925)

M2. Alfred Leu, Versuche über die Ablenkung von Molekularstrahlen im Magnetfeld, Z. Phys. 41, 551–562 (1927)

M3. Erwin Wrede, Über die magnetische Ablenkung von Wasserstoffatomstrahlen, Z. Phys. 41, 569–575 (1927)

M4. Erwin Wrede, Über die Ablenkung von Molekularstrahlen elektrischer Dipolmoleküle im inhomogenen elektrischen Feld, Z. Phys. 44, 261–268 (1927)

M5. Alfred Leu, Untersuchungen an Wismut nach der magnetischen Molekularstrahlmethode, Z. Phys. 49, 498–506 (1928)

M6. John B. Taylor, Das magnetische Moment des Lithiumatoms, Z. Phys. 52, 846–852 (1929)

M7. Isidor I. Rabi, Zur Methode der Ablenkung von Molekularstrahlen, Z. Phys. 54, 190–197 (1929)

M8. Berthold Lammert, Herstellung von Molekularstrahlen einheitlicher Geschwindigkeit, Z. Phys. 56, 244–253 (1929)

M9. John B. Taylor, Eine Methode zur direkten Messung der Intensitätsverteilung in Molekularstrahlen, Z. Phys. 57, 242–248 (1929)

M10. Lester Clark Lewis, Die Bestimmung des Gleichgewichts zwischen den Atomen und den Molekülen eines Alkalidampfes mit einer Molekularstrahlmethode, Z. Phys. 69, 786–809 (1931)

M11. Max Wohlwill, Messung von elektrischen Dipolmomenten mit einer Molekularstrahlmethode, Z. Phys. 80, 67–79 (1933)

M12. Friedrich Knauer, Über die Streuung von Molekularstrahlen in Gasen I, Z. Phys. 80, 80–99 (1933)

M13. Otto Robert Frisch und Emilio Segrè, Über die Einstellung der Richtungsquantelung. II, Z. Phys. 80, 610–616 (1933)

M14. Bernhard Josephy, Die Reflexion von Quecksilber-Molekularstrahlen an Kristallspaltflächen, Z. Phys. 80, 755–762 (1933)

M15. Robert Otto Frisch, Anomalien bei der Reflexion und Beugung von Molekularstrahlen an Kristallspaltflächen II, Z. Phys. 84, 443–447 (1933)

M16. Robert Schnurmann, Die magnetische Ablenkung von Sauerstoffmolekülen, Z. Phys. 85, 212–230 (1933)

M17. Robert Otto Frisch, Experimenteller Nachweis des Einsteinschen Strahlungsrückstoßes, Z. Phys. 86, 42–48 (1933)

M18. Otto Robert Frisch und Emilio Segrè, Ricerche Sulla Quantizzazione Spaziale (Investigations on spatial quantization), Nuovo Cimento 10, 78–91 (1933)

M19. Friedrich Knauer, Der Nachweis der Wellennatur von Molekularstrahlen bei der Streuung in Quecksilberdampf, Naturwissenschaften 21, 366–367 (1933)

M20. Friedrich Knauer, Über die Streuung von Molekularstrahlen in Gasen. II (The scattering of molecular rays in gases. II), Z. Phys. 90, 559–566 (1934)

M21. Carl Zickermann, Adsorption von Gasen an festen Oberflächen bei niedrigen Drucken, Z. Phys. 88, 43–54 (1934)

M22. Marius Kratzenstein, Untersuchungen über die „Wolke" bei Molekularstrahlversuchen, Z. Phys. 93, 279–291 (1935)

S1. Otto Stern, Zur kinetischen Theorie des osmotischen Druckes konzentrierter Lösungen und über die Gültigkeit des Henryschen Gesetzes für konzentrierte Lösungen von Kohlendioxyd in organischen Lösungsmitteln bei tiefen Temperaturen. Dissertation Universität Breslau -3 -37, (1912) Verlag: Grass, Barth, Breslau.

Zur kinetischen Theorie des osmotischen Druckes konzentrierter Lösungen und über die Gültigkeit des Henryschen Gesetzes für konzentrierte Lösungen von Kohlendioxyd in : organischen Lösungsmitteln bei tiefen Temperaturen. :

Inaugural-Dissertation

zur

Erlangung der philosophischen Doktorwürde

der hohen

philosophischen Fakultät der Kgl. Universität Breslau

vorgelegt

und mit ihrer Genehmigung veröffentlicht

von

Otto Stern.

Breslau 1912.

Druck von Grass, Barth & Comp. (W. Friedrich) in Breslau.

© Springer-Verlag Berlin Heidelberg 2016
H. Schmidt-Böcking, K. Reich, A. Templeton, W. Trageser, V. Vill (Hrsg.), *Otto Sterns Veröffentlichungen – Band 1*, DOI 10.1007/978-3-662-46953-8_3

Zur kinetischen Theorie des osmotischen Druckes konzentrierter Lösungen und über die Gültigkeit des Henryschen Gesetzes für konzentrierte Lösungen von Kohlendioxyd in : organischen Lösungsmitteln bei tiefen Temperaturen. :

Inaugural-Dissertation

zur

Erlangung der philosophischen Doktorwürde

der hohen

philosophischen Fakultät der Kgl. Universität Breslau

vorgelegt

und mit ihrer Genehmigung veröffentlicht

von

Otto Stern.

Sonnabend, den 13. April 1912, 4 Uhr.

Vortrag:

„Neuere Anschauungen über die Affinität"

und

Promotion.

Breslau 1912.

Druck von Grass, Barth & Comp. (W. Friedrich) in Breslau.

Gedruckt mit Genehmigung der philosophischen Fakultät der Universität Breslau.

Referent: Prof. Dr. **Biltz.**

Das mündliche Examen hat am 6. März 1912 stattgefunden.

Meinen Eltern.

Inhaltsübersicht.

I. Theoretischer Teil.

Die von van't Hoff entwickelte Theorie der Lösungen stützt sich auf den Grundbegriff des osmotischen Drucks. Habe ich (Figur 1) eine wässerige Zuckerlösung, die durch einen für Zucker undurchlässigen, für Wasser durchlässigen Stempel von reinem Wasser getrennt ist, so muß ich auf diesen Stempel einen Druck ausüben, um dem Bestreben der Zuckerlösung, sich mit dem reinen Wasser zu vermischen und den Stempel in die Höhe zu heben, das Gleichgewicht zu halten. Dieser Druck ist der osmotische Druck der Zuckerlösung. Ganz allgemein ist der osmotische Druck einer Lösung der Druck, der auf eine die Lösung von reinem Lösungsmittel trennende semipermeable Wand ausgeübt wird. Die grundlegende Bedeutung des osmotischen Druckes für die Theorie der Lösungen beruht darauf, daß er ein einfaches Maß für die beim Vermischen von Lösungsmittel und gelöstem Stoff maximal zu gewinnende Arbeit bildet. Lasse ich nämlich in dem in Figur 1 dargestellten Modell eine unendlich kleine Menge Lösungsmittel zur Lösung hinzutreten, so wird der Stempel um ein unendlich kleines Stück gehoben, und hierbei die Arbeit $\pi\,dv$ geleistet, wenn dv die unendlich kleine Volumzunahme der Lösung und π ihr osmotischer Druck ist. Diese Arbeit muß aber nach dem zweiten Hauptsatze gleich derjenigen maximalen Arbeit sein, die man erhält, falls man auf irgend einem anderen isothermen und reversiblen Wege die Lösung um das Volumen dv verdünnt

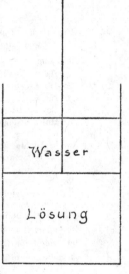

Fig. 1.

(z. B. durch Überdestillieren von Lösungsmittel). Man erhält also, indem man die auf irgend einem anderen Wege erhaltene Arbeit gleich πdv setzt, eine Beziehung zwischen π und den bei diesem Wege benutzten Größen, z. B. Dampfdruck, Siedepunkt, Gefrierpunkt etc. der Lösung. Nach van't Hoff gilt nun für verdünnte Lösungen folgende Beziehung:

$$\pi = RTc$$

wobei c die Konzentration der Lösung in Mol pro l, T die absolute Temperatur und R die Gaskonstante ist, d. h. der osmotische Druck einer Lösung ist gleich dem Druck, den der gelöste Stoff als ideales Gas von der gleichen Konzentration ausüben würde. Wir kennen also ganz allgemein für verdünnte Lösungen die Abhängigkeit des osmotischen Drucks von der Konzentration des gelösten Stoffes und können somit ohne weiteres auf dem oben beschriebenen Wege eine Reihe einfacher Gesetzmäßigkeiten für Dampfdruck, Siedepunkt etc. verdünnter Lösungen ableiten.

1

— 2 —

Außerdem gestattet das einfache Gesetz für den osmotischen Druck, das Massenwirkungsgesetz für chemisch miteinander reagierende gelöste Stoffe abzuleiten und die Hypothese von Avogadro von Gasen auf Lösungen zu übertragen. Es ist bekannt, daß die hier angedeutete Theorie von van't Hoff von der größten Tragweite und Fruchtbarkeit für die gesamte physikalische und reine Chemie gewesen ist und noch ist. Die ganze Theorie gilt aber nur für verdünnte Lösungen. Denn wenn auch die thermodynamisch begründeten Beziehungen zwischen osmotischem Druck und anderen Eigenschaften der Lösung für beliebig konzentrierte Lösungen gelten, so ist doch gerade das Gesetz, welches den osmotischen Druck konzentrierter Lösungen beherrscht, unbekannt. Es aufzufinden, wäre, wie man sieht, von der größten Wichtigkeit. Es sind auch schon eine große Reihe von Versuchen in dieser Richtung gemacht worden, doch ohne nennenswerten Erfolg. Zur Lösung der Aufgabe stehen uns zwei Wege zur Verfügung, der des Experimentes und der der Theorie. Man kann also erstens aus Dampfdruckmessungen etc. an Lösungen bekannter Konzentration ihren osmotischen Druck berechnen und suchen, rein empirisch eine Gleichung zu finden, welche die Abhängigkeit des osmotischen Druckes von der Konzentration wiedergibt. Die in dieser Richtung, zum Teil im Verein mit theoretischen Überlegungen unternommenen Versuche genügen jedoch nicht, um eine bestimmte Formel als allgemein gültig zu bestätigen. Bemerkenswert ist allerdings, daß die einfache, lineare Gleichung

$$\pi = \frac{RT}{v-b},$$

in der $v = \frac{1}{c}$ und b eine Konstante ist, sich in vielen Fällen gut bewährt[1].

Es gibt aber auch Fälle, in denen schon bei sehr geringen Konzentrationen die einfache Formel versagt, besonders bekanntlich bei Lösungen starker Elektrolyte. Der zweite Weg ist der, die gesuchte Formel aus der Theorie, d. h. mit Hilfe bestimmter Hypothesen abzuleiten. Hierfür kann nicht, wie manche glauben, die Thermodynamik in Betracht kommen. Denn diese kann nie etwas über die absolute Größe des osmotischen Druckes lehren. Selbst das einfache Gesetz für verdünnte Lösungen läßt sich nicht rein thermodynamisch begründen, sondern man braucht dazu molekulartheoretische Hypothesen, die allerdings in diesem Falle ziemlich allgemein und weit gefaßt sein können[2]. Will man also das Gesetz für Lösungen beliebiger Konzentration theoretisch ableiten, so kommt hierfür als Grundlage nur die kinetische Molekulartheorie in Betracht. Für diesen Weg haben wir als Beispiel die Entwickelung der Gastheorie vor uns.

Die Gesetze für den Druck idealer d. h. verdünnter Gase und den osmotischen Druck verdünnter Lösungen sind ja, was Form und Bedeutung

[1] O. Sackur, Zeitschr. phys. Chem. 70, 447 (1909).
[2] Planck, Thermodynamik, 2. A., S. 218—19, 1905.

— 3 —

anlangt, völlig analog. Bekanntlich ist es nun bei den Gasen van der Waals gelungen, auf Grund molekulartheoretischer Hypothesen eine Formel abzuleiten, die nicht nur das Verhalten der Gase bei höheren Drucken, sondern auch die kritischen Erscheinungen, ja selbst das Verhalten der Flüssigkeiten mit guter Annäherung wiedergibt. Da van der Waals überdies seine Theorie auch auf Gemische ausgedehnt hat, so liegt es nahe, zu versuchen, mit Hilfe der von ihm benutzten Voraussetzungen eine Formel für den osmotischen Druck konzentrierter Lösungen analog seiner Formel für komprimierte Gase abzuleiten. Dieser Versuch ist schon mehrfach gemacht worden, und es existiert eine ganze Reihe von Formeln, die das Problem auf diese Weise gelöst zu haben beanspruchen[1]). Da die Theorie von van der Waals eindeutig ist und aus ihr nur eine Formel folgen kann, und da außerdem die Beweise der obigen Formeln mir teils unvollständig, teils unscharf erscheinen, will ich im folgenden versuchen, die aus der Theorie von van der Waals für den osmotischen Druck sich ergebende Formel in möglichst einwandfreier und strenger Weise abzuleiten.

Um diese Aufgabe zu lösen, muß zuerst die einfachere Aufgabe, den osmotischen Druck verdünnter Lösungen mit Hilfe der Molekulartheorie zu berechnen, gelöst sein. Boltzmann, Riecke und Lorentz haben dieses Problem behandelt[2]). Im Gegensatze zu den idealen Gasgesetzen, deren Ableitung sich mit Hilfe der kinetischen Gastheorie äußerst klar und einfach gestaltet, liegen die Verhältnisse hier schon bei den verdünnten Lösungen recht kompliziert. Ich will zunächst auf einem sich an die Arbeit von Lorentz anlehnenden Wege einen Beweis für die Formel

$$\pi = RTc$$

zu geben versuchen. Die erste Schwierigkeit, die sich hier sofort erhebt, ist die, daß wir uns über den Mechanismus einer semipermeablen Wand bestimmte Vorstellungen machen müssen, wenn wir den auf sie ausgeübten Druck berechnen wollen. Über diesen Mechanismus wissen wir so gut wie nichts; ja es ist leicht möglich, daß die selektive Wirkung verschiedener halbdurchlässiger Wände auch auf ganz verschiedenen Ursachen beruht. Zum Glück hilft uns hier die Thermodynamik. Denn diese lehrt ja, daß die Arbeit, die wir beim Verdünnen der Lösung um dv maximal erhalten können, ganz unabhängig ist von dem Wege, auf dem wir den Vorgang sich abspielen lassen. Wenn wir also verschiedene halbdurchlässige Stempel mit ganz beliebigen Mechanismen anwenden, muß der auf sie wirkende Druck für alle gleich sein, da die mit ihrer Hilfe maximal zu

---

[1]) Bredig, Zeitschr. phys. Chemie 4, 44 (1889), Noyes, ebenda 5, 83 (1890), aufgenommen in Ostwalds Lehrbuch. Berkeley u. Hartley, Arrhenius u. a. Sackur (l. c) s. Literatur.

[2]) Boltzmann, Zeitschr. phys. Chem. 6, 474 (1890), 7, 88 (1891); Riecke, ebenda 6, 564; Lorentz, ebenda 7, 36.

— 4 —

erhaltende Arbeit in allen Fällen gleich, nämlich $\pi\,dv$, sein muß. Wir
können uns also den Mechanismus ganz beliebig vorstellen, falls er nur
nicht den Gesetzen der Thermodynamik widerspricht. Nach dem Vorgange
von Lorentz denken wir uns der Einfachheit halber die semipermeable
Wand als mathematische Ebene, welche die Moleküle des Lösungsmittels
frei hindurchläßt, für die des gelösten Stoffes aber undurchdringlich ist.
Figur 2 stelle nun einen allseitig geschlossenen Zylinder dar, dessen rechte
Hälfte mit Lösung gefüllt ist, die durch die semipermeable Ebene E von
reinem Lösungsmittel in der linken Hälfte getrennt wird. Die schraffierten
Kreise sollen die Moleküle des gelösten Stoffes, die leeren die des Lösungsmittels vorstellen. Um den auf E ausgeübten Druck zu berechnen, braucht
man nur die von den gelösten Molekülen herrührenden Stöße zu berücksichtigen, da die Lösungsmittelmoleküle glatt durch E hindurchgehen.
Würden diese auch auf die gelösten Moleküle keinerlei Wirkung ausüben,
so wäre der osmotische Druck einfach gleich dem, den der gelöste Stoff
ausüben würde, wenn er den Raum als Gas erfüllen würde, also gleich
RTc bei einer verdünnten Lösung. Es ist aber das Lösungsmittel gerade
in einer verdünnten Lösung sehr konzentriert und beeinflußt die gelösten
Moleküle nach der van der Waalsschen Theorie auf zwei Weisen. Erstens
übt es eine Anziehung auf die gelösten Moleküle aus, die proportional
der Konzentration der anziehenden und der angezogenen Moleküle ist.
Durch die Anziehung der in der Lösung befindlichen Lösungsmittelmolekeln
wird also die Wucht, mit der die gelösten Moleküle auf E treffen, verringert und somit der osmotische Druck verkleinert. Man sieht jedoch
sofort, daß diese Wirkung durch die Anziehung kompensiert wird, welche auf
die auf E auftreffenden Moleküle von dem reinen Lösungsmittel auf der
anderen Seite der Ebene ausgeübt wird. Denn da man die Konzentration
der Lösungsmittelmolekeln in der verdünnten Lösung gleich der im reinen
Lösungsmittel setzen kann, ist die Kraft, mit der die auf E stoßenden
gelösten Moleküle nach der Lösung zurückgezogen werden, gleich derjenigen,
mit der sie nach der Seite des reinen Lösungsmittels hingezogen werden.
Die Resultierende der insgesamt auf sie wirkenden Anziehungskräfte ist
also gleich Null. Etwas schwieriger liegt die Sache bei der zweiten Art
der Beeinflussung, bei den abstoßenden Kräften. Diese rühren her von
dem Eigenvolum der Lösungsmittelmolekeln, welches beim Siedepunkt nach
van der Waals etwa $1/4$ des gesamten von einer Flüssigkeit eingenommenen
Raumes beträgt. Der den gelösten Molekülen zur Verfügung stehende
Raum kann also höchstens $3/4$ des Volumens der Lösung betragen und
der osmotische Druck müßte aus diesem Grunde mindestens $4/3 \times$ so hoch
gefunden werden, als der ideale Gasdruck. Wir müssen jedoch hier wieder
berücksichtigen, daß wir es nicht mit einem Druck auf eine gewöhnliche,
sondern auf eine halbdurchlässige Wand zu tun haben[1]. Es sind daher

---

[1] S. a. Nernst, Theoret. Chemie, 5. A., S. 248.

— 5 —

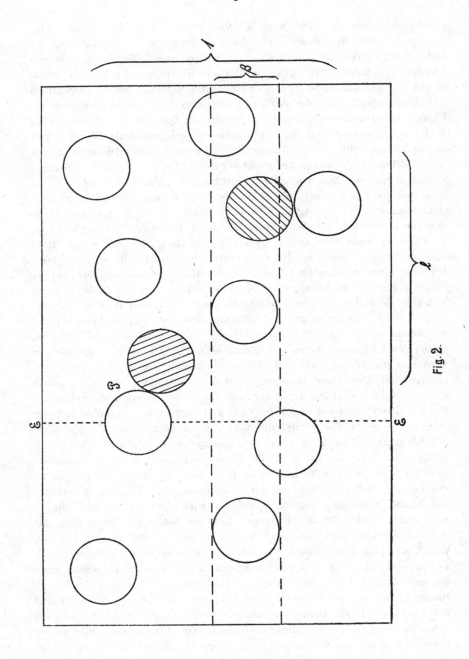

Fig. 2.

— 6 —

ständig Lösungsmittelmolekeln im Durchgange durch E begriffen. Ein
Teil der gelösten Moleküle, der sonst, falls die Wand eine gewöhnliche
wäre, auf diese treffen würde, trifft statt dessen auf gerade durch sie
hindurchfahrende Lösungsmittelmolekeln, wie dies in Figur 2 z. B. bei P
der Fall ist. Mit anderen Worten, der osmotische Druck, den wir messen,
ist nicht der ganze von den gelösten Molekülen ausgeübte Druck, sondern
nur ein Teil davon, während der andere Teil von den von der Seite des
reinen Lösungsmittels her kommenden Molekülen, also vom Lösungsmittel,
aufgefangen wird. Um diesen Teil zu berechnen, denken wir uns zunächst
alle Lösungsmittelmolekeln in Ruhe. Dann wird der durch sie den gelösten Molekülen weggenommene Raum einfach gleich der Summe der
Eigenvolumina der in der Lösung befindlichen Lösungsmittelmolekeln sein.
Ihre Wirkung können wir uns daher ersetzt denken durch einen kompakten
Zylinder, dessen Volumen gleich dieser Summe der Eigenvolumina ist. In
Figur 2 bedeuten die gestrichelten Linien diesen Zylinder, der sich in
gleichmäßiger Dicke durch Lösung und reines Lösungsmittel erstreckt, da
in beiden die Konzentration der Lösungsmittelmoleküle und somit auch die
Summe ihrer Eigenvolumina dieselbe ist. Die Grundfläche dieses Volumzylinders V sei β, während die des Gefäßzylinders G gleich 1 gesetzt ist.
Sei nun die Länge des von der Lösung erfüllten Teiles gleich l, so ist
das Volumen der Lösung $1 \cdot 1 = 1$. Das Volumen des in der Lösung
liegenden Teiles des Volumzylinders ist $\beta \cdot l$, d. h. dies ist der den gelösten

Molekülen weggenommene Raum. Ihr Druck ist also um $\dfrac{1}{1 - \beta l} = \dfrac{1}{1 - \beta}$
größer, als wenn ihnen das gesamte Volumen der Lösung zur Verfügung

stünde, mithin gleich $\dfrac{R T c}{1 - \beta}$. Es ist aber aus der Figur auch ohne weiteres

ersichtlich, welcher Teil der Ebene E von Lösungsmittelmolekeln durchsetzt ist. Seine Größe ist gleich dem Querschnitt durch den Volumzylinder,
also gleich β. Der auf diesen Teil der Ebene wirkende Druck gelangt
nicht zur Messung, sondern nur der auf den restlichen Teil der Ebene
von der Größe $1 - \beta$ wirkende Druck kommt für die Berechnung des

osmotischen Druckes in Betracht. Dieser ist also gleich $\dfrac{R T c}{1 - \beta} (1 - \beta)$,

da der Druck gleichmäßig über die ganze Ebene hin wirkt. Es ist also

$$\pi = R T c.$$

Lassen wir nun die Voraussetzung fallen, daß die Lösungsmittelmoleküle
in Ruhe sind, so lehrt die van der Waalssche Theorie, daß der von ihnen
den gelösten Molekülen weggenommene Raum größer ist als die Summe
ihrer Eigenvolumina. Jedoch wird hierdurch die Deduktion nicht geändert,
da nur die absolute Größe von β hierdurch beeinflußt wird. Man sieht
also, daß nach der van der Waalsschen Theorie der osmotische Druck in
verdünnten Lösungen tatsächlich gleich dem Gasdruck ist, den der gelöste

— 7 —

Körper in demselben Volum ausüben würde, da die Beeinflussungen durch
die Lösungsmittelmoleküle herausfallen. Für die Anziehungskräfte folgt dies
daraus, daß ein auf die semipermeable Wand stoßendes Molekül von allen
Seiten gleichmäßig von Lösungsmittel umgeben ist, so daß jedesmal die in
einer bestimmten Richtung wirkende Anziehungskraft von einer gleich großen
in entgegengesetzter Richtung aufgehoben wird. Die von dem Eigenvolum
des Lösungsmittels herrührenden abstoßenden Kräfte bewirken zwar eine
Erhöhung des Druckes, dafür wird aber ein die Erhöhung gerade kompensierender Teil des Druckes von den die semipermeable Wand durchsetzenden Lösungsmittelmolekeln aufgefangen.

Ich will nun die Voraussetzung, daß wir es mit einer verdünnten
Lösung zu tun haben, fallen lassen und die allgemeine Formel für beliebig
konzentrierte Lösungen ableiten. Ich setze dabei die Gültigkeit der
van der Waalsschen Theorie für das betrachtete Gemisch voraus. Die
Gültigkeitsgrenzen dieser Voraussetzung, die in Wirklichkeit ja nie ganz
erfüllt sein wird, sollen erst weiter unten diskutiert werden. Nach
van der Waals gilt für einen chemisch einheitlichen, nicht assoziierten
Stoff, Gas oder Flüssigkeit, die Gleichung:

$$\left(p + \frac{a}{v^2}\right)(v - b) = RT.$$

Hierin ist p der Druck und v das Volumen eines Mols, b ist das vier-
fache Eigenvolum der in diesem Mol enthaltenen Moleküle, und a ist eine
Konstante, die ein Maß für die Kraft ist, mit der die Moleküle sich gegenseitig anziehen. Für ein Mol eines binären Gemisches gilt nun, wie
van der Waals und Lorentz gezeigt haben, genau dieselbe Formel, nur
hängen die Konstanten a und b, die in diesem Falle mit a_x und b_x bezeichnet werden, von der Zusammensetzung des Gemisches in folgender
Weise ab:

$$a_x = a_1(1-x)^2 + 2a_{12}x(1-x) + a_2 x^2$$
$$b_x = b_1(1-x)^2 + 2b_{12}x(1-x) + b_2 x^2.$$

Hier sind $1-x$ und x die Anzahl Mole des Stoffes 1 resp 2, die in 1 Mol
Gemisch enthalten sind, a_1, b_1, a_2, b_2 sind die Konstanten der reinen
Stoffe, a_{12} und b_{12} sind zwei Konstanten, die der gegenseitigen Anziehung
und Abstoßung der beiden Molekelarten Rechnung tragen. Es handelt
sich zunächst darum, die Anteile, mit denen ein jeder der beiden Stoffe
zu dem Gesamtdruck p beiträgt, zu sondern, m. a. W., die Partialdrucke p_1
und p_2 der beiden Komponenten zu berechnen. Für ideale Gase würde
nach dem Daltonschen Gesetz sich ergeben:

$$p_1 = \frac{RT}{v}(1-x), \quad p_2 = \frac{RT}{v}x, \quad p_1 + p_2 = \frac{RT}{v}.$$

Wir wollen nun zunächst nur die Wirkung der anziehenden Kräfte berücksichtigen. Dann würde z. B. der Partialdruck von 1 erstens durch
die Anziehungskräfte der Moleküle 1 untereinander verkleinert werden.

— 8 —

Nach van der Waals ist diese Verkleinerung proportional der Konzentration der angezogenen und der anziehenden Molekeln, die in diesem Falle gleich und gleich $\dfrac{1-x}{v}$ ist, also die Verkleinerung gleich $a_1\left(\dfrac{1-x}{v}\right)^2$, da a_1 die Attraktionskonstante von 1 ist. Zweitens wird der Partialdruck aber auch durch die Anziehung verringert, welche die Moleküle 1 durch die Moleküle 2 erfahren. Da die Konzentration der angezogenen Moleküle 1 gleich $\dfrac{1-x}{v}$, die der anziehenden Moleküle 2 gleich $\dfrac{x}{v}$ und die gegenseitige Attraktionskonstante a_{12} ist, so ergibt sich für dieses Glied $a_{12}\dfrac{(1-x)\,x}{v^2}$. Somit ergibt sich für den Partialdruck von 1:

$$p_1 = \frac{RT}{v}(1-x) - \frac{a_1\,(1-x)^2}{v^2} - \frac{a_{12}\,(1-x)\,x}{v^2}.$$

Ebenso ergibt sich:

$$p_2 = \frac{RT}{v}\,x - \frac{a_2\,x^2}{v^2} - \frac{a_{12}\,(1-x)\,x}{v^2}.$$

Also ist, wenn wir zur Kontrolle den Ausdruck für p bilden:

$$p_1 + p_2 = p = \frac{RT}{v}\left[(1-x)+x\right] - \frac{a_1\,(1-x)^2 + 2a_{12}\,(1-x)\,x + a_2\,x^2}{v^2}$$

$$\text{oder } p = \frac{RT}{v} - \frac{a_x}{v^2}.$$

Versucht man nun ebenso für die abstoßenden Kräfte die Zerlegung an der Formel:

$$p = \frac{RT}{v - b_x}$$

vorzunehmen, so stößt man auf Schwierigkeiten und erhält äußerst komplizierte und unübersichtliche Ausdrücke für die Partialdrucke. Die Ursache dieser Schwierigkeit liegt an der Ableitung der Formel:

$$p = \frac{RT}{v - b_x}.$$

Sie ist nämlich von Lorentz nicht in dieser Form abgeleitet worden, sondern er fand mit Hilfe des Virialsatzes:

$$p = \frac{RT}{v}\left(1 + \frac{b_x}{v}\right).$$

Diese Form ist mit der ersten bis auf Glieder zweiten Grades von $\dfrac{b_x}{v}$, d. h. wenn $\dfrac{b_x}{v}$ als kleine Größe betrachtet werden kann, identisch. Denn dann ist:

$$\frac{1}{1+\dfrac{b_x}{v}} = 1 - \frac{b_x}{v}, \text{ also } 1 + \frac{b_x}{v} = \frac{1}{1-\dfrac{b_x}{v}},$$

— 9 —

folglich:

$$p = \frac{RT}{v}\left(1 + \frac{b_x}{v}\right) = \frac{RT}{v\left(1 - \frac{b_x}{v}\right)} = \frac{RT}{v - b_x}.$$

Da nun die Theorie doch nur auf erste Potenzen von $\frac{b_x}{v}$ genau ist, der

letzte Ausdruck $\frac{RT}{v - b_x}$ aber besser mit der Erfahrung übereinstimmt, hat

van der Waals ihn seiner Theorie binärer Gemische zugrunde gelegt. Wir müssen aber zur Zerlegung von der ursprünglichen Lorentzschen Form ausgehen und wollen erst nachher wieder zur van der Waalsschen Form übergehen. Der Totaldruck ist demnach:

$$p = \frac{RT}{v} + \frac{RT b_x}{v^2} =$$

$$\frac{RT}{v} + RT\frac{b_1(1-x)^2 + 2b_{12}(1-x)x + b_2 x^2}{v^2}.$$

Wir wollen hier anders als bei der Berücksichtigung der Anziehungskräfte vorgehen und untersuchen, welche Teile des obigen Ausdruckes auf die einzelnen Molekelarten kommen. Für p_1 würde sich, wenn das Eigenvolumen nicht berücksichtigt wird, wieder ergeben:

$$p_1 = \frac{RT}{v}(1-x).$$

Nun wird aber dieser Druck erstens durch die abstoßenden Kräfte vergrößert, welche die Molekeln 1 bei Zusammenstößen unter sich selbst aufeinander ausüben. Dieser Einfluß wird durch das Glied $RT\frac{b_1(1-x)^2}{v^2}$

im obigen Ausdruck wiedergegeben, da hierin nur auf die Moleküle 1 bezügliche Größen vorkommen. Zweitens wird p_1 dadurch vergrößert, daß auch die Molekeln 2 den Molekeln 1 Raum wegnehmen. Dieser Einfluß ist in dem Gliede $RT\frac{2b_{12}(1-x)x}{v^2}$ enthalten, da es die Konstante b_{12}

für die Wechselwirkung der beiden Molekelarten enthält. In diesem Gliede ist aber außerdem noch die Vergrößerung, die p_2 durch die Zusammenstöße der Molekeln 2 mit den Molekeln 1 erfährt, enthalten. Es fragt sich nun, welcher Anteil dieses Gliedes auf 1 und welcher auf 2 entfällt. Zur Beantwortung dient folgende Überlegung. Bei jedem Zusammenstoß, den ein Molekül 1 mit einem Molekül 2 erleidet, ist nach dem Axiom von der Gleichheit der Aktion und Reaktion die von 1 auf 2 gleich der von 2 auf 1 ausgeübten Kraft. Dies gilt ebenso für die Summe aller Zusammenstöße zwischen 1 und 2, d. h. es ist überhaupt die von dem Stoffe 1 auf 2 ausgeübte Gesamtkraft gleich der vom Stoffe 2 auf 1 ausgeübten. Nun ist Druck gleich Kraft pro Flächeneinheit. Da aber die beiden Gase denselben Raum erfüllen, haben sie auch überall den gleichen Querschnitt.

— 10 —

Also wirken auf gleiche Querschnitte gleiche Kräfte, d. h. der von 1 auf 2 ausgeübte Druck ist gleich dem von 2 auf 1 ausgeübten. Die Summe der beiden Drucke ist $\dfrac{2 b_{12} (1 - x) x}{v^2}$, also jeder von ihnen ist gleich $\dfrac{b_{12} (1 - x) x}{v^2}$. Dies ist die Vergrößerung, die p_1 durch die Zusammenstöße der Moleküle 1 mit 2 erfährt. Mithin ist:

$$p_1 = \frac{RT}{v} (1 - x) + RT \frac{b_1 (1 - x)^2 + b_{12} (1 - x) x}{v^2}$$

und

$$p_2 = \frac{RT}{v} x + RT \frac{b_2 x^2 + b_{12} (1 - x) x}{v^2},$$

woraus sich ohne weiteres durch Addition

$$p = \frac{RT}{v} + \frac{RT b_x}{v^2}$$

ergibt. Natürlich hätten wir dieselbe Methode wie hier auch bei der Berechnung des Einflusses der Attraktion anwenden können und wären dadurch, wie man ohne weiteres sieht, zu demselben Resultate gelangt. Bei gleichzeitiger Berücksichtigung von anziehenden und abstoßenden Kräften ergeben sich demnach aus der Formel

$$p = \frac{RT}{v} + \frac{RT b_x}{v^2} - \frac{a_x}{v^2}$$

die Partialdrucke der beiden Komponenten folgendermaßen:

$$p_1 = \frac{RT}{v} (1 - x) + RT \frac{b_1 (1 - x)^2 + b_{12} (1 - x) x}{v^2} - \frac{a_1 (1 - x)^2 + a_{12} (1 - x) x}{v^2}$$

$$p_2 = \frac{RT}{v} x + RT \frac{b_2 x^2 + b_{12} (1 - x) x}{v^2} - \frac{a_2 x^2 + a_{12} (1 - x) x}{v^2},$$

woraus sich, wenn wir zur Kontrolle addieren und $1 + \dfrac{b_x}{v}$, wie oben umformen, für den Totaldruck wiederergibt:

$$p = \frac{RT}{v - b_x} - \frac{a_x}{v^2}.$$

Wir wollen die Partialdruckformel jetzt auf die Lösung anwenden und zu diesem Zweck die Bezeichnungen ändern. Wir betrachten eine Lösung vom Volumen v, die ein Mol gelösten Stoff 1 und x Mole Lösungsmittel 2 enthält. Dann geht die Formel für p_1, den Partialdruck des gelösten Stoffes, in folgende Gleichung über:

$$p_1 = \frac{RT}{v} + RT \frac{b_1 + b_{12} x}{v^2} - \frac{a_1 + a_{12} x}{v^2},$$

worin x und v jetzt also andere Bedeutung haben als bisher. Dies wäre der von den gelösten Molekülen auf E (Figur 2) ausgeübte Druck, falls E eine gewöhnliche Wand wäre. Nun soll E aber semipermeabel sein, und es muß deshalb die Wirkung des auf der linken Seite von E befindlichen

$$- \ 11 \ -$$

Lösungsmittels berücksichtigt werden. Enthalten nun v Liter reines Lösungsmittel x_0 Mole, so ist seine Konzentration $\dfrac{x_0}{v}$. Die Anziehung, die es auf die

auf E stoßenden gelösten Moleküle von der Konzentration $\dfrac{1}{v}$ ausübt, ist also

$a_{12} \dfrac{x_0}{v} \cdot \dfrac{1}{v} = \dfrac{a_{12} x_0}{v^2}$. Die Anziehung wirkt aber in der Richtung auf das

reine Lösungsmittel zu, also den Druck vergrößernd, und es ergibt sich daher

durch Kombination mit dem Anziehungsgliede $\dfrac{a_1 + a_{12} x}{v^2}$ in der Partial-

druckformel als endgültiger Ausdruck für das von den anziehenden Kräften
herrührende Glied des osmotischen Druckes:

$$\frac{a_1 + a_{12} x - a_{12} x_0}{v^2} = \frac{a_1 - a_{12} (x_0 - x)}{v^2},$$

wobei $x_0 - x$ die Differenz der Konzentrationen des Lösungsmittels in
reinem Zustande und in der Lösung angibt. Um nun den Teil des Druckes
zu berechnen, der von dem reinen Lösungsmittel links von E aufgenommen
wird, gehen wir folgendermaßen vor. Wir denken uns zunächst, die
Konzentration des Lösungsmittel in der Lösung sei eben so groß, wie in
reinem Zustande. Dann können wir den oben bei der Behandlung der
verdünnten Lösung gegebenen Beweis anwenden, d. h. in diesem Falle ist
der Teil des von den gelösten Molekeln auf E ausgeübten Druckes, der
von den Molekeln des reinen Lösungsmittels aufgenommen wird, gerade
so groß, daß dadurch die durch das Eigenvolum der Lösungsmittelmolekeln
in der Lösung bewirkte Vergrößerung des Druckes genau kompensiert wird.

Diese Vergrößerung ist $RT \dfrac{b_{12} x_0}{v^2}$, wie aus der Partialdruckformel hervor-

geht. So groß ist also auch die Verkleinerung des Druckes durch das
Lösungsmittel links von E. Da diese aber nur von der Zahl der Zusammenstöße der gelösten Moleküle mit denen des reinen Lösungsmittels, mithin
auch nur von diesen Konzentrationen abhängt, so bleibt die Verkleinerung

die gleiche, nämlich $RT \dfrac{b_{12} x_0}{v^2}$, auch wenn die Konzentration des Lösungs-

mittels in der Lösung eine andere ist, z. B. $\dfrac{x}{v}$. Somit ergibt sich für das

von den abstoßenden Kräften herrührende Glied:

$$RT \frac{b_1 + b_{12} x - b_{12} x_0}{v^2} = RT \frac{b_1 - b_{12} (x_0 - x)}{v^2},$$

wie zu erwarten in vollständiger Analogie zu dem Attraktionsgliede. Es
ist mithin der osmotische Druck:

$$\pi = \frac{RT}{v} + RT \frac{b_1 - b_{12} (x_0 - x)}{v^2} - \frac{a_1 - a_{12} (x_0 - x)}{v^2}$$

— 12 —

oder wenn wir wieder die Umformung aus der Lorentzschen in die van der Waalssche Form vornehmen:

$$\pi + \frac{a_1 - a_{12}(x_0 - x)}{v^2} = \frac{RT}{v - b_1 + b_{12}(x_0 - x)},$$

wobei sämtliche anziehenden und abstoßenden Kräfte der Molekeln des gelösten Stoffes und des Lösungsmittels in und außerhalb der Lösung nach van der Waals berücksichtigt sind.

Es handelt sich nun darum, die Gültigkeitsgrenzen dieser Gleichung und ihrer Voraussetzungen zu diskutieren. Hier ist zunächst klar, daß ihr Gültigkeitsbereich derselbe sein wird wie derjenige der van der Waalsschen Theorie. Diese gilt aber quantitativ nur für mäßig komprimierte Gase, für Flüssigkeiten nur qualitativ. Demnach würde also für unsere Formel, auf flüssige Lösungen angewandt, auch nur qualitative Bestätigung zu erwarten sein. Jedoch liegt die Sache bei näherer Betrachtung etwas günstiger. Was nämlich die anziehenden Kräfte anlangt, so ist für den van der Waalsschen Ansatz Voraussetzung, daß die Zahl der in der Attraktionssphäre eines Moleküls gelegenen Nachbarmoleküle groß ist. Diese Voraussetzung ist, wie man sieht, im flüssigen Zustande viel besser erfüllt, als in gasförmigen, so daß das Attraktionsglied auch für flüssige Lösungen quantitative Geltung beanspruchen kann. Für die abstoßenden Kräfte dagegen hat van der Waals gezeigt, daß seine Formulierung, welche die Unabhängigkeit des b von v ausspricht, nur für Volumina, die größer sind als $2b$, gelten kann; anderenfalls wird b mit abnehmenden v kleiner. Was also das Glied b_1 anlangt, wird die Formel für Konzentrationen bis zu $\frac{1}{2b_1}$ hinauf anzuwenden sein. Am ungünstigsten steht es mit dem Ausdrucke $b_{12}(x_0 - x)$. Denn für flüssige Lösungen wird die Konzentration des Lösungsmittels in der Lösung und erst recht in reinem Zustande stets größer sein, als es für die Berechnung von b_{12} zulässig ist. Es wird daher b_{12} kleiner sein als der aus der Theorie sich ergebende Wert (nach Lorentz ist $\sqrt[3]{b_{12}} = \frac{1}{2}\left(\sqrt[3]{b_1} + \sqrt[3]{b_2}\right)$). Dagegen wird es erlaubt sein, b_{12} in dem betrachteten Konzentrationsintervall annähernd konstant zu setzen, zumal da für den gelösten Stoff, von dem b_{12} ja ebenfalls abhängt, die Konzentration innerhalb der von der Theorie geforderten Grenzen bleiben soll. Außerdem ist natürlich, wie stets bei der van der Waalsschen Theorie, Assoziation oder Bildung von Verbindungen ausgeschlossen. Jedoch dürfte auch für den Fall, daß nur das Lösungsmittel assoziiert ist, die Formel qualitative Gültigkeit behalten, da auch dann in erster Annäherung die Wirkung des Lösungsmittels auf den gelösten Stoff proportional der Differenz seiner Konzentrationen in- und außerhalb der Lösung ist.

Was die quantitative Prüfung der Gleichung an der Erfahrung anlangt, so steht es hiermit recht ungünstig. Die Formel enthält nämlich vier

— 13 —

Konstanten, von denen zwar zwei, a_1 und b_1, aus den kritischen Daten des gelösten Stoffes berechenbar sind, die beiden anderen aber unbekannt sind. Man könnte nun diese unbekannten Konstanten a_{12} und b_{12} den Messungen entnehmen, doch darf es nicht als Bestätigung der Formel angesehen werden, wenn es gelingt, sie mit zwei verfügbaren Konstanten den Messungen anzupassen. Eine quantitative Bestätigung der Formel ist also erst zu erwarten, wenn man a_{12} und b_{12} anderweitig berechnen kann. Dagegen kann man bereits jetzt eine Reihe qualitativer Schlüsse aus der Gleichung ziehen. Wir können z. B. den Fall betrachten, daß die gelösten Moleküle sehr groß sind. Dann wird b_1 sehr groß sein, und der Einfluß der anderen Glieder wird dagegen verschwinden, so daß die Formel von

Sackur (l. c.) $\pi = \dfrac{RT}{v - b}$ resultiert. Hiermit steht im Einklange, daß diese

Formel am besten für Lösungen von Rohrzucker stimmt, also für besonders große Moleküle. Auch für die bei den starken Elektrolyten gefundenen Anomalien ergibt sich hier eine einfache Deutung. Jones[1]) und seine Mitarbeiter haben gezeigt, daß ganz allgemein die Kurve, welche die molekulare Gefrierpunktserniedrigung einer Lösung eines starken Elektrolyten in ihrer Abhängigkeit von der Konzentration darstellt, ein Minimum durchläuft. Da nun die Ionen, wie auch Jones annimmt, zweifellos stark hydratisiert sind, wird ihr b sehr groß sein, und man kann annähernd die Sackursche Formel anwenden. Man muß dann, wenn man von einer sehr verdünnten zu immer konzentrierteren Lösungen eines starken Elektrolyten übergeht, folgendes finden: Die molekulare Gefrierpunktserniedrigung, die ja proportional dem osmotischen Druck ist, wird wegen des Rückganges der Dissoziation zunächst abnehmen, bis man zu Konzentrationen gelangt, bei denen sich der Einfluß von b bemerkbar zu machen anfängt. b bewirkt, daß der osmotische Druck schneller als die Konzentration zunimmt, verursacht mithin ein Steigen der molekularen Gefrierpunktserniedrigung. Dieser Einfluß wird dem entgegengesetzt gerichteten der Dissoziationsverminderung entgegenwirken, ihn bei einer bestimmten Konzentration kompensieren (Minimum) und ihn bei noch höheren Konzentrationen überwiegen. Es resultiert also tatsächlich der empirisch gefundene Gang der Kurve, doch kann natürlich erst eine quantitative Untersuchung entscheiden, ob sich auf diesem Wege für jede Ionenart ein bestimmtes b ergibt. Den Hauptwert möchte ich jedoch auf folgende Folgerung aus meiner Formel legen. Ich will einmal den osmotischen Druck eines Stoffes mit seinem Gasdruck bei gleicher Konzentration vergleichen. Dann ist:

$$p = \frac{RT}{v - b_1} - \frac{a_1}{v^2}$$

$$\pi = \frac{RT}{v - b_1 + b_{12}(x_0 - x)} - \frac{a_1 - a_{12}(x_0 - x)}{v^2}.$$

---

[1]) Jones, Zeitschr. phys. Chem. 74, 325.

— 14 —

Wie man sieht, steht jedem der beiden die Abweichungen von den idealen Gasgesetzen verursachenden Glieder a_1 und b_1 beim osmotischen Druck ein Glied von entgegengetztem Vorzeichen gegenüber. Die idealen Gasgesetze werden also für den osmotischen Druck besser, d. h. bis zu höheren Konzentrationen und Drucken hinauf, gelten als für den Gasdruck. Es wird dies noch deutlicher, wenn man bedenkt, daß $\frac{x_0 - x}{v}$, die Differenz der Konzentrationen des Lösungsmittels in reinem Zustande und in der Lösung, annähernd gleich $\frac{1}{v}$, der Konzentration des gelösten Stoffes, gesetzt werden kann, $x_0 - x$ also annähernd gleich 1 ist. Dann lautet die Formel:

$$\pi = \frac{R T}{v - (b_1 - b_{12})} - \frac{a_1 - a_{12}}{v^2}.$$

Bedenkt man nun noch, daß a_{12} und b_{12} bei Stoffen mit nicht allzu verschiedenen kritischen Daten von derselben Größenordnung sind, wie a_1 und b_1, so sieht man, daß sich in vielen Fällen a_1 und a_{12}, sowie b_1 und b_{12} gegenseitig fast vollständig aufheben werden, so daß für den osmotischen Druck bis zu sehr hohen Konzentrationen die idealen Gasgesetze gelten werden. Jedenfalls aber wird derselbe Stoff den idealen Gasgesetzen in gelöstem Zustande viel besser folgen als in gasförmigem. Dieses Gesetz ist im folgenden einer experimentellen Prüfung unterzogen worden, deren Ergebnisse im letzten Teile der Arbeit dargestellt sind.

II. Experimenteller Teil.

Einleitung.

In dem experimentellen Teil der vorliegenden Untersuchung habe ich auf Anregung von Herrn Prof. Sackur das Problem der konzentrierten Lösungen derart in Angriff genommen, daß ich die Gültigkeit des Henryschen Absorptionsgesetzes für dieselben untersuchte. Für die Wahl gerade dieses Themas waren hauptsächlich zwei Gründe maßgebend. Erstens ist dieses Gebiet bis jetzt noch wenig erforscht worden. Es kommen hier nur die Arbeiten von Wroblewski[1]) über die Löslichkeit von CO_2 und von Cassuto[2]) über die von N_2, H_2, O_2, CO in Wasser bei hohen Drucken in Betracht. Erst ganz kürzlich — im Januar 1912 — ist von Sander[3]) eine ausführlichere Untersuchung über die Löslichkeit von Kohlendioxyd in verschiedenen organischen Lösungsmitteln bei hohen Drucken veröffentlicht worden. Es schien also wünschenswert, die dieses Gebiet betreffenden

---

[1]) Wied. Ann. 18, 290 (1883).
[2]) Nuovo Cimento 6 (1903).
[3]) Zeitschr. phys. Chem. Bd. 78, Heft 5.

— 15 —

Untersuchungen weiter auszudehnen. Der zweite Grund war folgender. Man kann, falls man den Absorptionskoeffizienten eines Gases in seiner Abhängigkeit vom Drucke kennt, den osmotischen Druck des gelösten Gases mit Hilfe einer thermodynamischen Formel berechnen (s. Teil III). Wählt man nun ein Gas — im vorliegenden Falle war es Kohlendioxyd —, dessen Verhalten im Gaszustande bei hohen Drucken bekannt ist, so kann man direkt den osmotischen Druck des gelösten Gases mit dem Drucke, den es im Gaszustande bei derselben Konzentration ausübt, vergleichen. Sollte also zwischen den Abweichungen des osmotischen Druckes und des Gasdruckes von den idealen Gasgesetzen bei ein und demselben Stoffe ein einfacher Zusammenhang bestehen, so kann man hoffen, ihn auf diese Weise zu erkennen. Man hat zwei Wege, um zu konzentrierten Lösungen eines Gases zu gelangen. Man kann einmal bei hohen Drucken und mittleren Temperaturen arbeiten, und dies ist die von Sander benutzte Methode, der Temperaturen von 20 bis 100° und Drucke von 20 bis 170 kg/cqm anwandte. Man kann zweitens aber — und dies ist der von mir eingeschlagene Weg — bei niedrigen Drucken und tiefen Temperaturen arbeiten. Dann hat man den Vorteil, daß für die Gasphase die idealen Gasgesetze gelten, die flüssige Phase ist aber trotzdem eine konzentrierte Lösung, weil die Löslichkeit der Gase mit sinkender Temperatur rapide zunimmt. Im folgenden wurde daher die Löslichkeit von Kohlendioxyd in Äthylalkohol, Methylalkohol, Aceton, Äthylacetat und Methylacetat bei — 78° und — 59° und bei Drucken von 50 mm bis zu einer Atmosphäre hinauf untersucht.

1. Die Versuchsanordnung.

Es wurde zunächst versucht, eine Methode auszuarbeiten, bei der die Konzentration des gelösten Kohlendioxyds analytisch bestimmt wurde. Nachdem auf titrimetrischem Wege keine befriedigenden Resultate erzielt werden konnten, gelang es nach längeren Versuchen, eine Methode auszuarbeiten, welche die genaue gewichtsanalytische Bestimmung des gelösten Kohlendioxyds ermöglichte. Jedoch erwies sich diese Methode als recht unhandlich und umständlich. Es wurde schließlich zur Messung der Löslichkeit im Prinzip die von Bunsen angegebene, von Ostwald verbesserte Methode benutzt, die für den vorliegenden Zweck vielfach abgeändert wurde. Es wurde also die durch einen Hahn verschlossene luftleer gemachte Pipette, welche die zu untersuchende Flüssigkeit enthielt, mit einer das Gas enthaltenden Bürette verbunden, Druck und Volumen des Gases abgelesen, dann der Hahn der Pipette geöffnet und, nachdem die Flüssigkeit sich mit dem Gase gesättigt hatte, bei dem gleichen Druck wie am Anfang das Volumen des Gases wieder abgelesen. Die Differenz der beiden Volumina gibt dann das von der bekannten Menge Flüssigkeit bei dem betreffenden Drucke absorbierte Volumen des Gases. Im einzelnen war die in Figur 3 dargestellte Versuchsanordnung folgendermaßen. A ist die in 0,1 cc geteilte 50 cc fassende geeichte Bürette, an welche unten zwei Gefäße B_1 und B_2 von 51,5 und 50,5 cc Inhalt angeschmolzen sind. Die ganze Bürette befand sich in einem mit Wasser gefüllten weiten Glasrohr C. Das Wasser wurde von Zeit zu Zeit durch Hindurchblasen von Luft gerührt und seine Temperatur mit einem in 0,1 ° geteilten Thermometer abgelesen. Das Ganze war auf einem soliden Holzstativ befestigt. Die Bürette war in ihrem unteren verjüngten Ende unter Zwischenschaltung einer Luftfalle D durch einen Druckschlauch mit dem mit einem Hahn versehenen Quecksilbergefäß E verbunden. Dieses war oben durch einen Gummistopfen verschlossen, durch den ein Chlorcalciumrohr mit Hahn ging, so daß das Gefäß E mit der Wasserstrahlpumpe evakuiert werden konnte. Auf diese Weise war es möglich, die Höhe des Quecksilbers in der Bürette durch Heben und Senken sowie Evakuieren und mit Luft füllen von E zu regulieren. Oben war an die Bürette ein Dreiweghahn F angeschmolzen. Auf der linken Seite führte er zu dem Manometer G, dem ein kleines Phosphorpentoxydrohr vorgeschaltet war. Das Manometer war auf einem Holzstativ montiert und wurde mit Hilfe von zwei polierten Eisenskalen, die in mm geteilt und durch Vergleich mit einer Kathetometerskala als auf 0,1 mm richtig gefunden waren, abgelesen. Indem man die Kuppe des Quecksilbers bei seitlicher Beleuchtung durch eine kleine Glühlampe mit ihrem Spiegelbilde auf der Skala zur Deckung brachten, konnte der Druck auf 0,1 mm genau abgelesen werden. Die Temperaturausdehnung der Skala und des Quecksilbers wurden nicht berücksichtigt, da es sich nur darum handelt, zum Schluß der Messung denselben Druck wie am Anfang zu haben. Zwischen Manometer und Bürette führt ein Rohr zu den drei Hähnen H_1, H_2, H_3. H_1 führt nach einem P_2O_5-Rohr und einem $CaCl_2$-Rohr mit einem Hahn, der mit der Wasserstrahlpumpe oder einer Sprengelschen Quecksilberluftpumpe verbunden werden konnte. H_2 führt zu der gewöhnlichen, H_3 zu der ganz reinen Kohlensäure. Hierüber wird weiter unten berichtet werden. Auf der rechten Seite führt der Dreiweghahn F zu der die Flüssigkeit enthaltenden Pipette M. Er ist mit dieser durch einen Schliff J und eine in einer Ebene gebogene Glasspirale K verbunden. Die Glasspirale gestattet ein starkes Schütteln der Pipette und stellt eine bewegliche Verbindung unter Vermeidung eines Kautschukschlauches her. Diese waren überhaupt, bis auf die Verbindung der Bürette mit dem Quecksilbergefäß, bei dem eigentlichen Apparat überall vermieden und alle Verbindungen durch Zusammenblasen der Glasröhren hergestellt. Zwischen der Spirale K und dem Dreiweghahn F war ein kleiner Apparat L zur Druckmessung eingeschaltet. Er bestand aus einem Quecksilbermanometer, dessen linker Schenkel sehr eng war und schräg lag. Der rechte Schenkel war weit, und über ihm war ein Gasvolumen, das von einem

--- 17 ---

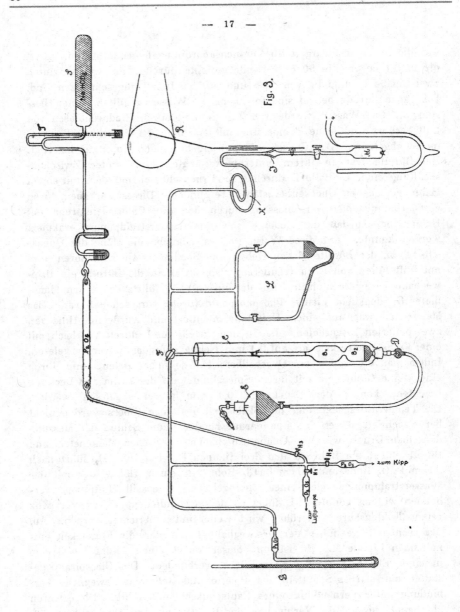

Fig. 3.

— 18 —

Wassermantel umgeben war, durch einen Hahn während der Messung abgeschlossen. Es behielt also ständig den ihm anfangs eigenen Druck, und
man konnte am linken Schenkel genau ablesen, ob am Schluß der Messung
wieder der Anfangsdruck hergestellt war.

2. Die Pipette und ihre Füllung.

Die die Flüssigkeit enthaltende Pipette M faßte 19,2 cc und war durch
einen Hahn Z mit schräger Bohrung verschlossen. Sie wurde durch Auskochen mit luftfreier Flüssigkeit gefüllt. Der hierbei benutzte Apparat ist
in Figur 4 dargestellt. In die Pipette M war unten ein elektrischer Siedeerleichterer N eingeschmolzen. Er bestand aus zwei kurzen Platindrähten,
die mit Schmelzglas in die Pipette eingeschmolzen waren. Im Innern
derselben waren sie durch einen 0,04 mm dicken, ca. 1 cm langen Platindraht verbunden, durch den ein Strom von etwa $\frac{1}{2}$ Amp. geschickt wurde.
Die Stromzufuhr geschah durch zwei Quecksilberkontakte O, die in dem
zugleich als Wasserbad dienenden Becherglas P angebracht waren. Es
wurden vier Volt angelegt, und in den Stromkreis wurde ein Regulierwiderstand und ein Amperemeter eingeschaltet. Der oben an der Pipette M
angebrachte Schliff, der während der Messung in J (Figur 3) saß, war ein
Doppelschliff und paßte auch in den Schliff Q (Figur 4). Durch diesen
Schliff wurde die Pipette mit einer Vorlage, einem Windkessel und
schließlich der Wasserstrahlpumpe verbunden. Das Auskochen geschah
bei Zimmertemperatur, bei den leichter siedenden Flüssigkeiten war die
Temperatur des Wasserbades noch etwas tiefer. Die Pipette wurde mit
etwa 10—15 cc Flüssigkeit gefüllt und diese in ca. $\frac{1}{2}$ Stunde auf 1 bis
2 cc abdestilliert, worauf der Hahn Z geschlossen wurde. Mit Hilfe des
elektrischen Siedeerleichterers fand ein stürmisches, aber gleichmäßiges
Sieden statt, so daß die Luft vollständig aus der Pipette verdrängt wurde.
Ich habe dies mehrfach kontrolliert, indem ich Quecksilber in die Pipette
aufsteigen ließ. Es ist anzunehmen, daß auch die Flüssigkeit vollständig
luftfrei gemacht wurde. Jedenfalls wird die Spur Luft, die beim Auskochen bei Zimmertemperatur nicht entweichen sollte, dies bei tiefer Temperatur erst recht nicht tun, so daß sie unschädlich ist. Nach dem Sieden
und Schließen des Hahnes Z wurde die Pipette sorgfältig getrocknet und
gewogen. Da ihr Leergewicht (in evakuiertem Zustande) bekannt war,
erhielt man so das Gewicht der Flüssigkeit. Die Pipette wurde sodann
in dem Schliff J (Figur 3) befestigt und mit Draht an den Schüttelapparat R angebunden. Der Schüttelapparat bestand aus einem Rade, an
dem exzentrisch ein dünner Eisenstab beweglich befestigt war, der seinerseits wieder durch ein Gelenk mit einem in einer Führung gehenden Eisenstab verbunden war. An letzterem war die Pipette befestigt und wurde
sehr energisch geschüttelt, indem das Rad mit Schnurübertragung durch
einen Elektromotor gedreht wurde.

— 19 —

Fig. 4.

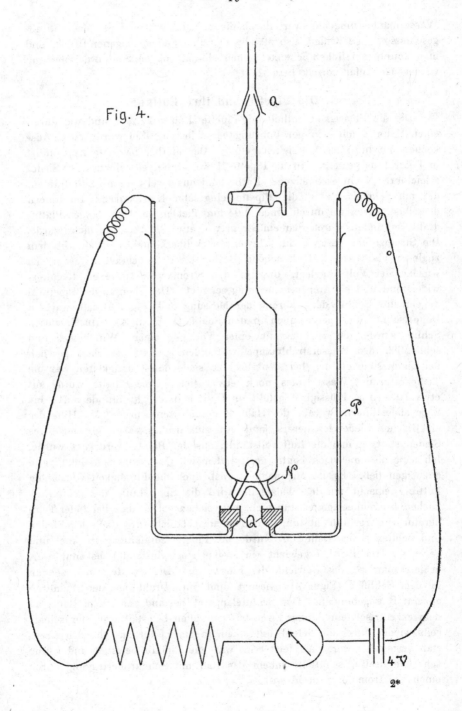

— 20 —

3. Die Substanzen.

Die untersuchten Flüssigkeiten, Äthylalkohol, Methylalkohol, Aceton, Äthylacetat und Methylacetat waren reinste Kahlbaumsche Präparate (Aceton aus der Bisulfitverbindung) und wurden ohne weitere Reinigung benutzt. Etwaige geringe Verunreinigungen schaden auch nichts, da die Absolutwerte wegen der Unmöglichkeit die absolute Temperatur genau zu messen (s. Abs. 8), doch nur annähernd bestimmt werden konnten. Dagegen sind, worauf es für den vorliegenden Zweck ankommt, die bei verschiedenen Drucken gemachten Messungen streng vergleichbar, da sie an ein und derselben Probe der Flüssigkeit gemacht wurden. Besondere Mühe mußte auf die Herstellung absolut reinen Kohlendioxyds verwandt werden. Da nämlich die absorbierten Gasmengen sehr groß sind, sammeln sich die in ihnen enthaltenen schwer löslichen Verunreinigungen, hauptsächlich Luft, in der Pipette über der Flüssigkeit an und erniedrigen den Partialdruck des Kohlendioxyds. Eine Verunreinigung von 0,1 % ruft so einen Fehler von 1—3 % hervor. Es erwies sich nun als unmöglich, mit einem Kippschen Apparate selbst unter den größten Vorsichtsmaßregeln genügend reines Kohlendioxyd herzustellen. Die wechselnden Mengen der Verunreinigungen betrugen 0,1—0,3 %. Das Kohlendioxyd wurde daher durch Erhitzen von Natriumbikarbonat mit Hilfe des ebenfalls in Figur 3 dargestellten Apparates gewonnen. An das ca. 200 cc fassende mit Natriumbikarbonat gefüllte Rohr S aus Jenaer Glas, welches mit Kupferdrahtnetz und Asbest umwickelt war und durch mehrere Breitbrenner erhitzt werden konnte, war mit Schmelzglas ein Trockenapparat aus gewöhnlichem Glas, bestehend aus zwei gegeneinander geschalteten, in einem Stück geblasenen Waschflaschen mit konzentrierter Schwefelsäure und einem 30 cm langen Phosphorpentoxydrohr angeschmolzen. T ist ein als Sicherheitsventil dienendes Rohr von barometrischer Länge, das in ein Quecksilbergefäß taucht. Das Phosphorpentoxydrohr war seinerseits wieder an den Hahn H_3 angeschmolzen. Da auch alle anderen Verbindungen, wie erwähnt, durch Zusammenschmelzen hergestellt waren, bildete der ganze Apparat, den Gasentwicklungsapparat inbegriffen, eine einzige Glasmasse und war vollständig dicht. Er wurde mehrfach tagelang evakuiert stehengelassen, ohne daß das Vakuum sich um mehr als 0,1 mm geändert hätte. Es mußte hierauf so großer Wert gelegt werden, weil bei den geringen Drucken (50 mm) geringe Spuren von Luft, wie gesagt, schon grobe Fehler verursachen. Das benutzte Kohlendioxyd enthielt unter diesen Umständen keine merkbaren Verunreinigungen (weniger als 0,01 %).

4. Das Kältebad.

Das Kältebad bestand aus einem innen 5 cm weiten, 20 cm langen versilberten Dewargefäß. Die Temperatur von — 78° wurde durch ein Gemisch von Äther und festem Kohlendioxyd erzeugt. Da aber die Lös-

— 21 —

lichkeit bei diesen tiefen Temperaturen einen sehr hohen Temperaturkoeffizienten hat, etwa 1 % für 0,1 °, so mußten besondere Mittel zur
Konstanthaltung der Temperatur angewandt werden. Es erwies sich
schließlich als am zweckmäßigsten, durch das Äther-Kohlendioxydgemisch
einen Strom gasförmiger trockener Kohlensäure zu leiten. Dadurch wird
einmal für kräftige Rührung gesorgt, zweitens die Herstellung der an
Kohlendioxyd gesättigten Ätherlösung beschleunigt und drittens Siedeverzug
verhindert. Außerdem wurde die Konstanz der Temperatur durch sechs
hintereinander geschaltete Thermoelemente aus Kupfer - Konstanten kontrolliert. Die eine Hälfte der Lötstellen befand sich in einem Glasröhrchen,
welches an die Pipette M angebunden war (s. Figur 3), der andere Teil
befand sich in schmelzendem Eis, und die EMK wurde mit Hilfe eines
Keiser und Schmidtschen Millivoltmeters gemessen. Auf diese Weise konnte
man die Temperatur auf 0,1 ° genau messen und durch Einwerfen von
festem Kohlendioxyd konstant halten. Die Temperatur von — 59 ° wurde
ebenfalls durch Einwerfen von festem Kohlendioxyd in Äther erzeugt und
nach den Angaben des Thermoelementes konstant gehalten. Der Absolutwert der Temperatur wurde mit Hilfe eines Pentanthermometers bestimmt,
das in dem gesättigten Äther-Kohlendioxydgemisch — 78 ° zeigte.

5. Hilfsmessungen und -rechnungen.

a. Dichte des gasförmigen Kohlendioxyds.

Um die in dem Gasvolumen der Absorptionspipette enthaltene Anzahl cc Kohlendioxyd zu berechnen, mußte ich wissen, wie weit bei den
benutzten Drucken und Temperaturen noch die Gasgesetze gelten, speziell
das Gesetz, daß die Volumina sich wie die absoluten Temperaturen verhalten. Nach van der Waals ist anzunehmen, daß die Abweichungen
kleiner als 1 % sein werden. Es wurde jedoch der Sicherheit halber die
Frage experimentell entschieden. Es wurde dazu ein mit einem Hahn
versehenes Gefäß von 60,8 cc Inhalt an die Spirale angeschmolzen. Das
Gefäß wurde in das Bad von — 78 ° gebracht, der ganze Apparat mit der
Sprengelpumpe evakuiert, sodann der Hahn am Gefäß geschlossen und der
Apparat mit Kohlendioxyd gefüllt. Nachdem Druck und Temperatur des
Gases abgelesen waren, wurde der Hahn geöffnet, so daß das Kohlendioxyd
in das evakuierte Gefäß strömte. Es wurde dann durch Heben des Queck-
silbergefäßes der Anfangsdruck wieder hergestellt. Auf diese Weise wurde
direkt gemessen, welches Volumen v in cc bei der absoluten Bürettentemperatur T den 60,8 bei 195 abs. entsprach. Die Resultate sind:

p	T 195	v 60,8
100	1,49	1,49
200	1,50	1,51
700	1,50	1,51$_5$
mm		

— 22 —

Die Übereinstimmung ist also wie erwartet, und ich konnte für den vorliegenden Zweck die Gasgesetze als gültig annehmen.

b. Dichte der Flüssigkeiten.

Die spezifischen Gewichte der Flüssigkeiten wurden mit Hilfe eines Sprengel-Ostwaldschen Pyknometers bestimmt. Dasselbe hat oberhalb der Marke eine kleine Kugel, um die bei der Erwärmung von — 78° auf Zimmertemperatur sich ausdehnende Flüssigkeit aufzunehmen. Es wurden für jede Flüssigkeit die spezifischen Gewichte bei — 78° und bei Zimmertemperatur bestimmt. Die Werte bei — 59° sind extrapoliert; der Fehler betragt höchstens 0,1 %. Die Resultate sind bei den einzelnen Flüssigkeiten angegeben.

c. Dampfdruck der Flüssigkeiten.

Die Dampfdrucke von Äthylalkohol, Methylalkohol, Äthylacetat und Methylacetat sind bis — 20° hinunter bekannt, konnten also ohne weiteres auf — 59° und — 78° extrapoliert werden. Der Dampfdruck des Acetons wurde mit Hilfe des Theorems der übereinstimmenden Zustände aus dem des Methylacetats berechnet. Da im ungünstigsten Falle, beim Aceton bei — 59° und 100 mm Druck, die Berücksichtigung des Dampfdruckes das Resultat nur um 1,3 % ändert, ist eine etwaige Unsicherheit dieser Werte ohne Belang. Die Dampfdrucke sind ebenfalls bei den einzelnen Flüssigkeiten aufgeführt.

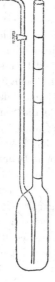

d. Dichte des gelösten Kohlendioxyds.

Um das Volumen der flüssigen Phase zu erhalten, muß man die Volumenzunahme kennen, welche die Flüssigkeit durch die Auflösung des Kohlendioxyds erfährt. Folgender kleine, in Figur 5 dargestellte Apparat, diente zur Bestimmung dieser Volumenzunahme. Er bestand aus einem 9,7 cc fassenden Gefäß, an das ein in 0,1 cc geteiltes Meßrohr angeschmolzen war. Außerdem führte in das Gefäß ein enges mit einem Hahn versehenes Gaseinleitungsrohr, welches derart eingeschmolzen war, daß sein innerer verjüngter Teil bis fast auf den Boden des Gefäßes reichte und das Ganze einer kleinen Waschflasche ähnelte. Es wurde nun das Gefäß gewogen, mit 6 bis 8 Gramm Flüssigkeit beschickt und wieder gewogen, sodann in das Kältebad gebracht, und durch das Gaseinleitungsrohr sorgfältig getrocknetes Kohlendioxyd aus dem Kippschen Apparat eingeleitet, bis das Volumen der Flüssigkeit konstant geworden war. Das Kohlendioxyd wurde vor dem Einleiten in einem kleinen (ca. 2 cc) Wasch

Fig. 5. fläschchen, das sich ebenfalls im Kältebade befand und

— 23 —

mit der untersuchten Flüssigkeit beschickt war, mit dem Dampf derselben
gesättigt. Das Meßrohr war oben mit einem Chlorcalciumrohr versehen.
Man erhielt so das Volumen der bei Atmosphärendruck und — 78° gesättigten Flüssigkeit. Das Volumen der kohlensäurefreien Flüssigkeit
ergab sich aus ihrem bekannten Gewicht und ihrer Dichte. Die Differenz
dieser beiden Volumina ergab die durch die Absorption verursachte Volumzunahme v_{CO_2}. Da das Gewicht der angewandten Flüssigkeit und der
Absorptionskoeffizient bekannt waren, konnte das Gewicht g_{CO_2} des absorbierten Kohlendioxyds in g berechnet werden. Diese Gewichtsmenge
dividiert durch die Volumzunahme, also $\frac{g\,CO_2}{v\,CO_2}$, wird von mir als Dichte d_bO_2
des gelösten Kohlendioxyds bezeichnet. Es ergab sich für Äthylalkohol
und Äthylacetat d_{CO_2} gleich, nämlich zu 1,42. Für Aceton dagegen
ergab sich d_{CO_2} zu 1,62. Diese starke Kontraktion läßt vielleicht auf die
Bildung einer Verbindung schließen. Die Dichte des festen Kohlendioxyds
bei — 78° beträgt nach Behn[1]) 1,53—1,56. Für Methylalkohol und
Methylacetat wurde ebenfalls d_{CO_2} zu 1,42 angenommen. Die Dichte der
gelösten Kohlensäure beträgt nach Angström[2]) bei 0° für die meisten
Flüssigkeiten 1,11. Mit Hilfe dieses Wertes wurden die Dichten für
— 59° interpoliert. Sie ergaben sich zu 1,35₅ resp. 1,52.

6. Der Gang eines Versuches.

Die Durchführung eines Versuches gestaltete sich nun folgendermaßen.
Nachdem die mit ausgekochter Flüssigkeit beschickte und gewogene
Pipette M in J eingesetzt und an dem Schüttelapparat befestigt worden
war, wurde das Glasröhrchen mit den Thermoelementen an M angebunden
und das Dewargefäß an seinen Platz gebracht. Darauf wurde der ganze
Apparat mehrfach mit sorgfältig getrocknetem Kohlendioxyd aus dem
Kippschen Apparat ausgespült und schließlich mit der Quecksilberluftpumpe
bis auf weniger als 0,1 mm evakuiert. Unterdessen wurde auch das Bad
auf die gewünschte Temperatur eingestellt. Sodann wurde die Sprengelpumpe abgenommen und der Apparat, natürlich immer noch bei geschlossenem Pipettenhahn Z, mit reinem Kohlendioxyd aus dem Bikarbonat-
rohr gefüllt. Der erste Versuch wurde gewöhnlich bei einem Drucke von
50 mm ausgeführt. Je nach der zu erwartenden Löslichkeit wurde entweder nur die Bürette oder die Bürette und das Gefäß B_1 resp. B_1
und B_2 mit Gas gefüllt. Meistens mußte die Bürette sogar zweimal gefüllt werden. Nachdem Temperatur und Druck genau abgelesen waren,
wurde der Pipettenhahn geöffnet, die Flüssigkeit absorbierte Gas und der
Druck sank. Darauf wurde Z wieder geschlossen und die Pipette geschüttelt, während man durch Einströmenlassen des Quecksilbers aus dem

---

1) Ann. d. Phys. 3, 377 (1900).
2) Angström, Ann. d. Phys. 33, 223 (1887).

— 24 —

Reservoir E in die Bürette den Druck wieder auf den Anfangswert brachte.
Dann wurde Z wieder geöffnet usw. und die ganze Operation solange
wiederholt, bis auch nach mehrmaligem heftigen Schütteln sich der Druck
beim Öffnen des Hahnes Z nicht mehr änderte. Dann wurde kontrolliert,
ob tatsächlich wieder der Anfangsdruck hergestellt war, und das durch
das Quecksilber verdrängte Gasvolumen abgelesen. Von diesem Volumen
muß man das in dem Gasraum der Pipette enthaltene Kohlendioxyd abziehen, um das von der angewandten Menge Flüssigkeit absorbierte
Kohlendioxyd zu erhalten. Es wurde dann der Apparat mit Kohlendioxyd
von höherem Druck (100 mm) gefüllt und ebenso verfahren. Die Summe
des hierbei absorbierten Gasvolumens + dem bei dem ersten Versuch
absorbierten auf den höheren Druck umgerechneten Gasvolumen ergibt
dann das bei 100 mm absorbierte Volumen Kohlendioxyd, das nach dem
Henryschen Gesetz gleich dem beim ersten Versuch absorbierten sein sollte.
Es wurden für gewöhnlich bei — 78° fünf solcher Versuche hinter ein-
ander bei 50, 100, 200, 400 und 700 resp. 650 mm gemacht. Bei
— 59° wurden vier Versuche bei 100, 200, 400 und 700 mm gemacht.
Es wurden für jede Flüssigkeit bei jeder der beiden Temperaturen mindestens zwei Versuchsreihen angestellt. Natürlich wurde während der
ganzen Messungsreihe, die etwa drei bis vier Stunden dauerte, die Temperatur durch das Millivoltmeter kontrolliert und eventuell durch Einwerfen von festem Kohlendioxyd oder Hinzufügen von Äther reguliert.

7. Die Berechnung der Versuche.

Es handelt sich nun darum, aus den Versuchen den Absorptionskoeffizienten zu berechnen. Man unterscheidet den Bunsenschen Absorptionskoeffizienten k_B, der angibt, wie viel cc des Gases, reduziert auf 0°,
von 1 cc der untersuchten Flüssigkeit bei dem betreffenden Drucke aufgenommen werden, und den von Ostwald definierten Löslichkeitskoeffizienten, der das Verhältnis der Konzentrationen des Gases in der flüssigen
und in der gasförmigen Phase angibt. Ich habe, um möglichst ohne
Volumkorrektionen auszukommen, zunächst immer die von 1 g Flüssigkeit
bei dem betreffenden Druck aufgenommene Anzahl cc des Gases, auf 0°
reduziert, berechnet. Diese Zahl, die ich fortan den Absorptionskoeffizienten k' nennen will, unterscheidet sich von dem Bunsenschen k_B nur
durch einen konstanten Faktor, der das spezifische Gewicht d der Flüssigkeit ist. Es ist nämlich nach Definition $k_B = k'.d$. k' hat den Vorteil,
daß ich zu seiner Berechnung d nicht zu kennen brauche. Außerdem
verstehe ich unter dem bei dem Versuche herrschenden Druck immer den
Totaldruck, also Druck des Kohlendioxyds + Dampfdruck des Lösungsmittels. Letzterer ist übrigens bei meinen Versuchen meistens zu vernachlässigen, so daß die Unterscheidung zwischen Totaldruck und Partialdruck des Kohlendioxyds im Resultat nur wenig ausmacht. Die Berechnung

— 25 —

von k' gestaltet sich demnach, wie folgt. Es sei die Menge angewandter Flüssigkeit a ?. Bei dem niedrigsten Drucke von p_1 mm seien v_1 cc Kohlendioxyd von der Temperatur $t_1{}^0$ Celsius verbraucht worden. Dieses Volumen CO_2 befindet sich zum Teil gelöst, zum Teil als Gas in der Pipette. Letzteren Anteil kann ich berechnen. Das Volumen der Pipette beträgt 19,2 cc. Davon geht das Volumen ab, welches die Flüssigkeit einnimmt. Letzteres ist $\frac{a}{d}$. Der von Gas erfüllte Teil der Pipette faßt also $\left(19,2 - \frac{a}{d}\right)$ cc. Ist — $t_0{}^0$ die Versuchstemperatur des Bades, so ist

$$v_g = \left(19,2 - \frac{a}{d}\right) \cdot \frac{1 + \alpha t_1}{1 - \alpha t_0}$$ die in dem Gasraum der Pipette enthaltene Anzahl cc Kohlendioxyd, bezogen auf $t_1{}^0$. Also ist $v_1 - v_g$ die in der Flüssigkeit gelöste Anzahl cc und $\frac{v_1 - v_g}{(1 + \alpha t_1)\, a} = k'$, nämlich gleich der von 1 g Flüssigkeit absorbierten Anzahl cc Kohlendioxyd, auf 0^0 reduziert. Beim zweiten Versuch mögen beim Drucke $p_2\, v_2{}'$ cc von der Temperatur $t_2{}^0$ verbraucht worden sein. Dann erhält man die im ganzen absorbierte Anzahl cc Kohlendioxyd gleich v_2, indem man zu $v_2{}'$ die beim ersten Versuch absorbierten v_1 cc, reduziert auf p_2 und t_2, hinzuaddiert. Es ist also $v_2 = v'_2 + v_1\, \frac{p_1}{p_2}\, \frac{1 + \alpha t_2}{1 + \alpha t_1}$. Dann kann man ebenso wie beim ersten Versuch weiter rechnen, und auf dieselbe Weise werden die folgenden Versuche berechnet.

Um den Ostwaldschen Löslichkeitskoeffizienten k zu berechnen, muß man die Dichte d des Lösungsmittels kennen, sowie die Volumzunahme, die es durch die Auflösung des Kohlendioxyds erfährt. Da diese Volumzunahme nur bei Atmosphärendruck bestimmt wurde (s. Abschn. 5 d), so wurde angenommen, daß die Dichte d_{CO_2} des gelösten Kohlendioxyds unabhängig von der aufgenommenen Menge ist, so daß also die Volumzunahme dieser Menge direkt proportional ist. Es berechnet sich dann k aus k' mit Hilfe von d und d_{CO_2} folgendermaßen. Beim Drucke p absorbiert ein g Flüssigkeit k' cc Kohlendioxyd von 0^0. Das Gewicht von 1 cc Kohlendioxyd bei 760 mm und 0^0 ist $0,0019766 =$ cg. Das Gewicht von k' cc bei 0^0 und dem Drucke p mm beträgt $\frac{k'\,c\,p}{760}$ g und ihr Volumen in der Lösung $\frac{k'\,c\,p}{760\, d_{CO_2}}$ cc. Das Volumen von 1 g Flüssigkeit ist $\frac{1}{d}$, also ist $\left(\frac{1}{d} + \frac{k'\,c\,p}{760\, d_{CO_2}}\right)$ cc, das Volumen Lösung, welches k' cc von 0^0 und dem Drucke p gelöst enthält. Ein cc Lösung enthält also $\dfrac{k'}{\frac{1}{d} + \frac{k'\,c\,p}{760\, d_{OC2}}}$ cc Kohlendioxyd unter diesen Bedingungen. 1 cc der Gasphase enthält bei

— 26 —

der Temperatur $- t_0{}^0 \dfrac{1}{1-\alpha t_0}$ cc Kohlendioxyd von 0^0 und dem gleichen

Drucke. Ist außerdem noch der Dampfdruck p' des Lösungsmittels zu

berücksichtigen, so enthält ein cc der Gasphase nur $\dfrac{p-p'}{p} \cdot \dfrac{1}{1-\alpha t_0}$ cc.

k ist nun das Verhältnis der Konzentrationen des Gases in der flüssigen
und in der gasförmigen Phase, also

$$k = \frac{k'}{\dfrac{1}{d} + \dfrac{k'\,c\,p}{760\,d_{CO_2}}} \; \frac{p}{p-p'}, \; 1 - \alpha t_0$$

k wurde immer nur aus den Mittelwerten von k' berechnet. Als Beispiel
folgt hier die Berechnung einer an Äthylacetat gemachten Messungsreihe.

Äthylacetat.

$$- t_0{}^0 = - 78^0 \quad d_4{}^{-78} = 1,017$$
$$p'_{-78} < 0,1 \text{ mm} \quad d_{CO_2}^{-78} = 1,42.$$

Berechnung der k'.

Gewicht der Pipette

mit Flüssigkeit: 34,6488 g

leer: 33,9660 «

$$a = 0,6828 \text{ g.}$$

$$\frac{a}{d} = 0,7 \text{ cc} \quad 19,2 - 0,7 = 18,5 \text{ cc.}$$

1. Versuch:

$$p_1 = 50,0 \text{ mm} \quad t_1 = 19,2^0 \quad v_1 = 210,2 \text{ cc}$$

$$v_g = 18,5 \frac{1 + \alpha\,19,2}{1 - \alpha\,78} = 27,7$$

$$v_1 - v_g = 182,5$$

$$k'_1 = \frac{182,5}{(1 + \alpha\,19,2)\,0,683} = \mathbf{249,7.}$$

2. Versuch:

$$p_2 = 99,2 \text{ mm} \quad t_2 = 19,7^0 \quad v'_2 = 109,5 \text{ cc}$$

$$v_2 = 109,5 + 210,2 \frac{50,0}{99,2} \frac{1 + \alpha \cdot 19,7}{1 + \alpha \cdot 19,2} = 214,2$$

$$v_g = 27,8; \; v_2 - v_g = 186,4$$

$$k'_2 = \frac{186,4}{(1 + \alpha \cdot 19,7)\,0,683} = \mathbf{254,5.}$$

3. Versuch:

$$p_3 = 202,4 \text{ mm} \quad t_3 = 19,9^0 \quad v'_3 = 120,5 \text{ cc}$$

$$v_3 = 120,5 + 214,2 \frac{99,2}{202,4} \frac{1 + \alpha\,19,9}{1 + \alpha\,19,7} = 225,5$$

$$v_g = 27,8; \; v_3 - v_g = 197,7$$

$$k'_3 = \frac{197,7}{(1 + \alpha\,19,9)\,0,683} = \mathbf{269,8.}$$

— 27 —

4. Versuch:

$$p_4 = 404,6 \text{ mm } t_4 = 20,0^0 \text{ v}'_4 = 142,0 \text{ cc}$$

$$v_4 = 225,5 \; \frac{404,6}{202,4} \; \frac{1 + \alpha \; 20,0}{1 + \alpha \; 19,9} + 142,0 = 255,0$$

$$v_g = 27,8; \; v_4 - v_g = 227,2$$

$$k'_4 = \frac{227,2}{(1 + \alpha \; 20,0) \; 0,683} = \mathbf{309,9.}$$

5. Versuch:

$$v_5 = 649,6 \text{ mm } t_5 = 20,1^0 \text{ v}'_5 = 151,5 \text{ cc}$$

$$v_4 = 151,5 + 255,0 \; \frac{404,6}{649,6} \; \frac{1 + \alpha \; 20,1}{1 + \alpha \; 20,0} = 309,3$$

$$v_g = 27,8; \; v_4 - v_g = 281,5.$$

$$k'_5 = \frac{281,5}{(1 + \alpha \; 20,1) \; 0,683} = \mathbf{383,9.}$$

8. Die Genauigkeit der Messungen.

Für die Versuche kommen folgende möglichen Fehlerquellen in Betracht. Der Fehler bei der Wägung der Flüssigkeit beträgt höchstens 1 mg und verursacht selbst bei den kleinsten benutzten Flüssigkeitsmengen einen Fehler von weniger als 0,2 %. Die Unsicherheit bei der Ablesung des Druckes beträgt 0,1 bis höchstens 0,2 mm, was selbst bei 50 mm erst einen Fehler von 0,4 % ausmacht. Bei höheren Drucken verschwindet dieser Fehler vollständig. Die Volumablesung ist auf mindestens 0,1 cc genau, kommt also als Fehlerquelle gar nicht in Betracht. Dagegen kann ein kleiner Fehler dadurch entstehen, daß das tote Volumen (Spirale, Röhren etc.) während der Messung seine Temperatur ändert. Während der ca. eine halbe Stunde dauernden Messung änderte sich die Zimmertemperatur höchstens um 1⁰, das tote Volumen beträgt ca. 50 cc, also der Fehler weniger als 0,2 cc, was bei einem absorbierten Volumen von 200 cc 0,1 % ausmacht. Außerdem wurden bei der Umrechnung des bei dem vorhergehenden Versuche absorbierten Volumens auf den Versuchsdruck die Gasgesetze angewandt, was bei 700 mm einen Fehler von weniger als 0,2 % verursacht. Alle diese Fehler, die in den meisten Fällen nur einen kleinen Bruchteil der hier geschätzten Höchstwerte ausmachen, treten an Einfluß gegenüber dem bei der Temperaturmessung gemachten Fehler zurück. Die Temperatur schwankte während einer Messung innerhalb von 0,1⁰, was infolge des starken Temperaturkoeffizienten der Löslichkeit bei tiefen Temperaturen einen Fehler von etwa 1 % verursacht. Ausnahmsweise, besonders bei höheren Drucken und großen Löslichkeiten (Aceton), bei denen der Temperaturkoeffizient sehr hoch ist, kann der Fehler auf über 2 % steigen. Die Messung der absoluten

— 28 —

Temperatur ist, namentlich bei — 59°, etwas unsicherer — um vielleicht 0,5° — so daß die Absolutwerte der Löslichkeit dadurch ziemlich ungenau werden. Auch sind die Temperaturen für verschiedene Messungsreihen, besonders bei — 59°, mitunter etwas verschieden. Es kommt jedoch für den vorliegenden Zweck nur auf einen Vergleich der bei derselben Messungsreihe erhaltenen Werte an, bei denen wie gesagt die Temperatur innerhalb von 0,1° konstant war. Die Genauigkeit der Messungen beträgt also, was auch aus der Übereinstimmung der verschiedenen Versuchsreihen resp. ihres Ganges hervorgeht, im allgemeinen etwa 1 %, wird jedoch in manchen Fällen etwas kleiner sein. Ein gutes Kriterium für die Genauigkeit der Messungen bietet auch die von mir in vielen Fällen festgestellte Gültigkeit des Henryschen Gesetzes innerhalb 1 %.

9. Die Resultate der Messungen.

In den folgenden Tabellen sind die Resultate der Messungen dargestellt. Wie im Vorhergehenden angegeben; sind d und p' Dichte und Dampfdruck der Flüssigkeit, d_{CO_2} die Dichte des gelösten Kohlendioxyds und p der Versuchsdruck. k' ist der oben (Abschn. 7) definierte Absorptionskoeffizient, der für sämtliche endgültigen, mit römischen Ziffern numerierten Versuchsreihen wiedergegeben ist, und k der aus den unter $\mathfrak{M}$. angegebenen Mittelwerten der k' berechnete Ostwaldsche Löslichkeitskoeffizient.

Äthylalkohol.

$$d_4{}^{17} = 0,7914 \qquad d_4{}^{-78} = 0,872 \qquad d_4{}^{-59} = 0,856$$
$$p'{}_{-78} < 0,1 \text{ mm} \qquad p'{}_{-59} = 0,2 \text{ mm}$$
$$d_{CO_2}^{-78} = 1,42 \qquad d_{CO_2}^{-59} = 1,35.$$

— 78°.

p	k'				$\mathfrak{M}$.	k	k'	
	I	II	III	IV			V[1])	VI[1])
50	—	—	—	—	—	--	107,0	106,5
100	111,0	112,1	110,0	112,9	111,8	68,4	108,5	—
200	114,0	117,4	—	117,0	115,7	69,5	112,4	110,8
400	122,6	125,1	—	124,7	123,8	71,4	120,4	—
700	--	—	137,0	140,2	138,6	74,7	137,5	133,8

[1]) Die Versuchsreihen V und VI wurden mit absolutem, mit metallischem Calcium getrockneten Alkohol ausgeführt.

— 29 —

— 59⁰.

p	k′		$\mathfrak{M}$.	k
	I	II		
100	41,6	39,7	40,85	27,27
200	42,0	40,0	41,0	27,16
400	43,5	41,2	42,35	27,65
740	45,3	43,0	44,15	28,10

Methylalkohol.

$$d_4^{18} = 0,7930 \qquad d_4^{-78} = 0,884 \qquad d_4^{-59} = 0,866$$
$$p'_{-78} = 0,1 \text{ mm} \qquad p'_{-59} = 0,4 \text{ mm}$$
$$d_{CO_2}^{-78} = 1,42 \qquad d_{CO_2}^{-59} = 1,35.$$

— 78⁰.

p	k′			$\mathfrak{M}$.	k
	I	II	III		
50	193,8	194,2	—	194,0	120,5
100	195,1	195,8	194,2	195,0	119,6
200	203,3	202,5	—	202,9	120,1
400	220,1	222,9	—	221,5	122,2
500	—	—	226,4	—	—
700	255,9	264,9	255,5	260,0	126,8

— 59⁰.

p	I	II	$\mathfrak{M}$.	k
100	63,6	62,3	63,0	42,5
200	64,9	63,5	64,2	42,7
400	67,1	65,4	66,3	43,1
700	69,9	68,0	69,0	43,35

Aceton.

$$d_4^{18} = 0,7935 \qquad d_4^{-78} = 0,900 \qquad d_4^{-59} = 0,879$$
$$p'_{-78} = 0,3 \text{ mm} \qquad p'_{-59} = 1,3 \text{ mm}$$
$$d_{CO_2}^{-78} = 1,62 \qquad d_{CO_2}^{-59} = 1,52.$$

— 78°

p	I	II	III	𝔐.	k
50	311,2	313,2	309,0	311	196,6
100	322,8	323,3	320,0	322	198,1
200	348,0	341,3	344,5	344,5	201,5
400	304,4	396,0	400,0	400	208,8
640	—	478	495,3	487	215,7
700	545,5	—	—	—	—

— 59°.

p	I	II	𝔐.	k
100	100,6	95,0	97,8	67,2
200	104,0	98,4	101,2	68,0
400	109,1	104,1	106,6	69,2
700	120,9	116,6	118,8	72,8

Aethylacetat.

$d_4^{17} = 0,9033$ $d_4^{-78} = 1,017$ $d_4^{-59} = 0,994$

$p'_{-78} < 0,1$ mm $p'_{-59} = 0,3$ mm

$d_{CO_2}^{-78} = 1,42$ $d_{CO_2}^{-59} = 1,35$.

— 78°.

p	k′		𝔐.	k
	I	II		
50	249,7	250,6	250,2	177,5
100	254,5	256,6	255,6	177,1
200	269,8	273,8	271,8	179,2
400	309,9	311,9	310,9	183,2
650	383,9	389,8	386,9	191 2

— 59°.

<table>
<tr><th rowspan="2">p</th><th colspan="2">k′</th><th rowspan="2">k[1])</th></tr>
<tr><th>I</th><th>II</th></tr>
<tr><td>100</td><td>83,2</td><td>85,3</td><td>65,6</td></tr>
<tr><td>200</td><td>—</td><td>86,3</td><td>65,3</td></tr>
<tr><td>300</td><td>88,8</td><td rowspan="2">91,6</td><td rowspan="2">66,7</td></tr>
<tr><td>400</td><td>—</td></tr>
<tr><td>700</td><td>97,7</td><td>101,5</td><td>69,7</td></tr>
</table>

[1]) Die Werte von k sind aus II berechnet.

— 31 —

Methylacetat.

$$d_4^{\,16} = 0{,}9367, \quad d_4^{\,-78} = 1{,}056 \quad d_4^{\,-59} = 1{,}032$$
$$p'_{\,-78} = 0{,}2 \text{ mm} \quad p'_{\,-59} = 1{,}2 \text{ mm}$$
$$d_{CO_2}^{\,-78} = 1{,}42 \quad d_{CO_2}^{\,-59} = 1{,}35.$$

— 78°.

p	k'		𝔐.	k
	I	II		
50	303,9	305,9	304,9	224,1
100	316,6	313,3	315,0	224,3
200	340,1	334,7	337,4	223,1
400	391,3	387,3	389,3	225,6
650	501,1	496,1	498,1	231,2

— 59°.

p	k'		𝔐.	k
	I	II		
100	94,3		94,3	75,8
200	98,7	98,2	98,45	77,1
400	103,5	103,7	103,6	77,6
700	113,0	112,7	112,9	79,0

Die in diesen Tabellen enthaltenen Ergebnisse lassen sich folgendermaßen aussprechen. Das Henrysche Gesetz gilt unvergleichlich viel besser in der Ostwaldschen Formulierung als in der Bunsenschen. Dieses Resultat hat auch Sander (l. c.) bei seinen Untersuchungen erhalten. In dem hier untersuchten Gebiet ergibt sich, daß das Gesetz, daß das Verhältnis der Konzentrationen des Gases in der flüssigen und in der gasförmigen Phase konstant und unabhängig vom Drucke ist, in vielen Fällen innerhalb der Versuchsfehler bis zu Drucken von 200 mm gilt. Aber auch bei höheren Drucken sind die Abweichungen nicht groß und betragen im Höchstfalle etwa 10 %. Die Abweichungen liegen alle in derselben Richtung und zwar so, daß der Löslichkeitskoeffizient mit wachsendem Druck anscheinend linear zunimmt.

— 32 —

III. Zusammenfassender Teil.

Der osmotische Druck konzentrierter Kohlendioxydlösungen.

Nachdem wir nun die Löslichkeit des Kohlendioxyds in ihrer Abhängigkeit vom Drucke kennen, sind wir imstande, seinen osmotischen Druck mit Hilfe folgender durch einen einfachen Kreisprozeß ableitbarer Formel[1]):

$$\frac{d\pi}{dp} = k$$

zu berechnen. Der osmotische Druck π einer beim Drucke p gesättigten Gaslösung ergibt sich hiernach zu:

$$\pi = \int_o^p k\,dp ,$$

wobei k das Verhältnis der Konzentrationen des Gases in der flüssigen und in der gasförmigen Phase, also der Löslichkeitskoeffizient, als Funktion von p bekannt sein muß. Da sich aus den Messungen schließen läßt, daß k bis zu einem bestimmten Drucke p_0 konstant ist und sodann etwa linear zunimmt, kann ich — um möglichst einfach zu rechnen — in dem bis p_0 reichenden Intervall $k = k_0$ und in folgenden $k = k_0 + a(p - p_0)$ setzen. Dann ergibt sich:

$$\pi = \int_o^{p_0} k_0\,dp + \int_{p_0}^p [k_0 + a(p - p_0)]\,dp$$
$$= k_0 p + \frac{a}{2}(p - p_0)^2 .$$

Würde nun der osmotische Druck den idealen Gasgesetzen gehorchen, so wäre er einfach gleich kp, da die Konzentration der Lösung k mal so groß ist als die des Gases. Setze ich also $kp = \pi_{th}$, so ist:

$$\pi_{th} = kp = k_0 p + a(p - p_0)p$$

Nun ist:

$$\pi = k_0 p + \frac{a}{2}(p - p_0)^2 ,$$

also ist:

$$\pi_{th} - \pi = \frac{a}{2}(p^2 - p_0{}^2).$$

Dieser Ausdruck stellt die Abweichungen des osmotischen Druckes von den idealen Gasgesetzen dar. Mit seiner Hilfe sind für die bei — 78° gemachten Versuche die folgenden Tabellen berechnet, in denen die zu p und k gehörigen Werte von π, π_{th}, $\pi_{th} - \pi$ in Atm. und c, die Konzentration der Kohlendioxydlösung in Mol pro Liter, angegeben ist. p_w stellt zum Vergleich den nach van der Waals berechneten Druck dar, den das Kohlen-

---

[1]) Nernst, Theor. Chemie, 5. A., S. 144.

— 33 —

dioxyd als Gas bei dieser Konzentration ausüben würde. Für p_0 wurde
bei Aceton 5 cm, für Äthylalkohol und Äthylacetat 10 cm, für Methylalkohol 20 cm und für Methylacetat 25 cm angenommen, woraus sich die
Werte von a aus der Formel $a = \dfrac{k - k_0}{p - p}$ in derselben Reihenfolge zu 0,366
— 0,105 — 0,252 — 0,136 — 0,208 ergeben.

Äthylalkohol.

p	k	c	π_{th}	$\pi_{th} - \pi$	π	pw
100	68,4	0,562	8,99	0	8,99	7,6
200	69,5	1,143	18,3	0,20	18,1	13,8
400	71,4	2,35	37,6	1,04	36,6	18,8
700	74,7	4,30	68,8	3,4	65,4	7

Methylalkohol.

p	k	c	π_{th}	$\pi_{th} - \pi$	π	pw
50	120,5	0,495	7,93	0	7,93	7,05
100	119,6	0,983	15,7	0	15,7	12,1
200	120,1	1,97	31,6	0	31,6	18,1
400	122,2	4,02	64,3	1,16	63,1	10,8
700	126,8	7,30	116,8	3,6	113,2	— 44

Aceton.

p	k	c	π_{th}	$\pi_{th} - \pi$	π	pw
50	196,6	0,803	12,85	0	12,85	10,6
100	198,1	1,625	26,0	0,18	25,8	16,7
200	201,5	3,31	52,9	0,93	52,0	14,3
400	208,8	6,87	109,8	3,9	105,9	— 56
640	217	11,35	181,6	10,1	171,5	—

— 34 —

Äthylacetat.

p	k	c	π_{th}	$\pi_{th} - \pi$	π	p_W
50	177,5	0,730	11,68	0	11,68	9,80
100	177,1	1,456	23,30	0	23,30	15,8
200	179,2	2,95	47,2	0,52	46,7	18,2
400	183,2	6,03	96,4	2,50	93,9	— 33
650	191,2	10,2	163,5	6,9	156,6	— .

Methylacetat.

p	k	c	π_{th}	$\pi_{th} - \pi$	π	p_W
50	224,1	0,918	14,69	0	14,69	11,8
100	224,3	1,840	29,45	0	29,45	17,5
200	223,1	3,66	58,6	0	58,6	11,2
400	225,6	7,42	118,7	1,3	117,4	— 75
650	231,2	12,35	198	4,9	193	—

Aus den Tabellen ersieht man mit größter Deutlichkeit, daß der osmotische Druck selbst bei den höchsten Konzentrationen noch bis auf wenige Prozent den Gasgesetzen gehorcht, während der Druck im Gaszustande sich bei dieser Konzentration bereits auf dem negativen Ast der van der Waalsschen Isotherme befindet. Dieses Resultat ist ein rein empirisches und folgt direkt aus den Messungen mit Hilfe der Thermodynamik. Genau dasselbe Resultat habe ich aber am Schlusse des theoretischen Teils erhalten. Es darf also als wichtigstes Ergebnis dieser Arbeit der theoretisch sowie experimentell bewiesene Satz ausgesprochen werden: Der osmotische Druck eines gelösten Stoffes gehorcht den idealen Gasgesetzen viel besser als der Gasdruck desselben Stoffes bei derselben Konzentration und Temperatur.

Zusammenfassung.

Die Resultate der vorliegenden Arbeit können kurz folgendermaßen zusammengefaßt werden:

1. Es wurde die aus der van der Waalsschen Theorie folgende Formel für den osmotischen Druck konzentrierter Lösungen abgeleitet.
2. Es wurde die Löslichkeit von Kohlendioxyd in Äthylalkohol, Methylalkohol, Aceton, Äthylacetat und Methylacetat bei — 78° und — 59°

— 35 —

und bei Drucken von 50 mm bis zu einer Atmosphäre hinauf gemessen.

3. Hierbei ergab sich, daß für konzentrierte Lösungen das Henrysche Gesetz in der Ostwaldschen Form recht gut erfüllt wird, in der Bunsenschen dagegen gar nicht.

4. Es wurde gezeigt, daß in Übereinstimmung mit der im ersten Teil der Arbeit gegebenen Theorie der osmotische Druck der konzentrierten Kohlendioxydlösungen nur geringe Abweichungen von den idealen Gasgesetzen zeigt und ihnen viel besser gehorcht als der entsprechende Gasdruck gleicher Konzentration.

Vorliegende Arbeit wurde auf Anregung von Herrn

Prof. Dr. Sackur

unternommen, dem ich für sein stetes tätiges Interesse bei der Ausführung der Arbeit und an der Förderung meiner wissenschaftlichen Ausbildung zu aufrichtigem und herzlichem Danke verpflichtet bin.

Lebenslauf.

Ich, Otto Stern, bin am 17. Februar 1888 als Sohn des Mühlen-
besitzers Oskar Stern zu Sohrau O.-S. geboren. Von Ostern 1894 ab
besuchte ich das Johannesgymnasium zu Breslau, das ich Ostern 1906 mit
dem Zeugnis der Reife verließ. Ich studierte ein Semester in Freiburg i. B.,
ein Semester in München und zehn Semester in Breslau Chemie, speziell
physikalische Chemie. Am 6. März 1908 bestand ich das Verbandsexamen,
am 6. März 1912 das Rigorosum. Ich hörte die Vorlesungen folgender
Herren:

Abegg †, Baeyer, v. d. Borne, Graetz, Herz, Hönigswald,
Kneser, Kühnemann, Kükenthal, Ladenburg †, Löffler †,
Lummer, Oltmanns, Pringsheim, Riesenfeld, Rosanes,
Sackur, Schaefer, Weismann, Willgerodt.

S1a. Otto Stern, Zur kinetischen Theorie des osmotischen Druckes konzentrierter Lösungen und über die Gültigkeit des Henry'schen Gesetzes für dieselben AU Stern, Otto SO Jahresbericht der Schlesischen Gesellschaft für vaterländische Cultur VO 90 I (II. Abteilung: Naturwissenschaften. a. Sitzungen der naturwissenschenschaftlichen Sektion) PA 1-36 PY 1913 DT B URL. Die Publikationen S1 und S1a sind vollkommen identisch.

Sitzung am 21. Februar.

Zur kinetischen Theorie des osmotischen Druckes konzentrierter Lösungen und der Gültigkeit des Henry'schen Gesetzes für dieselben.

Von

Herrn Otto Stern.

© Springer-Verlag Berlin Heidelberg 2016
H. Schmidt-Böcking, K. Reich, A. Templeton, W. Trageser, V. Vill (Hrsg.), *Otto Sterns Veröffentlichungen – Band 1*, DOI 10.1007/978-3-662-46953-8_4

Schlesische Gesellschaft für vaterländische Cultur.

90. Jahresbericht. 1912.	II. Abteilung. Naturwissenschaften. a. Naturwissenschaftliche Sektion.

Sitzungen der naturwissenschaftlichen Sektion im Jahre 1912.

Sitzung am 9. Februar.

Goethes chemische Berater und Freunde*).

Von

Herrn Professor Dr. Julius Schiff.

Über eine mögliche Beschränkung der Quanten-Hypothese.

Von

Herrn Dr. Gibson.

Sitzung am 21. Februar.

Zur kinetischen Theorie des osmotischen Druckes konzentrierter Lösungen und der Gültigkeit des Henry'schen Gesetzes für dieselben.

Von

Herrn Otto Stern.

I. Theoretischer Teil.

Die von van't Hoff entwickelte Theorie der Lösungen stützt sich auf den Grundbegriff des osmotischen Drucks. Habe ich (Figur 1) eine wässerige Zuckerlösung, die durch einen für Zucker undurchlässigen, für Wasser durchlässigen Stempel von reinem Wasser getrennt ist, so muß ich auf diesen Stempel einen Druck ausüben, um dem Bestreben der Zuckerlösung, sich mit dem reinen Wasser zu vermischen und den Stempel in die Höhe zu heben, das Gleichgewicht zu halten. Dieser Druck ist der osmotische Druck der Zuckerlösung. Ganz allgemein ist der osmotische Druck einer Lösung der Druck, der auf eine die Lösung von reinem Lösungsmittel trennende semipermeable Wand ausgeübt wird. Die grundlegende Bedeutung des osmotischen Druckes für die Theorie der Lösungen beruht darauf, daß er ein einfaches Maß für die beim Vermischen von

---

*) Abgedruckt in „Deutsche Rundschau" 1912, 38, 450.
1912.

1

S2. Otto Stern, Zur kinetischen Theorie des osmotischen Druckes konzentrierter Lösungen und über die Gültigkeit des Henryschen Gesetzes für konzentrierte Lösungen von Kohlendioxyd in organischen Lösungsmitteln bei tiefen Temperaturen. Z. Physik. Chem., 81, 441–474 (1913)

Zur kinetischen Theorie des osmotischen Drucks konzentrierter Lösungen und über die Gültigkeit des Henryschen Gesetzes für konzentrierte Lösungen von Kohlendioxyd in organischen Lösungsmitteln bei tiefen Temperaturen[1]).

Von

Otto Stern.

H. Schmidt-Böcking, K. Reich, A. Templeton, W. Trageser, V. Vill (Hrsg.), *Otto Sterns Veröffentlichungen – Band 1*, DOI 10.1007/978-3-662-46953-8_5

Zur kinetischen Theorie des osmotischen Drucks konzentrierter Lösungen und über die Gültigkeit des Henryschen Gesetzes für konzentrierte Lösungen von Kohlendioxyd in organischen Lösungsmitteln bei tiefen Temperaturen[1]).

Von

Otto Stern.

(Mit 4 Figuren im Text.)

(Eingegangen am 16. 8. 12.)

I. Theoretischer Teil.

Es ist bekannt, dass die Theorie der Lösungen von van 't Hoff von der grössten Bedeutung für die gesamte physikalische und reine Chemie ist. Die ganze Theorie gilt aber nur für verdünnte Lösungen. Denn nur bei diesen gehorcht der osmotische Druck π der Formel:

$$\pi = RTc,$$

worin c die Konzentration der Lösung in Mol pro Liter, T die absolute Temperatur und R die Gaskonstante bedeutet. Wenn nun auch die thermodynamisch begründeten Beziehungen zwischen osmotischem Druck und andern Eigenschaften der Lösung (Dampfspannung, Siedepunkt, Gefrierpunkt usw.) für beliebig konzentrierte Lösungen gelten, so ist doch gerade das Gesetz, welches den osmotischen Druck konzentrierter Lösungen beherrscht, unbekannt. Es aufzufinden, wäre, wie man sieht, von der grössten Wichtigkeit. Es ist auch schon eine grosse Reihe von Versuchen in dieser Richtung gemacht worden, doch ohne nennenswerten Erfolg. Zur Lösung der Aufgabe stehen uns zwei Wege zur Verfügung, der des Experiments und der der Theorie. Man kann also erstens aus Dampfdruckmessungen usw. an Lösungen bekannter Konzentration ihren osmotischen Druck berechnen und suchen, rein empirisch eine Gleichung zu finden, welche die Abhängigkeit des osmotischen Drucks von der Konzentration wiedergibt. Die in dieser Richtung, zum Teil im Verein mit theoretischen Überlegungen unternommenen Versuche genügen jedoch nicht, um eine bestimmte Formel als allge-

---

[1]) Nach der Dissertation. Breslau 1912. Vgl. auch Z. f. Elektroch. 18, 641 (1912).

mein gültig zu bestätigen. Bemerkenswert ist allerdings, dass die einfache, lineare Gleichung:

$$\pi = \frac{RT}{v-b},$$

in der $v = \dfrac{1}{c}$ und b eine Konstante ist, sich in vielen Fällen gut bewährt[1]). Der zweite Weg ist der, die gesuchte Formel aus der Theorie, d. h. mit Hilfe bestimmter Hypothesen abzuleiten. Hierfür kann nicht, wie manche glauben, die Thermodynamik in Betracht kommen. Denn diese kann nie etwas über die absolute Grösse des osmotischen Drucks lehren. Selbst das einfache Gesetz für verdünnte Lösungen lässt sich nicht rein thermodynamisch begründen, sondern man braucht dazu molekular-theoretische Hypothesen, die allerdings in diesem Falle ziemlich allgemein und weit gefasst sein können[2]). Will man also das Gesetz für Lösungen beliebiger Konzentration theoretisch ableiten, so kommt hierfür als Grundlage nur die kinetische Molekulartheorie in Betracht. Für diesen Weg haben wir als Beispiel die Entwicklung der Gastheorie vor uns.

Die Gesetze für den Druck idealer, d. h. verdünnter Gase und den osmotischen Druck verdünnter Lösungen sind ja, was Form und Bedeutung anlangt, völlig analog. Bekanntlich ist es nun bei den Gasen van der Waals gelungen, auf Grund molekulartheoretischer Hypothesen eine Formel abzuleiten, die nicht nur das Verhalten der Gase bei höhern Drucken, sondern auch die kritischen Erscheinungen, ja selbst das Verhalten der Flüssigkeiten mit guter Annäherung wiedergibt. Da van der Waals überdies seine Theorie auch auf Gemische ausgedehnt hat, so liegt es nahe, zu versuchen, mit Hilfe der von ihm benutzten Voraussetzungen eine Formel für den osmotischen Druck konzentrierter Lösungen analog seiner Formel für komprimierte Gase abzuleiten. Dieser Versuch ist schon mehrfach gemacht worden, und es existiert eine ganze Reihe von Formeln, die das Problem auf diese Weise gelöst zu haben beanspruchen[3])[4]). Da die Theorie von van der

[1]) O. Sackur, Zeitschr. f. physik. Chemie **70**, 447 (1909).

[2]) Planck, Thermodynamik, 2. Aufl., 1905, S. 218—219.

[3]) Bredig, Zeitschr. f. physik. Chemie **4**, 44 (1889); Noyes, ebenda **5**, 83 (1890), aufgenommen in Ostwalds Lehrbuch. Berkeley und Hartley, Arrhenius u. a. Sackur (loc. cit.) s. Literatur.

[4]) *Anm. bei der Korrektur.* Herr Prof. Reinganum hat auf dem Bunsenkongress 1912 freundlichst auf eine Formel von Wind [Arch. Neerl. (2) **6**, 714 (1899)] aufmerksam gemacht. Wind gelangt für das Attraktionsglied zu einem fast gleichen Ausdrucke wie ich, kommt aber für die Volumkorrektion zu einem andern Ausdruck.

Zur kinetischen Theorie des osmotischen Drucks usw.   443

Waals eindeutig ist, und aus ihr nur eine Formel folgen kann, und
da ausserdem die Beweise der obigen Formeln mir teils unvollständig,
teils unscharf erscheinen, will ich im folgenden versuchen, die aus der
Theorie von van der Waals für den osmotischen Druck sich ergebende
Formel in möglichst einwandfreier Weise abzuleiten.

Um diese Aufgabe zu lösen, muss zuerst die einfachere Aufgabe,
den osmotischen Druck verdünnter Lösungen mit Hilfe der Molekulartheorie zu berechnen, gelöst sein. Boltzmann, Riecke und Lorentz
haben dieses Probem behandelt[1]). Im Gegensatze zu den idealen Gasgesetzen, deren Ableitung sich mit Hilfe der kinetischen Gastheorie
äusserst klar und einfach gestaltet, liegen die Verhältnisse hier schon
bei den verdünnten Lösungen recht kompliziert. Ich will zunächst auf
einem sich an die Arbeit von Lorentz anlehnenden Wege einen Beweis für die Formel: $\pi = RTc$
zu geben versuchen. Die erste Schwierigkeit, die sich hier sofort erhebt, ist die, dass wir uns über den Mechanismus einer semipermeablen
Wand bestimmte Vorstellungen machen müssen, wenn wir den auf sie
ausgeübten Druck berechnen wollen. Über diesen Mechanismus wissen
wir so gut wie nichts; ja es ist leicht möglich, dass die selektive
Wirkung verschiedener halbdurchlässiger Wände auch auf ganz verschiedenen Ursachen beruht. Zum Glück hilft uns hier die Thermodynamik. Denn diese lehrt ja, dass die Arbeit, die wir beim Verdünnen
der Lösung um dv maximal erhalten können, ganz unabhängig ist von
dem Wege, auf dem wir den Vorgang sich abspielen lassen. Wenn wir
also verschiedene halbdurchlässige Stempel mit ganz beliebigen Mechanismen anwenden, muss der auf sie wirkende Druck für alle gleich
sein, da die mit ihrer Hilfe maximal zu erhaltende Arbeit in allen
Fällen gleich, nämlich πdv, sein muss. Wir können uns also den Mechanismus ganz beliebig vorstellen, falls er nur nicht den Gesetzen der
Thermodynamik widerspricht. Nach dem Vorgange von Lorentz denken
wir uns der Einfachheit halber die semipermeable Wand als mathematische Ebene, welche die Moleküle des Lösungsmittels frei hindurch-
lässt, für die des gelösten Stoffs aber undurchdringlich ist. Fig. 1 stelle
nun einen allseitig geschlossenen Zylinder dar, dessen rechte Hälfte
mit Lösung gefüllt ist, die durch die semipermeable Ebene E von
reinem Lösungsmittel in der linken Hälfte getrennt wird. Die schraffierten Kreise sollen die Moleküle des gelösten Stoffs, die leeren die
des Lösungsmittels darstellen. Um den auf E ausgeübten Druck zu

---

[1]) Boltzmann, Zeitschr. f. physik. Chemie 6, 474 (1890); 7, 88 (1891);
Riecke, ebenda 6, 564 (1890); Lorentz, ebenda 7, 36 (1891).

444   Otto Stern

berechnen, braucht man nur die von den gelösten Molekülen herrührenden Stösse zu berücksichtigen, da die Lösungsmittelmoleküle glatt
durch E hindurchgehen. Würden diese auch auf die gelösten Moleküle
keinerlei Wirkung ausüben, so wäre der osmotische Druck einfach
gleich dem, den der gelöste Stoff ausüben würde, wenn er den Raum
als Gas erfüllen würde, also gleich RTc bei einer verdünnten Lösung.
Es ist aber das Lösungsmittel gerade in einer verdünnten Lösung sehr
konzentriert und beeinflusst die gelösten Moleküle nach der van der
Waalsschen Theorie auf zwei Weisen. Erstens übt es eine Anziehung
auf die gelösten Moleküle aus, die proportional der Konzentration der

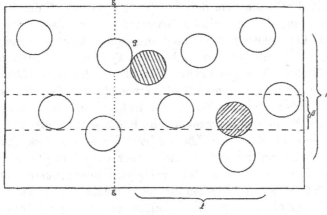

Fig. 1.

anziehenden und der angezogenen Moleküle ist. Durch die Anziehung
der in der Lösung befindlichen Lösungsmittelmoleküle wird also die
Wucht, mit der die gelösten Moleküle auf E treffen, verringert und
somit der osmotische Druck verkleinert. Man sieht jedoch sofort, dass
diese Wirkung durch die Anziehung kompensiert wird, welche auf die
auf E auftreffenden Moleküle von dem reinen Lösungsmittel auf der
andern Seite der Ebene ausgeübt wird. Denn da man die Konzentration
der Lösungsmittelmoleküle in der verdünnten Lösung gleich der im
reinen Lösungsmittel setzen kann, ist die Kraft, mit der die auf E
stossenden gelösten Moleküle nach der Lösung zurückgezogen werden,
gleich derjenigen, mit der sie nach der Seite des reinen Lösungsmittels
hingezogen werden. Die Resultierende der insgesamt auf sie wirkenden
Anziehungskräfte ist also gleich Null. Etwas schwieriger liegt die Sache
bei der zweiten Art der Beeinflussung, bei den abstossenden Kräften.
Diese rühren her von dem Eigenvolumen der Lösungsmittelmoleküle,
welches beim Siedepunkt nach van der Waals etwa $1/4$ des gesamten

Zur kinetischen Theorie des osmotischen Drucks usw.   445

von einer Flüssigkeit eingenommenen Raums beträgt. Der den gelösten
Molekülen zur Verfügung stehende Raum kann also höchstens $^3/_4$ des
Volumens der Lösung betragen, und der osmotische Druck müsste aus
diesem Grunde mindestens $^4/_3$ mal so hoch gefunden werden, als der
ideale Gasdruck. Wir müssen jedoch hier wieder berücksichtigen, dass
wir es nicht mit einem Druck auf eine gewöhnliche, sondern auf eine
halbdurchlässige Wand zu tun haben[1]). Es sind daher ständig Lösungsmittelmoleküle im Durchgange durch E begriffen. Ein Teil der gelösten
Moleküle, der sonst, falls die Wand eine gewöhnliche wäre, auf diese
treffen würde, trifft statt dessen auf gerade durch sie hindurchfahrende
Lösungsmittelmoleküle, wie dies in Fig. 1 z. B. bei P der Fall ist. Mit
andern Worten, der osmotische Druck, den wir messen, ist nicht der
ganze von den gelösten Molekülen ausgeübte Druck, sondern nur ein
Teil davon, während der andere Teil von den von der Seite des reinen
Lösungsmittels her kommenden Molekülen, also vom Lösungsmittel,
aufgefangen wird. Um diesen Teil zu berechnen, denken wir uns zunächst alle Lösungsmittelmoleküle in Ruhe. Dann wird der durch sie
den gelösten Molekülen weggenommene Raum einfach gleich der Summe
der Eigenvolumina der in der Lösung befindlichen Lösungsmittelmoleküle
sein. Ihre Wirkung können wir uns daher ersetzt denken durch einen
kompakten Zylinder, dessen Volumen gleich dieser Summe der Eigenvolumina ist. In Fig. 1 bedeuten die gestrichelten Linien diesen Zylinder,
der sich in gleichmässiger Dicke durch Lösung und reines Lösungsmittel erstreckt, da in beiden die Konzentration der Lösungsmittelmoleküle und somit auch die Summe ihrer Eigenvolumina dieselbe ist.
Die Grundfläche dieses Volumzylinders V sei β, während die des Ge-
fässzylinders G gleich 1 gesetzt ist. Sei nun die Länge des von der
Lösung erfüllten Teils gleich l, so ist das Volumen der Lösung $l \cdot 1 = l$.
Das Volumen des in der Lösung liegenden Teils des Volumzylinders
ist $\beta \cdot l$, d. h. dies ist der den gelösten Molekülen weggenommene Raum.

Ihr Druck ist also um $\dfrac{l}{l-\beta l} = \dfrac{1}{1-\beta}$ grösser, als wenn ihnen das ge-

samte Volumen der Lösung zur Verfügung stünde, mithin gleich $\dfrac{RTc}{1-\beta}$.

Es ist aber aus der Figur auch ohne weiteres ersichtlich, welcher Teil
der Ebene E von Lösungsmittelmolekülen durchsetzt ist. Seine Grösse
ist gleich dem Querschnitt durch den Volumzylinder, also gleich β.
Der auf diesen Teil der Ebene wirkende Druck gelangt nicht zur
Messung, sondern nur der auf den restlichen Teil der Ebene von der

---

[1]) Siehe auch Nernst, Theoret. Chemie, 5. Aufl., S. 248.

446   Otto Stern

Grösse $1 - \beta$ wirkende Druck kommt für die Berechnung des osmo-
tischen Drucks in Betracht. Dieser ist also gleich $\dfrac{RTc}{1 - \beta}(1 - \beta)$, da der
Druck gleichmässig über die ganze Ebene hin wirkt. Es ist also:

$$\pi = RTc.$$

Lassen wir nun die Voraussetzung fallen, dass die Lösungsmittelmoleküle in Ruhe sind, so lehrt die van der Waalssche Theorie, dass der
von ihnen den gelösten Molekülen weggenommene Raum grösser ist
als die Summe ihrer Eigenvolumina. Jedoch wird hierdurch die Deduktion nicht geändert, da nur die absolute Grösse von β hierdurch
beeinflusst wird. Man sieht also, dass nach der van der Waalsschen
Theorie der osmotische Druck in verdünnten Lösungen tatsächlich gleich
dem Gasdruck ist, den der gelöste Körper in demselben Volumen ausüben würde, da die Beeinflussungen durch die Lösungsmittelmoleküle
herausfallen. Für die Anziehungskräfte folgt dies daraus, dass ein auf
die semipermeable Wand stossendes Molekül von allen Seiten gleichmässig vom Lösungsmittel umgeben ist, so dass jedesmal die in einer
bestimmten Richtung wirkende Anziehungskraft von einer gleich grossen
in entgegengesetzter Richtung aufgehoben wird. Die von dem Eigenvolumen des Lösungsmittels herrührenden abstossenden Kräfte bewirken
zwar eine Erhöhung des Drucks, dafür wird aber ein die Erhöhung
gerade kompensierender Teil des Drucks von den die semipermeable
Wand durchsetzenden Lösungsmittelmolekülen aufgefangen. Gerade dieser
letzte Punkt ist meines Wissens noch nirgends klar erkannt und ausgesprochen worden.

Ich will nun die Voraussetzung, dass wir es mit einer verdünnten
Lösung zu tun haben, fallen lassen und die allgemeine Formel für beliebig konzentrierte Lösungen ableiten. Ich setze dabei die Gültigkeit
der van der Waalsschen Theorie für das betrachtete Gemisch voraus.
Die Gültigkeitsgrenzen dieser Voraussetzung, die in Wirklichkeit ja nie
ganz erfüllt sein wird, sollen erst weiter unten diskutiert werden. Nach
van der Waals gilt für einen chemisch einheitlichen, nicht associierten
Stoff, Gas oder Flüssigkeit, die Gleichung:

$$\left(p + \frac{a}{v^2}\right)(v - b) = RT.$$

Hierin ist p der Druck und v das Volumen eines Mols, b ist das vier-
fache Eigenvolumen der in diesem Mol enthaltenen Moleküle, und a ist
eine Konstante, die ein Mass für die Kraft ist, mit der die Moleküle
sich gegenseitig anziehen. Für ein Mol eines binären Gemisches gilt

Zur kinetischen Theorie des osmotischen Drucks usw. 447

nun, wie van der Waals und Lorentz gezeigt haben, genau dieselbe Formel, nur hängen die Konstanten a und b, die in diesem Falle mit a_x^1 und b_x bezeichnet werden, von der Zusammensetzung des Gemisches in folgender Weise ab:

$$a_x^{\cdot} = a_1(1-x)^2 + 2a_{12}x(1-x) + a_2x^2,$$
$$b_x^{\cdot} = b_1(1-x)^2 + 2b_{12}x(1-x) + b_2x^2.$$

Hier sind $1-x$ und x die Anzahl Mole des Stoffs 1, bzw. 2, die in 1 Mol Gemisch enthalten sind, a_1, b_1, a_2, b_2 sind die Konstanten der reinen Stoffe, a_{12} und b_{12} sind zwei Konstanten, die der gegenseitigen Anziehung und Abstossung der beiden Molekülarten Rechnung tragen. Es handelt sich zunächst darum, die Anteile, mit denen ein jeder der beiden Stoffe zu dem Gesamtdruck p beiträgt, zu sondern, mit andern Worten, die Partialdrucke p_1 und p_2 der beiden Komponenten zu berechnen. Für ideale Gase würde nach dem Daltonschen Gesetz sich ergeben:

$$p_1 = \frac{RT}{v}(1-x), \quad p_2 = \frac{RT}{v}x, \quad p_1 + p_2 = \frac{RT}{v}.$$

Wir wollen nun zunächst nur die Wirkung der anziehenden Kräfte berücksichtigen. Dann würde z. B. der Partialdruck von 1 erstens durch die Anziehungskräfte der Moleküle 1 untereinander verkleinert werden. Nach van der Waals ist diese Verkleinerung proportional der Konzentration der angezogenen und der anziehenden Moleküle, die in diesem Falle gleich und gleich $\frac{1-x}{v}$ ist, also die Verkleinerung gleich

$a_1\left(\frac{1-x}{v}\right)^2$, da a_1 die Attraktionskonstante von 1 ist. Zweitens wird der Partialdruck aber auch durch die Anziehung verringert, welche die Moleküle 1 durch die Moleküle 2 erfahren. Da die Konzentration der angezogenen Moleküle 1 gleich $\frac{1-x}{v}$, die der anziehenden Moleküle 2 gleich $\frac{x}{v}$ und die gegenseitige Attraktionskonstante a_{12} ist, so ergibt sich für dieses Glied $a_{12}\frac{(1-x)x}{v^2}$. Somit ergibt sich für den Partialdruck von 1:

$$p_1 = \frac{RT}{v}(1-x) - \frac{a_1(1-x)^2}{v^2} - \frac{a_{12}(1-x)x}{v^2}.$$

Ebenso ergibt sich:

$$p_2 = \frac{RT}{v}x - \frac{a_2x^2}{v^2} - \frac{a_{12}(1-x)x}{v^2}.$$

Also ist, wenn wir zur Kontrolle den Ausdruck für p bilden:

448 Otto Stern

$$p_1 + p_2 = p = \frac{RT}{v}[(1-x)+x] - \frac{a_1(1-x)^2 + 2a_{12}(1-x)x + a_2x^2}{v^2},$$

oder:

$$p = \frac{RT}{v} - \frac{a_x}{v^2}.$$

Versucht man nun, ebenso für die abstossenden Kräfte die Zerlegung an der Formel:

$$p = \frac{RT}{v - b_x}$$

vorzunehmen, so stösst man auf Schwierigkeiten und erhält äusserst komplizierte und unübersichtliche Ausdrücke für die Partialdrucke. Die Ursache dieser Schwierigkeit liegt an der Ableitung der Formel:

$$p = \frac{RT}{v - b_x}.$$

Sie ist nämlich von Lorentz nicht in dieser Form abgeleitet worden, sondern er fand mit Hilfe des Virialsatzes:

$$p = \frac{RT}{v}\left(1 + \frac{b_x}{v}\right).$$

Diese Form ist mit der ersten bis auf Glieder zweiten Grads von $\frac{b_x}{v}$, d. h. wenn $\frac{b_x}{v}$ als kleine Grösse betrachtet werden kann, identisch. Denn dann ist:

$$p = \frac{RT}{v}\left(1 + \frac{b_x}{v}\right) = \frac{RT}{v\left(1 - \dfrac{b_x}{v}\right)} = \frac{RT}{v - b_x}.$$

Da nun die Theorie doch nur auf erste Potenzen von $\frac{b_x}{v}$ genau ist, der letzte Ausdruck $\frac{RT}{v - b_x}$ aber besser mit der Erfahrung übereinstimmt, hat van der Waals ihn seiner Theorie binärer Gemische zugrunde gelegt. Wir müssen aber zur Zerlegung von der ursprünglichen Lorentzschen Form ausgehen und wollen erst nachher wieder zur van der Waalsschen Form übergehen. Der Totaldruck ist demnach:

$$p = \frac{RT}{v} + \frac{RT b_x}{v^2} =$$

$$\frac{RT}{v} + RT \frac{b_1(1-x)^2 + 2b_{12}(1-x)x + b_2x^2}{v^2}.$$

Wir wollen hier anders als bei der Berücksichtigung der Anziehungskräfte vorgehen und untersuchen, welche Teile des obigen Ausdrucks auf die einzelnen Molekülarten kommen. Für p_1 würde sich, wenn das Eigenvolumen nicht berücksichtigt wird, wieder ergeben:

$$p_1 = \frac{RT}{v}\,(1 - x).$$

Nun wird aber dieser Druck erstens durch die abstossenden Kräfte vergrössert, welche die Moleküle 1 bei Zusammenstössen unter sich selbst aufeinander ausüben. Dieser Einfluss wird durch das Glied $RT\dfrac{b_1\,(1-x)^2}{v^2}$ im obigen Ausdruck wiedergegeben, da hierin nur auf die Moleküle 1 bezügliche Grössen vorkommen. Zweitens wird p_1 dadurch vergrössert, dass auch die Moleküle 2 den Moleküle 1 Raum wegnehmen. Dieser Einfluss ist in dem Gliede $RT\dfrac{2\,b_{12}\,(1-x)\,x}{v^2}$ enthalten, da es die Konstante b_{12} für die Wechselwirkung der beiden Molekülarten enthält. In diesem Gliede ist aber ausserdem noch die Vergrösserung, die p_2 durch die Zusammenstösse der Moleküle 2 mit den Molekülen 1 erfährt, enthalten. Es fragt sich nun, welcher Anteil dieses Glieds auf 1 und welcher auf 2 entfällt. Zur Beantwortung dient folgende Überlegung. Bei jedem Zusammenstoss, den ein Molekül 1 mit einem Molekül 2 erleidet, ist nach dem Axiom von der Gleichheit der Aktion und Reaktion die von 1 auf 2 gleich der von 2 auf 1 ausgeübten Kraft. Dies gilt ebenso für die Summe aller Zusammenstösse zwischen 1 und 2, d. h. es ist überhaupt die von dem Stoffe 1 auf 2 ausgeübte Gesamtkraft gleich der vom Stoffe 2 auf 1 ausgeübten. Nun ist Druck gleich Kraft pro Flächeneinheit. Da aber die beiden Gase denselben Raum erfüllen, haben sie auch überall den gleichen Querschnitt. Also wirken auf gleiche Querschnitte gleiche Kräfte, d. h. der von 1 auf 2 ausgeübte Druck ist gleich dem von 2 auf 1 ausgeübten. Die Summe der beiden Drucke ist $\dfrac{2\,b_{12}\,(1-x)\,x}{v^2}$, also jeder von ihnen ist gleich $\dfrac{b_{12}\,(1-x)\,x}{v^2}$. Dies ist die Vergrösserung, die p_1 durch die Zusammenstösse der Moleküle 1 mit 2 erfährt. Mithin ist:

$$p_1 = \frac{RT}{v}\,(1-x) + RT\frac{b_1\,(1-x)^2 + b_{12}\,(1-x)\,x}{v^2}$$

und:

$$p_2 = \frac{RT}{v}\,x + RT\frac{b_2\,x^2 + b_{12}\,(1-x)\,x}{v^2},$$

woraus sich ohne weiteres durch Addition

$$p = \frac{RT}{v} + \frac{RT\,b_x}{v^2}$$

ergibt. Natürlich hätten wir dieselbe Methode wie hier auch bei der Berechnung des Einflusses der Attraktion anwenden können und wären dadurch, wie man ohne weiteres sieht, zu demselben Resultate gelangt.

450 \ Otto Stern

Bei gleichzeitiger Berücksichtigung von anziehenden und abstossenden Kräften ergeben sich demnach aus der Formel:

$$p = \frac{RT}{v} + \frac{RT b_x}{v^2} - \frac{a_x}{v^2}$$

die Partialdrucke der beiden Komponenten folgendermassen:

$$p_1 = \frac{RT}{v}(1-x) + RT \frac{b_1(1-x)^2 + b_{12}(1-x)x}{v^2} - \frac{a_1(1-x)^2 + a_{12}(1-x)x}{v^2}$$

$$p_2 = \frac{RT}{v}x + RT \frac{b_2 x^2 + b_{12}(1-x)x}{v^2} - \frac{a_2 x^2 + a_{12}(1-x)x}{v^2}$$

woraus sich, wenn wir zur Kontrolle addieren und $1 + \frac{b_x}{v}$ wie oben umformen, für den Totaldruck wiederergibt:

$$p = \frac{RT}{v - b_x} - \frac{a_x}{v^2}.$$

Wir wollen die Partialdruckformel jetzt auf die Lösung anwenden und zu diesem Zweck die Bezeichnungen ändern. Wir betrachten eine Lösung vom Volumen v, die ein Mol gelösten Stoff 1 und x Mole Lösungsmittel 2 enthält. Dann geht die Formel für p_1, den Partialdruck des gelösten Stoffs, in folgende Gleichung über:

$$p_1 = \frac{RT}{v} + RT \frac{b_1 + b_{12} x}{v^2} - \frac{a_1 + a_{12} x}{v^2},$$

worin x und v jetzt also andere Bedeutung haben als bisher. Dies wäre der von den gelösten Molekülen auf E (Fig. 1) ausgeübte Druck, falls E eine gewöhnliche Wand wäre. Nun soll E aber semipermeabel sein, und es muss deshalb die Wirkung des auf der linken Seite von E befindlichen Lösungsmittels berücksichtigt werden. Enthalten nun v Liter reines Lösungsmittel x_0 Mole, so ist seine Konzentration $\frac{x_0}{v}$. Die Anziehung, die es auf die auf E stossenden gelösten Moleküle von der Konzentration $\frac{1}{v}$ ausübt, ist also $a_{12} \frac{x_0}{v} \cdot \frac{1}{v} = \frac{a_{12} x_0}{v^2}$. Die Anziehung wirkt aber in der Richtung auf das reine Lösungsmittel zu, also den Druck vergrössernd, und es ergibt sich daher durch Kombination mit dem Anziehungsgliede $\frac{a_1 + a_{12} x}{v^2}$ in der Partialdruckformel als endgültiger Ausdruck für das von den anziehenden Kräften herrührende Glied des osmotischen Drucks:

$$\frac{a_1 + a_{12} x - a_{12} x_0}{v^2} = \frac{a_1 - a_{12}(x_0 - x)}{v^2},$$

wobei $x_0 - x$ die Differenz der Konzentrationen des Lösungsmittels in reinem Zustande und in der Lösung angibt. Um nun den Teil des

Drucks zu berechnen, der von dem reinen Lösungsmittel links von E aufgenommen wird, gehen wir folgendermassen vor. Wir denken uns zunächst, die Konzentration des Lösungsmittels in der Lösung sei ebenso gross, wie in reinem Zustande. Dann können wir den oben bei der Behandlung der verdünnten Lösung gegebenen Beweis anwenden, d. h. in diesem Falle ist der Teil des von den gelösten Molekülen auf E ausgeübten Drucks, der von den Molekülen des reinen Lösungsmittels aufgenommen wird, gerade so gross, dass dadurch die durch das Eigenvolumen der Lösungsmittelmoleküle in der Lösung bewirkte Vergrösserung des Drucks genau kompensiert wird. Diese Vergrösserung ist $RT\dfrac{b_{12}\,x_0}{v^2}$, wie aus der Partialdruckformel hervorgeht. So gross ist also auch die Verkleinerung des Drucks durch das Lösungsmittel links von E. Da diese aber nur von der Zahl der Zusammenstösse der gelösten Moleküle mit denen des reinen Lösungsmittels, mithin auch nur von diesen Konzentrationen abhängt, so bleibt die Verkleinerung die gleiche, nämlich $RT\dfrac{b_{12}\,x_0}{v^2}$ auch wenn die Konzentration des Lösungsmittels in der Lösung eine andere ist, z. B. $\dfrac{x}{v}$. Somit ergibt sich für das von den abstossenden Kräften herrührende Glied:

$$RT\,\frac{b_1 + b_{12}\,x - b_{12}\,x_0}{v^2} = RT\,\frac{b_1 - b_{12}\,(x_0 - x)}{v^2};$$

wie zu erwarten in vollständiger Analogie zu dem Attraktionsgliede. Es ist mithin der osmotische Druck:

$$\pi = \frac{RT}{v} + RT\,\frac{b_1 - b_{12}\,(x_0 - x)}{v^2} - \frac{a_1 - a_{12}\,(x_0 - x)}{v^2}$$

oder wenn wir wieder die Umformung aus der Lorentzschen in die van der Waalssche Form vornehmen:

$$\pi + \frac{a_1 - a_{12}\,(x_0 - x)}{v^2} = \frac{RT}{v - b_1 + b_{12}\,(x_0 - x)},$$

wobei sämtliche anziehenden und abstossenden Kräfte der Moleküle des gelösten Stoffs und des Lösungsmittels in und ausserhalb der Lösung nach van der Waals berücksichtigt sind.

Es handelt sich nun darum, die Gültigkeitsgrenzen dieser Gleichung und ihrer Voraussetzungen zu diskutieren. Hier ist zunächst klar, dass ihr Gültigkeitsbereich der gleiche sein wird wie derjenige der van der Waalsschen Theorie. Diese gilt aber quantitativ nur für mässig komprimierte Gase, für Flüssigkeiten nur qualitativ. Demnach würde also für unsere Formel, auf flüssige Lösungen angewandt, auch nur qualitative Bestätigung zu erwarten sein. Jedoch liegt die Sache bei näherer

29*

Otto Stern

Betrachtung etwas günstiger. Was nämlich die anziehenden Kräfte anlangt, so ist für den van der Waalsschen Ansatz Voraussetzung, dass
die Zahl der in der Attraktionssphäre eines Moleküls gelegenen Nachbarmoleküle gross ist. Diese Voraussetzung ist, wie man sieht, im flüssigen
Zustande viel besser erfüllt, als in gasförmigen, so dass das Attraktionsglied auch für flüssige Lösungen quantitative Geltung beanspruchen kann.
Für die abstossenden Kräfte dagegen hat van der Waals gezeigt, dass
seine Formulierung, welche die Unabhängigkeit des b von v ausspricht,
nur für Volumina, die grösser sind als $2b$, gelten kann; andernfalls
wird b mit abnehmenden v kleiner. Was also das Glied b_1 anlangt,
wird die Formel für Konzentrationen bis zu $\dfrac{1}{2\,b_1}$ hinauf anzuwenden
sein. Am ungünstigsten steht es mit dem Ausdrucke $b_{12}\,(x_0 - x)$. Denn
für flüssige Lösungen wird die Konzentration des Lösungsmittels in der
Lösung und erst recht in reinem Zustande stets grösser sein, als es für
die Berechnung von b_{12} zulässig ist. Es wird daher b_{12} kleiner sein als
der aus der Theorie sich ergebende Wert (nach Lorentz ist $\sqrt[3]{b_{12}} = \tfrac{1}{2}$
$\{\sqrt[3]{b_1} + \sqrt[3]{b_2}\}$). Dagegen wird es erlaubt sein, b_{12} in dem betrachteten
Konzentrationsintervall annähernd konstant zu setzen, zumal da für
den gelösten Stoff, von dem b_{12} ja ebenfalls abhängt, die Konzentration
innerhalb der von der Theorie geforderten Grenzen bleiben soll. Ausserdem ist natürlich, wie stets bei der van der Waalsschen Theorie, Association oder Bildung von Verbindungen ausgeschlossen. Jedoch dürfte
auch für den Fall, dass nur das Lösungsmittel associiert ist, die Formel
qualitative Gültigkeit behalten, da auch dann in erster Annäherung die
Wirkung des Lösungsmittels auf den gelösten Stoff proportional der
Differenz seiner Konzentrationen in- und ausserhalb der Lösung ist.

Was die quantitative Prüfung der Gleichung an der Erfahrung
anlangt, so steht es hiermit recht ungünstig. Die Formel enthält nämlich
vier Konstanten, von denen zwar zwei, a_1 und b_1, aus den kritischen
Daten des gelösten Stoffs berechenbar sind, die beiden andern aber unbekannt sind. Man könnte nun diese unbekannten Konstanten a_{12} und
b_{12} den Messungen entnehmen, doch darf es nicht als Bestätigung der
Formel angesehen werden, wenn es gelingt, sie mit zwei verfügbaren
Konstanten den Messungen anzupassen. Eine quantitative Bestätigung
der Formel ist also erst zu erwarten, wenn man a_{12} und b_{12} anderweitig
berechnen kann. Dagegen kann man bereits jetzt eine Reihe qualitativer
Schlüsse aus der Gleichung ziehen. Wir können z. B. den Fall betrachten, dass die gelösten Moleküle sehr gross sind. Dann wird b_1 sehr

Zur kinetischen Theorie des osmotischen Drucks usw. 453

gross sein, und der Einfluss der andern Glieder wird dagegen verschwinden, so dass die Formel von Sackur (l. c.) $\pi = \dfrac{RT}{v-b}$ resultiert.

Hiermit steht im Einklang, dass diese Formel am besten für Lösungen von Rohrzucker stimmt, also für besonders grosse Moleküle. Auch für die bei den starken Elektrolyten gefundenen Anomalien ergibt sich hier eine einfache Deutung. Jones[1]) und seine Mitarbeiter haben gezeigt, dass ganz allgemein die Kurve, welche die molekulare Gefrierpunktserniedrigung einer Lösung eines starken Elektrolyten in ihrer Abhängigkeit von der Konzentration darstellt, ein Minimum durchläuft. Da nun die Ionen, wie auch Jones annimmt, zweifellos stark hydratisiert sind, wird ihr b sehr gross sein, und man kann annähernd die Sackursche Formel anwenden. Man muss dann, wenn man von einer sehr verdünnten zu immer konzentriertern Lösungen eines starken Elektrolyten übergeht, folgendes finden: Die molekulare Gefrierpunktserniedrigung, die ja proportional dem osmotischen Druck ist, wird wegen des Rückgangs der Dissociation zunächst abnehmen, bis man zu Konzentrationen gelangt, bei denen sich der Einfluss von b bemerkbar zu machen anfängt. b bewirkt, dass der osmotische Druck schneller als die Konzentration zunimmt, verursacht mithin ein Steigen der molekularen Gefrierpunktserniedrigung. Dieser Einfluss wird dem entgegengesetzt gerichteten der Dissociationsverminderung entgegenwirken, ihn bei einer bestimmten Konzentration kompensieren (Minimum) und ihn bei noch höhern Konzentrationen überwiegen. Es resultiert also tatsächlich der empirisch gefundene Gang der Kurve, doch kann natürlich erst eine quantitative Untersuchung entscheiden, ob sich auf diesem Wege für jede Ionenart ein bestimmtes b ergibt. Den Hauptwert möchte ich jedoch auf folgende Folgerung aus meiner Formel legen. Ich will einmal den osmotischen Druck eines Stoffs mit seinem Gasdruck bei gleicher Konzentration vergleichen. Dann ist:

$$p = \frac{RT}{v-b_1} - \frac{a_1}{v^2}$$

$$\pi = \frac{RT}{v - b_1 + b_{12}(x_0 - x)} - \frac{a_1 - a_{12}(x_0 - x)}{v^2}$$

Wie man sieht, steht jedem der beiden die Abweichungen von den idealen Gasgesetzen verursachenden Glieder a_1 und b_1 beim osmotischen Druck ein Glied von entgegengesetztem Vorzeichen gegenüber. Die idealen Gasgesetze werden also für den osmotischen Druck besser, d. h.

---

[1]) Zeitschr. f. physik. Chemie 74, 325 (1910).

454   Otto Stern

bis zu den höhern Konzentrationen und Drucken hinauf, gelten als für
den Gasdruck. Es wird dies noch deutlicher, wenn man bedenkt, dass
$\dfrac{x_0 - x}{v}$, die Differenz der Konzentrationen des Lösungsmittels in reinem

Zustande und in der Lösung, annähernd gleich $\dfrac{1}{v}$, der Konzentration

des gelösten Stoffs, gesetzt werden kann, $x_0 - x$ also annähernd gleich 1
ist. Dann lautet die Formel:

$$\pi = \frac{RT}{v - (b_1 - b_{12})} - \frac{a_1 - a_{21}}{v^2}.$$

Bedenkt man nun noch, dass a_{12} und b_{12} bei leicht mischbaren Stoffen
mit nicht allzu verschiedenen kritischen Daten von derselben Grössen-
ordnung sind wie a_1 und b_1, so sieht man, dass sich in vielen Fällen
a_1 und a_{12}, sowie b_1 und b_{12} gegenseitig fast vollständig aufheben werden,
so dass für den osmotischen Druck bis zu sehr hohen Konzentrationen
die idealen Gasgesetze gelten werden. Jedenfalls aber wird derselbe Stoff den idealen Gasgesetzen in gelöstem Zustande
viel besser folgen als in gasförmigem. Dieses Gesetz ist im folgenden einer experimentellen Prüfung unterzogen worden, deren Ergebnisse im letzten Teile der Arbeit dargestellt sind.

II. Experimenteller Teil.

Einleitung.

In dem experimentellen Teil der vorliegenden Untersuchung habe
ich auf Anregung von Herrn Prof. Sackur das Problem der konzentrierten Lösungen derart in Angriff genommen, dass ich die Gültigkeit
des Henryschen Absorptionsgesetzes für dieselben untersuchte. Für die
Wahl gerade dieses Themas waren hauptsächlich zwei Gründe massgebend. Erstens ist dieses Gebiet bis jetzt noch wenig erforscht worden.
Es kommen hier nur die Arbeiten von Wroblewski[1]) über die Löslichkeit von CO_2 und von Cassuto[2]) über die von N_2, H_2, O_2, CO
in Wasser bei hohen Drucken in Betracht. Erst kürzlich — im Januar
1912 — ist von Sander[3]) eine ausführlichere Untersuchung über die
Löslichkeit von Kohlendioxyd in verschiedenen organischen Lösungsmitteln bei hohen Drucken veröffentlicht worden. Es schien also wünschenswert, die dieses Gebiet betreffenden Untersuchungen weiter aus-

---

[1]) Wied. Ann. 18, 290 (1883).
[2]) Nuovo Cimento 6, (1903).
[3]) Zeitschr. f. physik. Chemie 78, 5 (1912).

Zur kinetischen Theorie des osmotischen Drucks usw.　　　455

zudehnen. Der zweite Grund war folgender. Man kann, falls man den Absorptionskoeffizienten eines Gases in seiner Abhängigkeit vom Drucke kennt, den osmotischen Druck des gelösten Gases mit Hilfe einer thermodynamischen Formel berechnen (s. Teil III). Wählt man nun ein Gas — im vorliegenden Falle war es Kohlendioxyd —, dessen Verhalten im Gaszustande bei hohen Drucken bekannt ist, so kann man direkt den osmotischen Druck des gelösten Gases mit dem Drucke, den es im Gaszustande bei derselben Konzentration ausübt, vergleichen. Sollte also zwischen den Abweichungen des osmotischen Drucks und des Gasdrucks von den idealen Gasgesetzen bei einem und demselben Stoffe ein einfacher Zusammenhang bestehen, so kann man hoffen, ihn auf diese Weise zu erkennen. Man hat zwei Wege, um zu konzentrierten Lösungen eines Gases zu gelangen. Man kann einmal bei hohen Drucken und mittlern Temperaturen arbeiten, und dies ist die von Sander benutzte Methode, der Temperaturen von 20 bis 100° und Drucke von 20 bis 170 kg/qcm anwandte. Man kann zweitens aber — und dies ist der von mir eingeschlagene Weg — bei niedrigen Drucken und tiefen Temperaturen arbeiten. Dann hat man den Vorteil, dass für die Gasphase die idealen Gasgesetze gelten, die flüssige Phase ist aber trotzdem eine konzentrierte Lösung, weil die Löslichkeit der Gase mit sinkender Temperatur rapide zunimmt. Im folgenden wurde daher die Löslichkeit von Kohlendioxyd in Äthylalkohol, Methylalkohol, Aceton, Äthylacetat und Methylacetat bei — 78 und — 59° und bei Drucken von 50 mm bis zu einer Atmosphäre hinauf untersucht.

1. Die Versuchsanordnung.

Es wurde zunächst versucht, eine Methode auszuarbeiten, bei der die Konzentration des gelösten Kohlendioxyds analytisch bestimmt wurde. Nachdem auf titrimetrischem Wege keine befriedigenden Resultate erzielt werden konnten, gelang es nach längern Versuchen, eine Methode auszuarbeiten, welche die genaue gewichtsanalytische Bestimmung des gelösten Kohlendioxyds ermöglichte. Jedoch erwies sich diese Methode als recht unhandlich und umständlich. Es wurde schliesslich zur Messung der Löslichkeit im Prinzip die von Bunsen angegebene, von Ostwald verbesserte Methode benutzt, die für den vorliegenden Zweck vielfach abgeändert wurde. Es wurde die durch einen Hahn verschlossene luftleer gemachte Pipette, welche die zu untersuchende Flüssigkeit enthielt, mit einer das Gas enthaltenden Bürette verbunden, Druck und Volumen des Gases abgelesen, dann der Hahn der Pipette geöffnet und, nachdem die Flüssigkeit sich mit dem Gase gesättigt hatte, bei dem

Otto Stern

gleichen Druck wie am Anfang das Volumen wieder abgelesen. Die
Differenz der beiden Volumina gibt dann das von der bekannten Menge
Flüssigkeit bei dem betreffenden Drucke adsorbierte Volumen des Gases.
Im einzelnen war die in Fig. 2 dargestellte Versuchsanordnung folgende.
A ist die in 0·1 ccm geteilte 50 ccm fassende geeichte Bürette, an
welche unten zwei Gefässe B_1 und B_2 von 51·5 und 50·5 ccm Inhalt
angeschmolzen sind. Die ganze Bürette befand sich in einem mit
Wasser gefüllten weiten Glasrohr C. Das Wasser wurde von Zeit zu
Zeit durch Hindurchblasen von Luft gerührt und seine Temperatur mit
einem in 0·1° geteilten Thermometer abgelesen. Das Ganze war auf

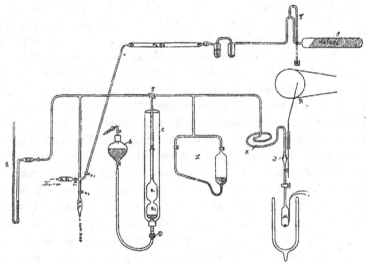

Fig. 2.

einem soliden Holzstativ befestigt. Die Bürette war in ihrem untern
verjüngten Ende unter Zwischenschaltung einer Luftfalle D durch einen
Druckschlauch mit dem mit einem Hahn versehenen Quecksilbergefäss E
verbunden. Dieses war oben durch einen Gummistopfen verschlossen,
durch den ein Chlorcalciumrohr mit Hahn ging, so dass das Gefäss E
mit der Wasserstrahlpumpe evakuiert werden konnte. Auf diese Weise
war es möglich, die Höhe des Quecksilbers in der Bürette durch Heben
und Senken, sowie Evakuieren und mit Luft füllen von E zu regulieren.
Oben war an die Bürette ein Dreiweghahn F angeschmolzen. Auf der
linken Seite führte er zu dem Manometer G, dem ein kleines Phosphorpentoxydrohr vorgeschaltet war. Das Manometer war auf einem Holzstativ montiert und wurde mit Hilfe von zwei polierten Eisenskalen,
die· in mm geteilt und durch Vergleich mit einer Kathetometerskala als

Zur kinetischen Theorie des osmotischen Drucks usw. 457

auf 0·1 mm richtig befunden waren, abgelesen. Indem man die Kuppe des Quecksilbers bei seitlicher Beleuchtung durch eine kleine Glühlampe mit ihrem Spiegelbilde auf der Skala zur Deckung brachte, konnte auf 0·1 mm genau abgelesen werden. Die Temperaturausdehnung der Skala und des Quecksilbers wurden nicht berücksichtigt, da es sich nur darum handelt, zum Schluss der Messung denselben Druck wie am Anfang zu haben. Zwischen Manometer und Bürette führt ein Rohr zu den drei Hähnen H_1, H_2, H_3. H_1 führt nach einem P_2O_5-Rohr und einem $CaCl_2$-Rohr mit einem Hahn, der mit der Wasserstrahlpumpe oder einer Sprengelschen Quecksilberluftpumpe verbunden werden konnte. H_2 führt zu der gewöhnlichen, H_3 zu der ganz reinen Kohlensäure. Hierüber wird weiter unten berichtet werden. Auf der rechten Seite führt der Dreiweghahn F zu der die Flüssigkeit enthaltenden Pipette M. Er ist mit der durch einen Schliff J und eine in einer Ebene gebogene Glasspirale K verbunden. Die Glasspirale gestattet ein starkes Schütteln der Pipette und stellt eine bewegliche Verbindung unter Vermeidung eines Kautschukschlauches her. Diese waren überhaupt, bis auf die Verbindung der Bürette mit dem Quecksilbergefäss, bei dem eigentlichen Apparat überall vermieden und alle Verbindungen durch Zusammenblasen der Glasröhren hergestellt. Zwischen der Spirale K und dem Dreiweghahn F war ein kleiner Apparat L zur Druckmessung eingeschaltet. Er bestand aus einem Quecksilbermanometer, dessen linker Schenkel sehr eng war und schräg lag. Der rechte Schenkel war weit, und über ihm war ein Gasvolumen, das von einem Wassermantel umgeben war, durch einen Hahn während der Messung abgeschlossen. Es behielt also ständig den ihm anfangs eigenen Druck, und man konnte am linken Schenkel genau ablesen, ob am Schluss der Messung wieder der Anfangsdruck hergestellt war.

2. Die Pipette und ihre Füllung.

Die die Flüssigkeit enthaltende Pipette M fasste 19·2 ccm und war durch einen Hahn Z mit schräger Bohrung verschlossen. Sie wurde durch Auskochen mit luftfreier Flüssigkeit gefüllt. Der hierbei benutzte Apparat ist in Fig. 3 dargestellt. In die Pipette M war unten ein elektrischer Siedeerleichterer N eingeschmolzen. Er bestand aus zwei kurzen Platindrähten, die mit Schmelzglas in die Pipette eingeschmolzen waren. Im Innern derselben waren sie durch einen 0·04 mm dicken, ca. 1 cm langen Platindraht verbunden, durch den ein Strom von etwa $1/2$ Amp. geschickt wurde. Die Stromzufuhr geschah durch zwei Quecksilberkontakte O, die in dem zugleich als Wasserbad dienenden Becher-

458   Otto Stern

glas *P* angebracht waren. Es wurden 4 Volt angelegt, und in den
Stromkreis wurde ein Regulierwiderstand und ein Amperemeter eingeschaltet. Der oben an der Pipette *M* angebrachte Schliff, der während
der Messung in *J* (Fig. 2) sass, war ein Doppelschliff und passte auch
in den Schliff *R* (Fig. 3). Durch diesen Schliff wurde die Pipette mit
einer Vorlage, einem Windkessel und schliesslich der Wasserstrahlpumpe
verbunden. Das Auskochen geschah bei Zimmertemperatur, bei den
leichter siedenden Flüssigkeiten war die Temperatur des Wasserbads
noch etwas tiefer. Die Pipette wurde mit etwa 10 bis 15 ccm Flüssigkeit gefüllt und diese in ca. $^1/_2$ Stunde
auf 1 bis 2 ccm abdestilliert, worauf der Hahn *Z* geschlossen wurde.
Mit Hilfe des elektrischen Siedeerleichterers fand ein stürmisches,
aber gleichmässiges Sieden statt, so
dass die Luft vollständig aus der
Pipette verdrängt wurde. Ich habe
dies mehrfach kontrolliert, indem
ich Quecksilber in die Pipette aufsteigen liess. Es ist anzunehmen,
dass auch die Flüssigkeit vollständig
luftfrei gemacht wurde. Jedenfalls
wird die Spur Luft, die beim Auskochen bei Zimmertemperatur nicht
entweichen sollte, dies bei tiefer
Temperatur erst recht nicht tun,
so dass sie unschädlich ist. Nach
dem Sieden und Schliessen des
Hahns *Z* wurde die Pipette sorgfältig getrocknet und gewogen. Da
ihr Leergewicht (in evakuiertem Zu-

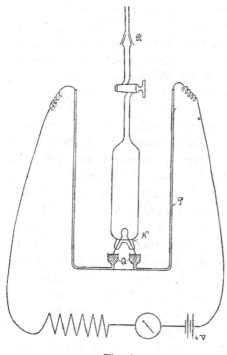

Fig. 3.

stande) bekannt war, erhielt man so das Gewicht der Flüssigkeit. Die
Pipette wurde sodann in dem Schliff *J* (Fig. 2) befestigt und mit Draht
an den Schüttelapparat *R* angebunden. Der Schüttelapparat bestand aus
einem Rade, an dem exzentrisch ein dünner Eisenstab beweglich befestigt war, der seinerseits wieder durch ein Gelenk mit einem in einer
Führung gehenden Eisenstab verbunden war. An letzterem war die
Pipette befestigt und wurde sehr energisch geschüttelt, indem das Rad
mit Schnurübertragung durch einen Elektromotor gedreht wurde.

3. Die Substanzen.

Die untersuchten Flüssigkeiten, Äthylalkohol, Methylalkohol, Aceton, Äthylacetat und Methylacetat, waren reinste Kahlbaumsche Präparate (Aceton aus der Bisulfitverbindung) und wurden ohne weitere Reinigung benutzt. Etwaige geringe Verunreinigungen schaden auch nichts, da die Absolutwerte wegen der Unmöglichkeit, die absolute Temperatur genau zu messen (siehe Abs. 8), doch nur annähernd bestimmt werden konnten. Dagegen sind, worauf es für den vorliegenden Zweck ankommt, die bei verschiedenen Drucken gemachten Messungen streng vergleichbar, da sie an einer und derselben Probe der Flüssigkeit gemacht wurden. Besondere Mühe musste auf die Herstellung absolut reinen Kohlendioxyds verwandt werden. Da nämlich die absorbierten Gasmengen sehr gross sind, sammeln sich die in ihnen enthaltenen schwer löslichen Verunreinigungen, hauptsächlich Luft, in der Pipette über der Flüssigkeit an und erniedrigen den Partialdruck des Kohlendioxyds. Eine Verunreinigung von $0.1\,\%$ ruft so einen Fehler von 1 bis $3\,\%$ hervor. Es erwies sich nun als unmöglich, mit einem Kippschen Apparate selbst unter den grössten Vorsichtsmassregeln genügend reines Kohlendioxyd herzustellen. Die wechselnden Mengen der Verunreinigungen betrugen 0.1 bis $0.3\,\%$. Das Kohlendioxyd wurde daher durch Erhitzen von Natriumbicarbonat mit Hilfe des ebenfalls in Fig. 2 dargestellten Apparats gewonnen. An das ca. 200 ccm fassende, mit Natriumbicarbonat gefüllte Rohr S aus Jenaer Glas, welches mit Kupferdrahtnetz und Asbest umwickelt war und durch mehrere Breitbrenner erhitzt werden konnte, war mit Schmelzglas ein Trockenapparat aus gewöhnlichem Glas, bestehend aus zwei gegeneinander geschalteten, in einem Stück geblasenen Waschflaschen mit konzentrierter Schwefelsäure und einem 30 cm langen Phosphorpentoxydrohr angeschmolzen. T ist ein als Sicherheitsventil dienendes Rohr von barometrischer Länge, das in ein Quecksilbergefäss taucht. Das Phosphorpentoxydrohr war seinerseits wieder an den Hahn H_3 angeschmolzen. Da auch alle andern Verbindungen, wie erwähnt, durch Zusammenschmelzen hergestellt waren, bildete der ganze Apparat den Gasentwicklungsapparat inbegriffen, eine einzige Glasmasse und war vollständig dicht. Er wurde mehrfach tagelang evakuiert stehen gelassen, ohne dass das Vakuum sich um mehr als 0.1 mm geändert hätte. Es musste hierauf so grosser Wert gelegt werden, weil bei den geringen Drucken (50 mm) geringe Spuren von Luft, wie gesagt, schon grobe Fehler verursachen. Das benutzte Kohlendioxyd enthielt unter diesen Umständen keine merkbaren Verunreinigungen (weniger als $0.01\,\%$).

460   Otto Stern

4. Das Kältebad.

Das Kältebad bestand aus einem innen 5 cm weiten, 20 cm langen versilberten Dewargefäss. Die Temperatur von — 78° wurde durch ein Gemisch von Äther und festem Kohlendioxyd erzeugt. Da aber die Löslichkeit bei diesen tiefen Temperaturen einen sehr hohen Temperaturkoeffizienten hat, etwa 1°/₀ für 0·1°, so mussten besondere Mittel zur Konstanthaltung der Temperatur angewandt werden. Es erwies sich schliesslich als am zweckmässigsten, durch das Äther-Kohlendioxydgemisch einen Strom gasförmiger trockener Kohlensäure zu leiten. Dadurch wird einmal für kräftige Rührung gesorgt, zweitens die Herstellung der an Kohlendioxyd gesättigten Ätherlösung beschleunigt und drittens Siedeverzug verhindert. Ausserdem wurde die Konstanz der Temperatur durch sechs hintereinandergeschaltete Thermoelemente aus Kupfer-Konstantan kontrolliert. Die eine Hälfte der Lötstellen befand sich in einem Glasröhrchen, welches an die Pipette M angebunden war (siehe Fig. 2), der andere Teil befand sich in schmelzendem Eis, und die E.M.K. wurde mit Hilfe eines Keiser und Schmidtschen Millivoltmeters gemessen. Auf diese Weise konnte man die Temperatur auf 0·1° genau messen und durch Einwerfen von festem Kohlendioxyd konstant halten. Die Temperatur von — 59° wurde ebenfalls durch Einwerfen von festem Kohlendioxyd in Äther erzeugt und nach den Angaben des Thermoelements konstant gehalten. Der Absolutwert der Temperatur wurde mit Hilfe eines Pentanthermometers bestimmt, das in dem gesättigten Äther-Kohlendioxydgemisch — 78° zeigte.

5. Hilfsmessungen und -rechnungen.

a) Dichte des gasförmigen Kohlendioxyds.

Um die in dem Gasvolumen der Absorptionspipette enthaltene Anzahl ccm Kohlendioxyd zu berechnen, musste ich wissen, wie weit bei den benutzten Drucken und Temperaturen noch die Gasgesetze gelten, speziell das Gesetz, dass die Volumina sich wie die absoluten Temperaturen verhalten. Nach van der Waals ist anzunehmen, dass die Abweichungen kleiner als 1°/₀ sein werden. Es wurde jedoch der Sicherheit halber die Frage experimentell entschieden. Es wurde dazu ein mit einem Hahn versehenes Gefäss von 60·8 ccm Inhalt an die Spirale angeschmolzen. Das Gefäss wurde in das Bad von — 78° gebracht, der ganze Apparat mit der Sprengelpumpe evakuiert, sodann der Hahn am Gefäss geschlossen und der Apparat mit Kohlendioxyd gefüllt. Nachdem Druck und Temperatur des Gases abgelesen waren, wurde der Hahn

Zur kinetischen Theorie des osmotischen Drucks usw.   461

geöffnet, so dass das Kohlendioxyd in das evakuierte Gefäss strömte.
Es wurde dann durch Heben des Quecksilbergefässes der Anfangsdruck
wieder hergestellt. Auf diese Weise wurde direkt gemessen, welches
Volumen v in ccm bei der absoluten Bürettentemperatur T den 60·8 ccm
bei 195⁰ abs. entsprach. Die Resultate sind:

p in mm	$\dfrac{T}{195}$	v
		60·6
100	1·49	1·49
200	1·50	1·51
700	1·50	1·51₅

Die Übereinstimmung ist also wie erwartet, und ich konnte für
den vorliegenden Zweck die Gasgesetze als gültig annehmen.

b) Dichte der Flüssigkeiten.

Die spezifischen Gewichte der Flüssigkeiten wurden mit Hilfe eines
Sprengel-Ostwaldschen Pyknometers bestimmt. Dasselbe hat oberhalb
der Marke eine kleine Kugel, um die bei der Erwärmung von — 78⁰
auf Zimmertemperatur sich ausdehnende Flüssigkeit aufzunehmen. Es
wurden für jede Flüssigkeit die spezifischen Gewichte bei — 78⁰ und
bei Zimmertemperatur bestimmt. Die Werte bei — 59⁰ sind extrapoliert;
der Fehler beträgt höchstens 0·1 %. Die Resultate sind bei den einzelnen
Flüssigkeiten angegeben.

c) Dampfdruck der Flüssigkeiten.

Die Dampfdrucke von Äthylalkohol, Methylalkohol, Äthylacetat und
Methylacetat sind bis — 20⁰ hinunter bekannt, konnten also ohne weiteres auf — 59 und — 78⁰ extrapoliert werden. Der Dampfdruck des
Acetons wurde mit Hilfe des Theorems der übereinstimmenden Zustände
aus dem des Methylacetats berechnet. Da im ungünstigsten Falle, beim
Aceton bei — 59⁰ und 100 mm Druck, die Berücksichtigung des Dampfdrucks das Resultat nur um 1·3 % ändert, ist eine etwaige Unsicherheit
dieser Werte ohne Belang. Die Dampfdrucke sind ebenfalls bei den
einzelnen Flüssigkeiten aufgeführt.

d) Dichte des gelösten Kohlendioxyds.

Um das Volumen der flüssigen Phase zu erhalten, muss man die
Volumzunahme kennen, welche die Flüssigkeit durch die Auflösung des
Kohlendioxyds erfährt. Folgender kleine, in Fig. 4 dargestellte Apparat
diente zur Bestimmung dieser Volumzunahme. Er bestand aus einem
9·7 ccm fassenden Gefäss, an das ein in 0·1 ccm geteiltes Messrohr an-

462   Otto Stern

geschmolzen war. Ausserdem führte in das Gefäss ein enges mit einem
Hahn versehenes Gaseinleitungsrohr, welches derart eingeschmolzen war,
dass sein innerer verjüngter Teil bis fast auf den Boden des Gefässes
reichte, und das Ganze einer kleinen Waschflasche ähnelte. Es wurde
nun das Gefäss gewogen, mit 6 bis 8 g Flüssigkeit beschickt und wieder

gewogen, sodann in das Kältebad gebracht, und durch das Gaseinleitungsrohr sorgfältig getrocknetes Kohlendioxyd aus dem
Kippschen Apparat eingeleitet, bis das Volumen der Flüssigkeit konstant geworden war. Das Kohlendioxyd wurde vor
dem Einleiten in einem kleinen (ca. 2 ccm) Waschfläschchen,
das sich ebenfalls im Kältebade befand und mit der untersuchten Flüssigkeit beschickt war, mit dem Dampf derselben
gesättigt. Das Messrohr war oben mit einem Calciumrohr
versehen. Man erhielt so das Volumen der bei Atmosphärendruck und — 78° gesättigten Flüssigkeit. Das Volumen der
kohlensäurefreien Flüssigkeit ergab sich aus ihrem bekannten
Gewicht und ihrer Dichte. Die Differenz dieser beiden Volumina

Fig. 4.   ergab die durch die Absorption verursachte Volumzunahme
v_{CO_2}. Da das Gewicht der angewandten Flüssigkeit und der
Absorptionskoeffizient bekannt waren, konnte das Gewicht g_{CO_2} des absorbierten Kohlendioxyds in g berechnet werden. Diese Gewichtsmenge
dividiert durch die Volumzunahme, also $\dfrac{g_{CO_2}}{v_{CO_2}}$, wird von mir als Dichte
d_{CO_2} des gelösten Kohlendioxyds bezeichnet. Es ergab sich für Äthylalkohol und Äthylacetat d_{CO_2} gleich, nämlich zu 1·42. Für Aceton dagegen ergab sich d_{CO_2} zu 1·62. Diese starke Kontraktion lässt vielleicht
auf die Bildung einer Verbindung schliessen. Die Dichte des festen
Kohlendioxyds bei — 78° beträgt nach Behn[1]) 1·53 bis 1·56. Für
Methylalkohol und Methylacetat wurde ebenfalls d_{CO_2} zu 1·42 angenommen. Die Dichte der gelösten Kohlensäure beträgt nach Angström[2])
bei 0° für die meisten Flüssigkeiten 1·11. Mit Hilfe dieses Werts
wurden die Dichten für — 59° interpoliert. Sie ergaben sich zu 1·35₅,
bzw. 1·52.

6. Der Gang eines Versuchs.

Die Durchführung eines Versuchs gestaltete sich nun folgendermassen. Nachdem die mit ausgekochter Flüssigkeit beschickte und gewogene Pipette M in J eingesetzt und an dem Schüttelapparat befestigt

---

[1]) Ann. d. Phys. [4] **3**, 377 (1900).
[2]) Ann. d. Phys. [3] **33**, 223 (1887).

Zur kinetischen Theorie des osmotischen Drucks usw. 463

worden war, wurde das Glasröhrchen mit den Thermoelementen an M angebunden und das Dewargefäss an seinen Platz gebracht. Darauf wurde der ganze Apparat mehrfach mit sorgfältig getrocknetem Kohlendioxyd aus dem Kippschen Apparat ausgespült und schliesslich mit der Quecksilberluftpumpe bis auf weniger als 0·1 mm evakuiert. Unterdessen wurde auch das Bad auf die gewünschte Temperatur eingestellt. Sodann wurde die Sprengelpumpe abgenommen und der Apparat, natürlich immer noch bei geschlossenem Pipettenhahn Z, mit reinem Kohlendioxyd aus dem Bicarbonatrohr gefüllt. Der erste Versuch wurde gewöhnlich bei einem Drucke von 50 mm ausgeführt. Je nach der zu erwartenden Löslichkeit wurde entweder nur die Bürette oder die Bürette und das Gefäss B_1, bzw. B_1 und B_2 mit Gas gefüllt. Meistens musste die Bürette sogar zweimal gefüllt werden. Nachdem Temperatur und Druck genau abgelesen waren, wurde der Pipettenhahn geöffnet, die Flüssigkeit absorbierte Gas, und der Druck sank. Darauf wurde Z wieder geschlossen und die Pipette geschüttelt, während man durch Einströmenlassen des Quecksilbers aus dem Reservoir E in die Bürette den Druck wieder auf den Anfangswert brachte. Dann wurde Z wieder geöffnet usw., und die ganze Operation so lange wiederholt, bis auch nach mehrmaligem heftigen Schütteln sich der Druck beim Öffnen des Hahns Z nicht mehr änderte. Dann wurde kontrolliert, ob tatsächlich wieder der Anfangsdruck hergestellt war, und das durch das Quecksilber verdrängte Gasvolumen abgelesen. Von diesem Volumen muss man das in dem Gasraum der Pipette enthaltene Kohlendioxyd abziehen, um das von der angewandten Menge Flüssigkeit absorbierte Kohlendioxyd zu erhalten. Es wurde dann der Apparat mit Kohlendioxyd von höherm Druck (100 mm) gefüllt und ebenso verfahren. Die Summe des hierbei absorbierten Gasvolumens plus dem bei dem ersten Versuch absorbierten auf den höhern Druck umgerechneten Gasvolumen ergibt dann das bei 100 mm absorbierte Volumen Kohlendioxyd, das nach dem Henryschen Gesetz gleich dem beim ersten Versuch absorbierten sein sollte. Es wurden für gewöhnlich bei — 78° fünf solcher Versuche hintereinander bei 50, 100, 200, 400 und 700, bzw. 650 mm gemacht. Bei — 59° wurden vier Versuche bei 100, 200, 400 und 700 mm gemacht. Es wurden für jede Flüssigkeit für jede der beiden Temperaturen mindestens zwei Versuchsreihen angestellt. Natürlich wurde während der ganzen Messungsreihe, die etwa drei bis vier Stunden dauerte, die Temperatur durch das Millivoltmeter kontrolliert und eventuell durch Einwerfen von festem Kohlendioxyd oder Hinzufügen von Äther reguliert.

464   Otto Stern

7. Die Berechnung der Versuche.

Es handelt sich nun darum, aus den Versuchen den Absorptionskoeffizienten zu berechnen. Man unterscheidet den Bunsenschen Absorptionskoeffizienten k_B, der angibt, wieviel ccm des Gases, reduziert auf 0^0, von 1 ccm der untersuchten Flüssigkeit bei dem betreffenden Drucke aufgenommen werden, und den von Ostwald definierten Löslichkeitskoeffizienten, der das Verhältnis der Konzentrationen des Gases in der flüssigen und in der gasförmigen Phase angibt. Ich habe, um möglichst ohne Volumkorrektionen auszukommen, zunächst immer die von 1 g Flüssigkeit bei dem betreffenden Druck aufgenommene Anzahl ccm des Gases, auf 0^0 reduziert, berechnet. Diese Zahl, die ich fortan den Absorptionskoeffizienten k' nennen will, unterscheidet sich von dem Bunsenschen k_B nur durch einen konstanten Faktor, der das spezifische Gewicht d der Flüssigkeit ist. Es ist nämlich nach Definition $k_B = k' . d$. k' hat den Vorteil, dass ich zu seiner Berechnung d nicht zu kennen brauche. Ausserdem verstehe ich unter dem bei dem Versuche herrschenden Druck immer den Totaldruck, also Druck des Kohlendioxyds plus Dampfdruck des Lösungsmittels. Letzterer ist übrigens bei meinen Versuchen meistens zu vernachlässigen, so dass die Unterscheidung zwischen Totaldruck und Partialdruck des Kohlendioxyds im Resultat nur wenig ausmacht. Die Berechnung von k' gestaltet sich demnach wie folgt. Es sei die Menge angewandter Flüssigkeit a g. Bei dem niedrigsten Drucke von p_1 mm seien v_1 ccm Kohlendioxyd von der Temperatur t_1^0 verbraucht worden. Dieses Volumen CO_2 befindet sich zum Teil gelöst, zum Teil als Gas in der Pipette. Letztern Anteil kann ich berechnen. Das Volumen der Pipette beträgt 19·2 ccm. Davon geht das Volumen ab, welches die Flüssigkeit einnimmt. Letzteres ist $\dfrac{a}{d}$. Der von Gas erfüllte Teil der Pipette fasst also $\left(19\cdot2 - \dfrac{a}{d}\right)$ ccm. Ist $-t_0^0$ die Versuchstemperatur des Bads, so ist $v_g = \left(19\cdot2 - \dfrac{a}{d}\right)\dfrac{1 + \alpha t_1}{1 - \alpha t_0}$ die in dem Gasraum der Pipette enthaltene Anzahl Kohlendioxyd, bezogen auf t_1^0. Also ist $v_1 - v_g$ die in der Flüssigkeit gelöste Anzahl ccm und $\dfrac{v_1 - v_g}{(1 + \alpha t_1)\, a} = k'$, nämlich gleich der von 1 g Flüssigkeit absorbierten Anzahl ccm Kohlendioxyd, auf 0^0 reduziert. Beim zweiten Versuch mögen beim Drucke p_2 v_2' ccm von der Temperatur t_2^0 verbraucht worden sein. Dann erhält man die im ganzen absorbierte Anzahl ccm Kohlendioxyd gleich v_2, indem man zu v_2' die beim ersten Versuch

Zur kinetischen Theorie des osmotischen Drucks usw.   465

absorbierten v_1 ccm, reduziert auf p_2 und t_2, hinzuaddiert. Es ist also
$v_2 = v_2' + v_1 \dfrac{p_1}{p_2} \dfrac{1 + \alpha t_2}{1 + \alpha t_1}$. Dann kann man ebenso wie beim ersten
Versuch weiter rechnen, und auf dieselbe Weise werden die folgenden
Versuche berechnet.

Um den Ostwaldschen Löslichkeitskoeffizienten k zu berechnen,
muss man die Dichte d des Lösungsmittels kennen, sowie die Volumzunahme, die es durch die Auflösung des Kohlendioxyds erfährt. Da
diese Volumzunahme nur bei Atmosphärendruck bestimmt wurde (siehe
Abschnitt 5 d), so wurde angenommen, dass die Dichte d_{CO_2} des gelösten
Kohlendioxyds unabhängig von der aufgenommenen Menge ist, so dass
also die Volumzunahme dieser Menge direkt proportional ist. Es berechnet sich dann k aus k' mit Hilfe von d und d_{CO_2} folgendermassen.
Beim Drucke p absorbiert 1 g Flüssigkeit k' ccm Kohlendioxyd von
0^0. Das Gewicht von 1 ccm Kohlendioxyd bei 760 mm und 0^0 ist
$0.001\,97_{66} = c$ g. Das Gewicht von k' ccm bei 0^0 und dem Drucke p mm
beträgt $\dfrac{k'cp}{760}$ g und ihr Volumen in der Lösung $\dfrac{k'cp}{760\,d_{CO_2}}$ ccm. Das Volumen von 1 g Flüssigkeit ist $\dfrac{1}{d}$, also ist $\left(\dfrac{1}{d} + \dfrac{k'cp}{760\,d_{CO_2}} \right)$ ccm, das
Volumen Lösung, welches k' ccm von 0^0 und dem Drucke p enthält.
1 ccm Lösung enthält also $\dfrac{k'}{\dfrac{1}{d} + \dfrac{k'cp}{760\,d_{CO_2}}}$ ccm Kohlendioxyd unter diesen

Bedingungen. 1 ccm der Gasphase enthält bei der Temperatur $- t_0^0$
$\dfrac{1}{1 - \alpha t_0}$ ccm Kohlendioxyd von 0^0 und dem gleichen Drucke. Ist ausserdem noch der Dampfdruck p' des Lösungsmittels zu berücksichtigen, so
enthält 1 ccm der Gasphase nur $\dfrac{p - p'}{p} \cdot \dfrac{1}{1 + \alpha t_0}$ ccm. k ist nun das
Verhältnis der Konzentrationen des Gases in der flüssigen und in der
gasförmigen Phase, also:

$$k = \frac{k'}{\dfrac{1}{d} + \dfrac{k'cp}{760\,d_{CO_2}}} \frac{p}{p - p'}\, 1 - \alpha t_0 .$$

k wurde immer nur aus den Mittelwerten von k' berechnet. Als
Beispiel folgt hier die Berechnung einer an Äthylacetat gemachten
Messungsreihe.

466 Otto Stern

Äthylacetat.

$$- t_0^0 = - 78^0 \, d_4^{-78} = 1.017$$
$$p'_{-78} < 0.1 \, \text{mm} \, d_{CO_2}^{-78} = 1.42.$$

Berechnung der k'.

Gewicht der Pipette:

mit Flüssigkeit: 34.6488 g
leer: 33.9660 g

$$a = 0.6828 \, \text{g}.$$

$$\frac{a}{d} = 0.7 \, \text{ccm} \quad 19.2 - 0.7 = 18.5 \, \text{ccm}.$$

1. Versuch:

$$p_1 = 50.0 \, \text{mm}, \quad t_1 = 19.2^0, \quad v_1 = 210.2 \, \text{ccm}$$
$$v_g = 18.5 \frac{1 + \alpha \, 19.2}{1 - \alpha \, 78} = 27.7$$
$$v_1 - v_g = 182.5$$
$$k_1' = \frac{182.5}{(1 + \alpha \, 19.2) \, 0.683} = \mathbf{249.7}.$$

2. Versuch:

$$p_2 = 99.2 \, \text{mm}, \quad t_2 = 19.7^0, \quad v_2' = 109.5 \, \text{ccm}.$$
$$v_2 = 109.5 + 210.2 \frac{50.0}{99.2} \frac{1 + \alpha \, . \, 19.7}{1 + \alpha \, . \, 19.2} = 214.2$$
$$v_g = 27.8; \quad v_2 - v_g = 186.4$$
$$k_2' = \frac{186.4}{(1 + \alpha \, . \, 19.7) \, 0.683} = \mathbf{254.5}.$$

3. Versuch:

$$p_3 = 202.4 \, \text{mm}, \quad t_3 = 19.9^0, \quad v_3' = 120.5 \, \text{ccm}$$
$$v_3 = 120.5 + 214.2 \frac{99.2}{202.4} \frac{1 + \alpha \, . \, 19.9}{1 + \alpha \, . \, 19.7} = 225.5$$
$$v_g = 27.8; \quad v_3 - v_g = 197.7$$
$$k_3' = \frac{197.7}{(1 + \alpha \, . \, 19.9) \, 0.683} = \mathbf{269.8}.$$

4. Versuch:

$$p_4 = 404.6 \, \text{mm}, \quad t_4 = 20.0^0, \quad v_4' = 142.0 \, \text{ccm}$$
$$v_4 = 225.5 \frac{404.6}{202.4} \frac{1 + \alpha \, . \, 20.0}{1 + \alpha \, . \, 19.9} + 142.0 = 255.0$$
$$v_g = 27.8; \quad v_4 - v_g = 227.2$$
$$k_4' = \frac{227.2}{(1 + \alpha \, . \, 20.0) \, 0.683} = \mathbf{309.9}.$$

Zur kinetischen Theorie des osmotischen Drucks usw.   467

5. Versuch:
$$p_5 = 649 \cdot 6, \quad t_5 = 20 \cdot 1^0, \quad v_5 = 151 \cdot 5 \, \text{ccm}$$

$$v_4 = 151 \cdot 5 + 255 \cdot 0 \, \frac{404 \cdot 6}{649 \cdot 6} \, \frac{1 + \alpha \cdot 20 \cdot 1}{1 + \alpha \cdot 20 \cdot 0} = 309 \cdot 3$$

$$v_g = 27 \cdot 8; \quad v_4 - v_g = 281 \cdot 5$$

$$k_5' = \frac{281 \cdot 5}{(1 + \alpha \cdot 20 \cdot 1) \, 0 \cdot 683} = 383 \cdot 9.$$

8. Die Genauigkeit der Messungen.

Für die Versuche kommen folgende möglichen Fehlerquellen in Betracht. Der Fehler bei der Wägung der Flüssigkeit beträgt höchstens 1 mg und verursacht selbst bei den kleinsten benutzten Flüssigkeitsmengen einen Fehler von weniger als $0 \cdot 2 \, ^0/_0$. Die Unsicherheit bei der Ablesung des Drucks beträgt $0 \cdot 1$ bis höchstens $0 \cdot 2$ mm, was selbst bei 50 mm erst einen Fehler von $0 \cdot 4 \, ^0/_0$ ausmacht. Bei höhern Drucken verschwindet dieser Fehler vollständig. Die Volumablesung ist auf mindestens $0 \cdot 1$ ccm genau, kommt also als Fehlerquelle gar nicht in Betracht. Dagegen kann ein kleiner Fehler dadurch entstehen, dass das tote Volumen (Spirale, Röhren usw.) während der Messung seine Temperatur ändert. Während der ca. eine halbe Stunde dauernden Messung änderte sich die Zimmertemperatur höchstens um 1^0, das tote Volumen beträgt ca. 50 ccm, also der Fehler weniger als $0 \cdot 2$ ccm, was bei einem absorbierten Volumen von 200 ccm $0 \cdot 1 \, ^0/_0$ ausmacht. Ausserdem wurden bei der Umrechnung des bei dem vorhergehenden Versuche absorbierten Volumens auf den Versuchsdruck die Gasgesetze angewandt, was bei 700 mm einen Fehler von weniger als $0 \cdot 2 \, ^0/_0$ verursacht. Alle diese Fehler, die in den meisten Fällen nur einen kleinen Bruchteil der hier geschätzten Höchstwerte ausmachen, treten an Einfluss gegenüber dem bei der Temperaturmessung gemachten Fehler zurück. Die Temperatur schwankte während einer Messung innerhalb von $0 \cdot 1^0$, was infolge des starken Temperaturkoeffizienten der Löslichkeit bei tiefen Temperaturen einen Fehler von etwa $1 \, ^0/_0$ verursacht. Ausnahmsweise, besonders bei höhern Drucken und grossen Löslichkeiten (Aceton), bei denen der Temperaturkoeffizient sehr hoch ist, kann der Fehler auf über $2 \, ^0/_0$ steigen. Die Messung der absoluten Temperatur ist, namentlich bei $- 59^0$, etwas unsicherer — um vielleicht $0 \cdot 5^0$ — so dass die Absolutwerte der Löslichkeit dadurch ziemlich ungenau werden. Auch sind die Temperaturen für verschiedene Messungsreihen, besonders bei $- 59^0$, mitunter etwas verschieden. Es kommt jedoch für den vorliegenden Zweck nur auf einen Vergleich der bei derselben Messungsreihe er-

30*

haltenen Werte an, bei denen, wie gesagt, die Temperatur innerhalb von 0.1° konstant war. Die Genauigkeit der Messungen beträgt also, was auch aus der Übereinstimmung der verschiedenen Versuchsreihen, bzw. ihres Gangs hervorgeht, im allgemeinen etwa $1^0/_0$, wird jedoch in manchen Fällen etwas kleiner sein. Ein gutes Kriterium für die Genauigkeit der Messungen bietet auch die von mir in vielen Fällen festgestellte Gültigkeit des Henryschen Gesetzes innerhalb $1^0/_0$.

9. Die Resultate der Messungen.

In den folgenden Tabellen sind die Resultate der Messungen dargestellt. Wie im vorhergehenden angegeben, sind d und p' Dichte und Dampfdruck der Flüssigkeit, d_{CO_2} die Dichte des gelösten Kohlendioxyds und p der Versuchsdruck. k' ist der oben (Abschn. 7) definierte Absorptionskoeffizient, der für sämtliche endgültigen, mit römischen Ziffern numerierten Versuchsreihen wiedergegeben ist, und k der aus den unter $\mathfrak{M}$ angegebenen Mittelwerten der k' berechnete Ostwaldsche Löslichkeitskoeffizient.

Äthylalkohol.

$$d_4^{17} = 0.7914 \qquad d_4^{-78} = 0.872 \qquad d_4^{-59} = 0.856$$
$$p'_{-78} < 0.1 \text{ mm} \qquad p'_{-59} = 0.2 \text{ mm}$$
$$d_{CO_2}^{-78} = 1.42 \qquad d_{CO_2}^{-59} = 1.35$$

$- 78^\circ.$

p	k'				$\mathfrak{M}$	k	k'	
	I	II	III	IV			V[1]	VI[1]
50	—	—	—	—	—	—	107.0	106.5
100	111.0	112.1	110.0	112.9	111.8	68.4	108.5	—
200	114.0	117.4	—	117.0	115.7	69.5	112.4	110.8
400	122.6	125.1	—	124.7	123.8	71.4	120.4	—
700	—	—	137.0	140.2	138.6	74.7	137.5	133.8

$- 59^\circ.$

p	k'		$\mathfrak{M}$	k
	I	II		
100	41.6	39.7	40.8_5	27.2_7
200	42.0	40.0	41.0	27.1_6
400	43.5	41.2	42.3_5	27.6_5
740	45.3	43.0	44.1_5	28.1_0

[1]) Die Versuchsreihen V und VI wurden mit absolutem, mit metallischem Calcium getrockneten Alkohol ausgeführt.

Zur kinetischen Theorie des osmotischen Drucks usw. 469

Methylalkohol.

$$d_4^{18} = 0.7930 \qquad d_4^{-78} = 0.884 \qquad d_4^{-59} = 0.866$$
$$p'_{-78} = 0.1 \text{ mm} \qquad p'_{-59} = 0.4 \text{ mm}$$
$$d_{CO_2}^{-78} = 1.42 \qquad d_{CO_2}^{-59} = 1.35$$

— 78°.

p	k'			$\mathfrak{M}$	k
	I	II	III		
50	193.8	194.2	—	194.0	120.5
100	195.1	195.8	194.2	195.0	119.6
200	203.3	202.5	—	202.9	120.1
400	220.1	222.9	—	221.5	122.2
500	—	—	226.4	—	—
740	255.9	264.9	255.5	260.0	126.8

— 59°.

p	I	II	$\mathfrak{M}$	k
100	63.6	62.3	63.0	42.5
200	64.9	63.5	64.2	42.7
400	67.1	65.4	66.3	43.1
700	69.9	68.0	69.0	43.3$_5$

Aceton.

$$d_4^{18} = 0.7935 \qquad d_4^{-78} = 0.900 \qquad d_4^{-59} = 0.879$$
$$p'_{-78} = 0.3 \text{ mm} \qquad p'_{-59} = 1.3 \text{ mm}$$
$$d_{CO_2}^{-78} = 1.62 \qquad d_{CO_2}^{-59} = 1.52$$

— 78°.

p	I	II	III	$\mathfrak{M}$	k
50	311.2	313.2	309.0	311	196.6
100	322.8	323.3	320.0	322	198.1
200	348.0	341.3	344.5	344.5	201.5
400	404.4	396.0	400.0	400	208.8
640	—	478	495.3	487	215.7
700	545.5	—	—	—	—

— 59°.

p	I	II	$\mathfrak{M}$	k
100	100.6	95.0	97.8	67.2
200	104.0	98.4	101.2	68.0
400	109.1	104.1	106.6	72.8
700	120.9	116.6	118.8	72.8

470   Otto Stern

Äthylacetat.

$$d_4^{17} = 0.9033 \qquad d_4^{-78} = 1.017 \qquad d_4^{-59} = 0.994$$
$$p'_{-78} < 0.1 \text{ mm} \qquad p'_{-59} = 0.3 \text{ mm}$$
$$d_{CO_2}^{-78} = 1.42 \qquad d_{CO_2}^{-59} = 1.35$$

— 78°.

p	k'		$\mathfrak{M}$	k
	I	II		
50	249.7	250.6	250.2	177.5
100	254.5	256.6	255.6	177.1
200	269.8	273.8	271.8	179.2
400	309.9	311.9	310.9	183.2
650	383.9	389.8	386.9	191.2

— 59°.

p	k'		k [1]
	I	II	
100	83.2	85.3	65.6
200	—	86.3	65.3
300	88.8		
400	—	91.6	66.7
700	97.7	101.5	69.7

Methylacetat.

$$d_4^{16} = 0.9367 \qquad d_4^{-78} = 1.056 \qquad d_4^{-59} = 1.032$$
$$p'_{-78} = 0.2 \text{ mm} \qquad p'_{-59} = 1.2 \text{ mm}$$
$$d_{CO_2}^{-78} = 1.42 \qquad d_{CO_2}^{-59} = 1.35$$

— 78°.

p	k'		$\mathfrak{M}$	k
	I	II		
50	303.9	305.9	304.9	224.1
100	316.6	313.3	315.0	224.3
200	340.1	334.7	337.4	223.1
400	391.3	387.3	389.3	225.6
650	501.1	496.1	498.1	231.2

— 59°.

p	k'		$\mathfrak{M}$	k
	I	II		
100	94.3	—	94.3	75.8
200	98.7	98.2	98.45	77.1
400	103.5	103.7	103.6	77.6
700	113.0	112.7	112.9	79.0

[1] Die Werte von k sind aus II berechnet.

Zur kinetischen Theorie des osmotischen Drucks usw. 471

Die in diesen Tabellen enthaltenen Ergebnisse lassen sich folgendermassen aussprechen. Das Henrysche Gesetz gilt unvergleichlich viel besser in der Ostwaldschen Formulierung als in der Bunsenschen. Dieses Resultat hat auch Sander (loc. cit.) bei seinen Untersuchungen erhalten. In dem hier untersuchten Gebiet ergibt sich, dass das Ostwald - Henrysche Gesetz, da das Verhältnis der Konzentrationen des Gases in der flüssigen und in der gasförmigen Phase konstant und unabhängig vom Drucke ist, in vielen Fällen innerhalb der Versuchsfehler bis zu Drucken von 200 mm gilt. Aber auch bei höhern Drucken sind die Abweichungen nicht gross und betragen im Höchstfalle etwa $10^0/_0$. Die Abweichungen liegen alle in derselben Richtung, und zwar so, dass der Löslichkeitskoeffizient mit wachsendem Druck anscheinend linear zunimmt.

III. Zusammenfassender Teil.

Der osmotische Druck konzentrierter Kohlendioxydlösungen.

Nachdem wir nun die Löslichkeit des Kohlendioxyds in ihrer Abhängigkeit vom Drucke kennen, sind wir imstande, seinen osmotischen Druck mit Hilfe folgender durch einen einfachen Kreisprozess ableitbarer Formel[1]):

$$\frac{d\pi}{dp} = k$$

zu berechnen. Der osmotische Druck π einer beim Drucke p gesättigten Gaslösung ergibt sich hiernach zu:

$$\pi = \int_0^p k\, dp\,,$$

wobei k das Verhältnis der Konzentrationen des Gases in der flüssigen und in der gasförmigen Phase, also der Löslichkeitskoeffizient, als Funktion von p bekannt sein muss. Da sich aus den Messungen schliessen lässt, dass k bis zu einem bestimmte Drucke p_0 konstant ist und sodann etwa linear zunimmt, kann ich — um möglichst einfach zu rechnen — in dem bis p_0 reichenden Intervall $k = k_0$ und in folgenden $k = k_0 + a\,(p - p_0)$ setzen. Dann ergibt sich:

$$\pi = \int_0^{p_0} k_0\, dp + \int_{p_0}^p [k_0 + a\,(p - p_0)]\, dp$$

$$= k_0 p + \frac{a}{2}\,(p - p_0)^2.$$

---

[1]) Nernst, Theoret. Chemie, 5. Aufl., S. 144.

472   Otto Stern

Würde nun der osmotische Druck den idealen Gasgesetzen gehorchen, so wäre er einfach gleich kp, da die Konzentration der Lösung k mal so gross ist als die des Gases. Setze ich also $kp = \pi_{th}$, so ist:

$$\pi_{th} = kp = k_0 p + a(p - p_0)p.$$

Nun ist:

$$\pi = k_0 p + \frac{a}{2}(p - p_0)^2,$$

also ist:

$$\pi_{th} - \pi = \frac{a}{2}(p^2 - p_0^2).$$

Dieser Ausdruck stellt die Abweichungen des osmotischen Drucks von den idealen Gasgesetzen dar. Mit seiner Hilfe sind für die bei -78^0 gemachten Versuche die folgenden Tabellen berechnet, in denen die zu p und k gehörigen Werte von π, π_{th}, $\pi_{th} - \pi$ in Atm. und c, die Konzentration der Kohlendioxydlösung, in Mol pro Liter angegeben ist. p_w stellt zum Vergleich den nach van der Waals berechneten Druck dar, den das Kohlendioxyd als Gas bei dieser Konzentration ausüben würde. Für p_0 wurde bei Aceton 5 cm, für Äthylalkohol und Äthylacetat 10 cm, für Methylalkohol 20 cm und für Methylacetat 25 cm angenommen, woraus sich die Werte von a aus der Formel $a = \dfrac{k - k_0}{p - p_0}$ in derselben Reihenfolge zu $0.366 - 0.105 - 0.252 - 0.136 - 0.208$ ergeben.

Äthylalkohol.

p	k	c	π_{th}	$\pi_{th} - \pi$	π	p_w
100	68.4	0.56_3	8.99	0	8.99	7.6
200	69.5	1.14_3	18.3	0.20	18.1	13.8
400	71.4	2.35	37.6	1.04	36.6	18.8
700	74.7	4.30	68.8	3.4	65.4	7

Methylalkohol.

p	k	c	π_{th}	$\pi_{th} - \pi$	π	p_w
50	120.5	0.49_5	7.93	0	7.93	7.05
100	119.6	0.98_3	15.7	0	15.7	12.1
200	120.1	1.97	31.6	0	31.6	18.1
400	122.2	4.02	64.3	1.16	63.1	10.8
700	126.8	7.30	116.8	3.6	113.2	-44

Aceton.

p	k	c	π_{th}	$\pi_{th} - \pi$	π	p_w
50	196.6	0.80_3	12.8_5	0	12.8_5	10.6
100	198.1	1.62_5	26.0	0.18	25.8	16.7
200	201.5	3.31	52.9	0.93	52.0	14.3
400	208.8	6.87	109.8	3.9	105.9	-56
640	217	11.35	181.6	10.1	171.5	—

Zur kinetischen Theorie des osmotischen Drucks usw.   473

Äthylacetat.

p	k	c	π_{th}	$\pi_{th} - \pi$	π	p_w
50	177·5	0·73$_0$	11·68	0	11·68	9·80
100	177·1	1·45$_6$	23·30	0	23·30	15·8
200	179·2	2·95	47·2	0·5$_2$	46·7	18·2
400	183·2	6·03	96·4	2·5$_0$	93·9	— 33
650	191·2	10·3	163·5	6·9	156·6	—

Methylacetat.

p	k	c	π_{th}	$\pi_{th} - \pi$	π	p_w
50	224·1	0·91$_8$	14·6$_9$	0	14·6$_9$	11·8
100	224·3	1·84$_0$	29·4$_5$	0	29·4$_5$	17·5
200	223·1	3·66	58·6	0	58·6	11·2
400	225·6	7·42	118·7	1·3	117·4	— 75
650	231·2	12·35	198	4·9	193	—

Aus den Tabellen ersieht man mit grösster Deutlichkeit, dass der
osmotische Druck selbst bei den höchsten Konzentrationen noch bis
auf wenige Prozent den Gasgesetzen gehorcht, während der Druck im
Gaszustande sich bei dieser Konzentration bereits auf dem negativen
Ast der van der Waalsschen Isotherme befindet. Dieses Resultat ist
ein rein empirisches und folgt direkt aus den Messungen mit Hilfe der
Thermodynamik. Genau dasselbe Resultat habe ich aber am Schlusse
des theoretischen Teils erhalten. Es darf also als wichtigstes Ergebnis
dieser Arbeit der theoretisch, sowie experimentell bewiesene Satz ausgesprochen werden: Der osmotische Druck eines gelösten Stoffs
gehorcht den idealen Gasgesetzen viel besser als der Gasdruck desselben Stoffs bei derselben Konzentration und Temperatur.

Zusammenfassung.

Die Resultate der vorliegenden Arbeit können kurz folgendermassen zusammengefasst werden:

1. Es wurde die aus der van der Waalsschen Theorie folgende
Formel für den osmotischen Druck konzentrierter Lösungen abgeleitet.

2. Es wurde die Löslichkeit von Kohlendioxyd in Äthylalkohol,
Methylalkohol, Aceton, Äthylacetat und Methylacetat bei — 78⁰ und
— 59⁰ und bei Drucken von 50 mm bis zu einer Atmosphäre hinauf
gemessen.

3. Hierbei ergab sich, dass für konzentrierte Lösungen das Henrysche Gesetz in der Ostwaldschen Form recht gut erfüllt wird, in der
Bunsenschen dagegen gar nicht.

4. Es wurde gezeigt, dass in Übereinstimmung mit der im ersten

474   Otto Stern

Teil der Arbeit gegebenen Theorie der osmotische Druck der konzentrierten Kohlendioxydlösungen nur geringe Abweichungen von den
idealen Gasgesetzen zeigt und ihnen viel besser gehorcht als der entsprechende Gasdruck gleicher Konzentration.

Vorliegende Untersuchung wurde im chemischen Institut der Universität Breslau ausgeführt. Herrn Prof. Sackur bin ich für die Anregung zu der Arbeit und sein stetes Interesse an ihr zu grösstem
Danke verpflichtet.

S3. Otto Stern, Bemerkungen zu Herrn Dolezaleks Theorie der Gaslöslichkeit, Z. Physik. Chem., 81, 474–476 (1913)

Otto Stern

Bemerkungen zu Herrn Dolezaleks[1]) Theorie der Gaslöslichkeit.

Otto Stern

Bemerkungen zu Herrn Dolezaleks[1]) Theorie der Gaslöslichkeit.

Durch meine im vorhergehenden beschriebene Untersuchung von Kohlendioxydlöslichkeiten wurde ich dazu geführt, die von Dolezalek gegebene Theorie der Gaslöslichkeit einer nähern Prüfung zu unterziehen, deren Resultate im folgenden kurz wiedergegeben sind. Nach der Dolezalekschen Theorie ist in jedem binären Gemisch der Dampfdruck p einer Komponente proportional ihrem Molenbruch q. Der Proportionalitätsfaktor ist, da für die reine Komponente $q = 1$ ist, gleich p_0, dem Druck des gesättigten Dampfs der reinen Komponente bei der betreffenden Temperatur. Es ist also $p = p_0 \cdot q$ oder $q = \dfrac{p}{p_0}$. Vergleicht man nun die Löslichkeiten eines bestimmten Gases in verschiedenen Flüssigkeiten bei derselben Temperatur und gleichem Druck (Atmosphärendruck), so ist p und p_0 in allen Fällen gleich, also müsste auch q, der Molenbruch des Gases, in allen Lösungen derselbe sein. Allerdings darf man nach Dolezalek zur Berechnung von q nicht den gemessenen Sättigungsdampfdruck, sondern den nach van der Waals um das Glied $\dfrac{a}{v^2}$ korrigierten Druck verwenden. Nun ist a im allgemeinen aber sehr ungenau bekannt, und hierauf schiebt Herr Dolezalek die Abweichungen von dem berechneten q, die sich bei der Prüfung der Theorie an den Messungen von Just[2]) über die Löslichkeit von CO_2 in organischen Lösungsmitteln bei Atmosphärendruck und Zimmertemperatur ergeben. Man kann sich jedoch von dieser Unsicherheit bei der Prüfung freimachen, indem man nicht wie Herr Dolezalek q aus $p_0 + \dfrac{a}{v^2}$ und

---

[1]) Zeitschr. f. physik. Chemie **71**, 191 (1910).
[2]) Zeitschr. f. physik. Chemie **37**, 354 (1901).

Zur kinetischen Theorie des osmotischen Drucks usw. 475

dann aus q die Löslichkeit berechnet, sondern umgekehrt aus den Löslichkeiten in verschiedenen Flüssigkeiten q berechnet, dessen Wert dann
streng konstant sein muss. Für die Berechnung von q aus der Ostwaldschen Löslichkeit l, die Just gemessen hat, gilt die Formel

$$q = \frac{l}{\dfrac{1000\,d}{n\,M} + l}, \text{ worin } d \text{ die Dichte und } M \text{ das Molekulargewicht}$$

und n die Anzahl Mole CO_2 in einem Liter Gas sind. Man kann die Formel
auch in der ebenfalls von Dolezalek angegebenen Form schreiben:

$$\frac{1000\,d}{M\,l} = \frac{n\,(1-q)}{q} = k\,.$$

Diese Form ermöglicht eine sehr scharfe Prüfung der Theorie. Für
den Einfluss der Versuchsfehler kommt nämlich nur die Unsicherheit
von l in Betracht. Just gibt an, dass der Fehler bei seinen Messungen —
auch Herr Dolezalek nennt sie ausgezeichnete Präzisionsmessungen —
meistens 0·3 bis 0·6%, höchstens aber 1% betrage. So gross dürften
also auch nur die Schwankungen des Ausdrucks $\dfrac{1000\,d}{M\,l}$ um einen konstanten Wert sein.

	l_{20}	$k = \dfrac{1000\,d}{M\,l}$
Schwefelkohlenstoff	0·8888	18·6
Jodbenzol	1·440	6·20
Anilin	1·53	7·15
Amylalkohol	1·941	4·14
Isobutylalkohol	1·964	4·70
Brombenzol	1·964	4·83
Äthylenbromid	2·294	5·10
Chlorbenzol	2·420	4·06
Toluol	2·426	3·86
Tetrachlorkohlenstoff	2·502	4·14
Benzol	2·540	4·41
Nitrobenzol	2·655	3·68
Äthylalkohol	2·923	4·56
Benzaldehyd	3·057	3·22
Amylchlorid	3·127	2·65
Chloroform	3·681	3·40
Buttersäure	3·767	2·89
Äthylenchlorid	3·795	2·74
Pyridin	3·862	2·79
Methylalkohol	4·206	4·17
Propionsäure	4·417	3·03
Isobutylacetat	4·968	1·54
Essigsäure	5·129	3·27
Aceton	6·921	1·97

476   Otto Stern, Zur kinetischen Theorie des osmotischen Drucks usw.

In obiger Tabelle habe ich für die meisten von Just untersuchten Flüssigkeiten den Wert von $\dfrac{1000\,d}{Ml}$ berechnet. Eine Übereinstimmung auf 1% findet sich, wie man sieht, in keinem Falle, sondern die Werte schwanken sogar stärker als l selbst, so dass auch von einer qualitativen Bestätigung der Theorie keine Rede sein kann. Nun erklärt Herr Dolezalek Abweichungen von seiner Theorie durch Association des Lösungsmittels oder Bildung von Solvaten. Aber wenn diese neuen von ihm eingeführten Hypothesen etwas erklären sollen, so müssen sie natürlich anderweitig gestützt werden. Eine Feststellung von Solvaten ist in diesem Falle kaum möglich, dagegen können wir, wenn auch nicht quantitativ, so doch mit Sicherheit qualitativ sagen, ob eine Flüssigkeit associiert ist oder nicht. Nach Dolezalek ist nun der richtige Wert von

$$q = \frac{p}{p_0 + \dfrac{a}{v^2}} = 0.00835^{1}),\ \text{also}\ \frac{1000\,d}{Ml} = \frac{n(1-q)}{q} = 4.95. \text{ Ist der}$$

Wert von k grösser, so soll dies daran liegen, dass M, das Molekulargewicht des Lösungsmittels in Wirklichkeit grösser ist, also etwa gleich xM, wenn x der Associationsfaktor ist. x wäre dann $= \dfrac{k}{4.95}$. Demnach müsste also Jodbenzol zu 50%, Anilin zu 75% aus Bimolekeln, Schwefelkohlenstoff aber fast vollständig aus Vierfachmolekeln bestehen und viel stärker associiert sein als Wasser und die Alkohole, während Benzol z. B. nahezu das normale Molekulargewicht erhalten würde. Die Theorie von Dolezalek führt also in diesem Falle zu einem Ergebnis, das mit allen bisherigen Anschauungen über die Association von Flüssigkeiten in Widerspruch steht[2]).

---

[1]) Herr Dolezalek sagt selbst, er hätte die Hypothese, dass nicht p_0, sondern $p_0 + \dfrac{a}{v^2}$ massgebend sei, deshalb gemacht, weil einige Werte von q in der Nähe von 0·008 liegen.

[2]) Auch zu der Theorie von Drucker [Zeitschr. f. physik. Chemie 68, 616 (1910)], nach welcher alle sogenannten normalen Flüssigkeiten hochgradig associiert sein sollen.

S4. Otto Stern, Zur kinetischen Theorie des Dampfdrucks einatomiger fester Stoffe und über die Entropiekonstante einatomiger Gase. Physik. Z., 14, 629–632 (1913)

Physik. Zeitschr. XIV, 1913.   Stern, Kinetische Theorie des Dampfdrucks.   629

Zur kinetischen Theorie des Dampfdrucks einatomiger fester Stoffe und über die Entropiekonstante einatomiger Gase.

Von Otto Stern.

H. Schmidt-Böcking, K. Reich, A. Templeton, W. Trageser, V. Vill (Hrsg.), *Otto Sterns Veröffentlichungen – Band 1*, DOI 10.1007/978-3-662-46953-8_7

ordnet. Die helle Kante selbst ist in mehrere dicht gedrängte feine Linien aufzulösen. Es folgt dann ein im Spektrum weiter Röhren bis 537 sehr wenig erhellter Raum. Er ist bei engen Röhren reicher detailliert, als es die vorliegende Aufnahme an einem 12 mm weiten Beobachtungsrohr zeigt. Die beiden Linien 533,5 und 527,8 schließen zwischen sich neun lichtschwächere (davon drei sehr matte) Linien ein. Nun folgt eine grüne von 525,7 bis 510,8 sich erstreckende reich differenzierte Doppelbande, deren Helligkeit nach Rot abschattiert ist, und deren Kanten bei 510,8 und 514 liegen. Das Feld der breiteren Bande läßt auf dunklem Grunde etwa 20 Linien erkennen (einige in engen Dubletts stehend), das engere Feld (510,8 bis 514) teilt sich in fünf Linien. Es folgt mit der Kante 505,8 ein nach Rot abschattiertes bandenartiges Feld, in welchem an die helle Kante sechs mattere nahe äquidistante Linien sich anschließen, dann die drei hellen Serienlinien 504,8 — 501,6 — 492,2. Zwischen den ersten beiden liegt ein Gitter von fünf äquidistanten gleichhellen Linien; zahlreiche, aber äußerst lichtschwache Linien differenzieren das matte Feld zwischen der zweiten und dritten Serienlinie.

Von etwa 480 ab steigt die Helligkeit des Spektrums wieder an, und etwa 30 zum Teil (14) sehr kräftige Linien bilden das breitere Feld einer wieder sehr charakteristischen, nach Rot abschattierten blauen Doppelbande, deren erste Kante bei 465 liegt, während die zweite in sechs helle und einige schwache Linien zerfallende schmale Bande ihre Kante bei etwa 462,5 hat. Bis zur Linie 443 folgen außer der starken Serienlinie 447 noch zahlreiche Linien, die mit Ausnahme des hellen kantenartigen Maximums 454,7 und der beiden Linien 448,8 und 448,1 für die direkte Beobachtung nur bei etwas erweitertem Spalt gut erkennbar sind. Die Platte gibt sie sämtlich leicht wieder. Auch für das Auge hell sind die linienreichen Gruppen von 443 bis zur Serienlinie 439. Dagegen sind, abgesehen von einigen in diesen Bezirk fallenden relativ hellen Serienlinien, für die direkte Beobachtung unwahrnehmbar die im äußersten Violett auf Abschnitt IV der Tafel abgebildeten zahlreichen Maxima zwischen 439 und der Serienlinie 396, und natürlich auch unsichtbar die ganz im Ultraviolett liegenden Maxima des Abschnitts V der Tafel. Das Bandenspektrum ist auf den Platten bis etwa λ 297 zu verfolgen; die noch weiter abwärts liegenden beiden hellen Linien der Tafel sind Serienlinien. Sehr deutlich ist auch in diesem Teil des Spektrums das Auftreten von Doppelbanden. Mindestens für die Mehrzahl der letzteren ist aber der Abstand der beiden Kanten kleiner als im direkt sichtbaren Teil.

Von Beimengungen fremder bekannter Gase ist an dem möglichst gereinigten Gase, wie die Platte durch die schwachen Linien 656 und 486 zeigt, noch eine sehr geringe Menge Wasserstoff vorhanden. Außerdem zeigten sich an Helium von beliebiger Provenienz bei längeren Aufnahmen an engen Röhren drei Linien im Grün (546 — 544 — 542) und drei im Blau (482 — 481 — 480), die nicht merklich von der Lage der hellsten Chlorlinien abweichen. Sie beruhen wohl nur auf der Erhitzung der Glaswand, aus deren NaCl-Gehalt Chlor frei werden kann. —

Indem ich diese Mitteilung schließe, möchte ich den Herren herzlich danken, die mich durch Gewährung von Material bei meiner Untersuchung unterstützt haben.

Physikalisches Laboratorium der Berliner Sternwarte.

(Eingegangen 9. Juni 1913.)

Zur kinetischen Theorie des Dampfdrucks einatomiger fester Stoffe und über die Entropiekonstante einatomiger Gase.

Von Otto Stern.

Die reine Thermodynamik liefert uns die Temperaturabhängigkeit des Dampfdrucks eines festen Stoffes in Funktion seiner Verdampfungswärme und seiner spezifischen Wärme in festem und gasförmigem Zustande. Den Absolutwert des Dampfdrucks zu berechnen, gestattet uns erst die Quantentheorie, die die Entropiekonstanten des Gases und des festen Körpers bestimmt. Es gibt jedoch noch einen zweiten Weg, um zu absoluten Werten für den Dampfdruck zu gelangen, nämlich den der molekulartheoretischen Deutung der Verdampfung. Dieser letzte Weg ist allerdings nur für hohe Temperaturen gangbar, falls man die Gültigkeit der klassischen Molekularmechanik voraussetzen will[1]. Im folgenden soll nun die Dampfdruckformel für einen einatomigen festen Stoff in einem Temperaturgebiet, in dem er der klassischen Theorie gehorcht und die Dulong-Petitsche spezifische Wärme besitzt, abgeleitet werden, und zwar erstens thermodynamisch mit Hilfe der Quantentheorie und zweitens kinetisch mit Hilfe des Boltzmannschen e-Satzes. Der Dampf

---

[1] Über einen Versuch, die Dampfdruckformel für tiefe Temperaturen kinetisch abzuleiten s. Planck, diese Zeitschr. 14, 258, 1913.

soll hierbei als ideales Gas, der feste Stoff als aus gleichartigen, monochromatischen Resonatoren bestehend vorausgesetzt werden.

1. Thermodynamischer Teil.

Die Entropie S_d eines Mols des gesättigten Dampfes von der Temperatur T und dem Druck p ist:

$$S_d = \frac{5}{2} R \ln T - R \ln p + R \ln R + S_0, \quad (1)$$

wobei S_0 die Entropiekonstante des Gases bedeutet. Andrerseits ist die Entropie des Dampfes gleich der Entropie S_f eines Mols des festen Stoffes + Entropievermehrung bei der Verdampfung:

$$S_d = S_f + \frac{L}{T}, \quad (2)$$

wobei L die gesamte Verdampfungswärme ist. Die Entropie eines aus N Resonatoren bestehenden festen Körpers ist nach der klassischen Theorie:

$$S_f = 3 R \ln T + S_0', \quad (3)$$

wobei S_0' die Entropiekonstante des festen Stoffes bedeute. Setzt man nun nach dem Nernstschen Theorem $S_f = \int\limits_0^T \frac{C_f}{T} dT$, worin C_f die spezifische Wärme des festen Stoffes ist, setzt für C_f die Einsteinsche Formel ein und bildet den Grenzwert für hohe Temperaturen, so wird:

$$S_f = 3 R \ln T + 3 R - 3 R \ln \frac{h\nu}{k},$$

wobei $k = \frac{R}{N}$ und ν die Schwingungszahl der Resonatoren ist. Es ergibt sich also:

$$S_0' = 3 R - 3 R \ln \frac{h\nu}{k}. \quad (3a)$$

Ferner ist, falls man mit L_0 die Verdampfungswärme beim absoluten Nullpunkt und mit C_d die spezifische Wärme des Gases bei konstantem Volumen bezeichnet:

$$L = L_0 + \int\limits_0^T C_d \, dT - \int\limits_0^T C_f \, dT + R T.$$

Setzt man nun $C_d = \frac{3 R}{2}$ und für C_f wieder die Einsteinsche Formel ein, so wird in der Grenze für großes T:

$$L = L_0 + \frac{3}{2} R T - \left(3 R T - 3 N \frac{h\nu}{2}\right) + R T$$

oder:

$$L = L_0 + 3 N \frac{h\nu}{2} - \frac{1}{2} R T \quad (4)$$

bzw.

$$L = \lambda_0 - \frac{1}{2} R T, \quad (4a)$$

falls wir $\lambda_0 = L_0 + 3 N \frac{h\nu}{2}$ die wahre Verdampfungswärme beim absoluten Nullpunkt nennen. Da nämlich nach der Hypothese der Nullpunktsenergie[1]) der feste Stoff beim absoluten Nullpunkt die Energie $3 N \frac{h\nu}{2}$ besitzt, so ist die zur Verdampfung notwendige Wärmemenge L_0 um diesen Betrag kleiner als die potentielle Energie, die der Stoff im Gaszustande besitzt. Letztere ist vielmehr

$$L_0 + 3 N \frac{h\nu}{2} = \lambda_0.$$

Durch Einsetzen von (1), (3) und (4a) in (2) erhält man die Gleichung:

$$p = \frac{1}{\sqrt{T}} \cdot e^{-\frac{\lambda_0}{R T}} \cdot R \cdot e^{\frac{S_0 - S_0'}{R} + \frac{1}{2}}. \quad (5)$$

O. Sackur[2]) und H. Tetrode[3]) haben S_0 mit Hilfe der Quantentheorie berechnet und gefunden:

$$S_0 = \frac{5}{2} R + R \ln \frac{(2 \pi m k)^{3/2} \,[4]}{N h^3}.$$

Entnehmen wir noch aus Gleichung (3a) den Wert für S_0', so wird:

$$\frac{S_0 - S_0'}{R} + \frac{1}{2} = \ln \frac{(2 \pi m)^{3/2} \nu^3}{N k^{3/2}}.$$

In Gleichung (5) eingesetzt, ergibt sich schließlich als Dampfdruckformel für hohe Temperaturen:

$$p = (2 \pi)^{3/2} \cdot \frac{m^{3/2} \nu^3}{k^{3/2}} \cdot \frac{1}{T^{1/2}} e^{-\frac{\lambda_0}{R T}}. \quad (6)$$

Ich möchte hier gleich auf eine Voraussetzung aufmerksam machen, die wir im vorhergehenden stillschweigend gemacht haben, indem wir die gewöhnlichen Formeln für Energie und Entropie eines Resonatorensystems anwandten. Unter den N Resonatoren werden nämlich nach dem Maxwellschen Verteilungssatz alle möglichen Energien vorkommen. Einige Resonatoren werden also auch eine sehr hohe potentielle Energie haben. Nun ist aber die potentielle Energie, die die N Resonatoren aufnehmen können, beschränkt, und zwar gleich λ_0, falls alle verdampft sind. Die potentielle Energie,

1) Planck, Ann. d. Phys. **37**, 653, 1912; A. Einstein u. O. Stern, Ann. d. Phys. **40**, 551, 1913.
2) O. Sackur, Nernst-Festschrift, S. 405, 1912; Ann. d. Phys. **40**, 67, 1913; s. a. Jahresber. d. Schles. Ges. 1913.
3) H. Tetrode, Ann. d. Phys. **38**, 434; **39**, 255, 1912.
4) Ich habe hier den von H. Tetrode gegebenen Wert benutzt. Sackur gibt einen um R kleineren Ausdruck, doch ändert sich dadurch in Gleichung (6) nur der Zahlenfaktor um e^{-1}.

die also im Mittel ein Resonator maximal aufnehmen kann, ist $\frac{\lambda_0}{N}$, und alle diejenigen, denen wir durch die benutzten Formeln eine größere potentielle Energie zugeschrieben haben, werden in Wirklichkeit im Mittel doch nur $\frac{\lambda_0}{N}$ besitzen. Den Fehler, den wir dadurch begehen, kann man leicht abschätzen. Die Zahl der Resonatoren, deren Energie größer als $\frac{\lambda_0}{N}$ ist, beträgt $Ne^{-\frac{\lambda_0}{RT}}$. Die Abweichungen von den oben benutzten Formeln werden also im wesentlichen $e^{-\frac{\lambda_0}{RT}}$ proportional sein und verschwinden, falls $\frac{\lambda_0}{RT}$ sehr groß ist. In Wirklichkeit ist dies nun stets der Fall. Wir können daher, wie wir es oben stillschweigend getan haben, auch weiterhin die beschränkende Voraussetzung machen, daß $\frac{\lambda_0}{RT}$ sehr groß ist, und Glieder von der Größenordnung $e^{-\frac{\lambda_0}{RT}}$ vernachlässigen.

2. Kinetischer Teil.

Um die Dampfdruckformel kinetisch abzuleiten, muß man ein molekularmechanisches Modell konstruieren, das den festen Körper im Gleichgewicht mit seinem Dampf veranschaulicht. Jedes beliebige solche Modell muß, falls es den Gleichungen der Mechanik gehorcht, bei gleichem r, λ_0 und Molekulargewicht die gleiche, oben rein thermodynamisch berechnete Temperaturabhängigkeit des Dampfdrucks zeigen. Dagegen wird der Wert des von der Temperatur unabhängigen, wesentlich durch $S_0 - S_0'$ bestimmten Faktors von den speziellen Eigenschaften des Modells abhängen. Es wird sich jedoch ergeben, daß auch die speziellen Hypothesen, die den Wert des Faktors bestimmen, noch recht allgemeiner Natur sein können. Das hier benutzte Bild ist folgendes. In einem Raum befinden sich Punkte P, welche die Atome mit einer der Entfernung r direkt proportionalen Kraft anziehen. Diese Kraft wirkt jedoch, da die Verdampfungswärme einen endlichen Wert hat, nur bis zu einem bestimmten Abstande s. Die Punkte P sind also von kugeligen Anziehungssphären umgeben, innerhalb deren die Atome als monochromatische Resonatoren schwingen, während sie im übrigen Raum kräftefrei als ideale Gasmoleküle herumfliegen. Hierdurch ist die potentielle Energie der Moleküle in jedem Punkte des Raumes bestimmt und somit nach Boltzmanns e-Satz das Verhältnis der Moleküldichten in den Sphären und in dem freien Raume gegeben. Da aber nur das Verhältnis der Dichten bestimmt ist, müssen wir, um die Dampfdichte festzulegen, noch eine spezielle Hypothese über die in den Sphären herrschende Moleküldichte aufstellen. Hier kann man kaum eine andere Annahme machen als die, daß im Mittel in jeder Sphäre sich ein Molekül befindet. Denn wir stellen uns ja vor, daß es auch in wirklichen festen Körper ebensoviel Atome als Gleichgewichtslagen (Punkte P) gibt. Hiermit ist nun die Dampfdichte vollständig bestimmt, und die Berechnung gestaltet sich folgendermaßen. Bezeichne ich mit n_0 und ψ_0 Moleküldichte und potentielle Energie einer Molekel im freien Raum, mit n_r und ψ_r diese Größen an einem Punkt einer Sphäre, der die Entfernung r von der Gleichgewichtslage P besitzt, so gilt nach Boltzmann die Gleichung:

$$n_r : n_0 = e^{-\frac{\psi_r}{kT}} : e^{-\frac{\psi_0}{kT}},$$

oder

$$n_r = n_0 \cdot e^{\frac{\psi_0}{kT}} \cdot e^{-\frac{\psi_r}{kT}}.$$

Die Gesamtzahl der in einer Sphäre enthaltenen Molekeln ist:

$$n = \int_0^s n_r \cdot 4\pi r^2\, dr =$$
$$= \int_0^s n_0 \cdot e^{\frac{\psi_0}{kT}} \cdot e^{-\frac{\psi_r}{kT}} 4\pi r^2\, dr = 1 \quad \biggr\} \quad (7)$$

nach Voraussetzung. Ist nun die Kraft, mit der die Molekel (Masse m) von dem Sphärenmittelpunkt angezogen wird, durch die Gleichung:

$$m\frac{d^2 r}{dt^2} = -a^2 r$$

bestimmt, so ist die potentielle Energie ψ_r der Molekel im Abstande r gleich $\frac{a^2}{2} r^2$, im freien Raum ψ_0 gleich $\frac{a^2}{2} s^2$. Es folgt also aus (7) die Gleichung:

$$1 = n_0 e^{\frac{\psi_0}{kT}} 4\pi \int_0^s e^{-\frac{\frac{a^2}{2} r^2}{kT}} r^2\, dr.$$

Setzt man $\dfrac{\frac{a^2}{2} r^2}{kT} = x^2$ und $\dfrac{\frac{a^2}{2} s^2}{kT} = x_0^2$, so wird:

$$1 = n_0 \cdot e^{\frac{\psi_0}{kT}} 4\pi \left(\frac{kT}{\frac{a^2}{2}}\right)^{3/2} \int_0^{x_0} e^{-x^2} x^2\, dx.$$

Es ist also:

$$p = n_0 kT = \frac{\left(\dfrac{a^2}{2}\right)^{3/2}}{4\pi (kT)^{1/2}} \cdot e^{-\frac{\psi_0}{kT}} \cdot \frac{1}{\displaystyle\int_0^{\infty} e^{-x^2} x^2 \, dx} \cdot (8)$$

Nun ist $\psi_0 N$ die potentielle Energie eines Mols im Gaszustande gleich λ_0. Ferner ist $a^2 = m(2\pi\nu)^2$. Schließlich ist zu bedenken, daß wir hier nicht wie bei der thermodynamischen Ableitung die am Schluß des ersten Teils erwähnte Vernachlässigung gemacht haben. Um also die hier gewonnene Gleichung mit (6) vergleichen zu können, müssen wir sehen, welchem Grenzwert sich (8) für großes $\dfrac{\lambda_0}{RT}$ bzw. $\dfrac{\psi_0}{kT} = x_0^2$ nähert. In diesem Falle wird:

$$\int_0^{x_0} e^{-x^2} x^2 \, dx = \frac{\sqrt{\pi}}{4} - \frac{x_0}{2} e^{-x_0^2} = \frac{\sqrt{\pi}}{4},$$

falls wir, wie bei der thermodynamischen Ableitung, Glieder von der Größenordnung $e^{-\frac{\lambda_0}{RT}}$ vernachlässigen. Es ergibt sich somit endgültig:

$$p = (2\pi)^{3/2} \cdot \frac{m^{3/2} \nu^3}{k^{1/2}} \frac{1}{T^{1/2}} e^{-\frac{\lambda_0}{RT}}, \qquad (9)$$

genau übereinstimmend mit Formel (6).

3. Ableitung der Entropiekonstanten eines einatomigen Gases.

Wir können nun auch den umgekehrten Weg gehen, indem wir Gleichung (5) mit (9) kombinieren, und die von der Temperatur unabhängigen Faktoren gleich setzen. Dann ist:

$$R e^{\frac{S_0 - S_0'}{R} + \frac{1}{2}} = \frac{(2\pi)^{3/2} m^{3/2} \nu^3}{k^{1/2}}$$

oder

$$S_0 = S_0' + R \ln \frac{(2\pi m)^{3/2} \nu^3}{N k^{3/2}} - \frac{1}{2} R.$$

Diese Gleichung ist vollständig ohne Benutzung der Quantentheorie abgeleitet. Setzt man nun aus (3 a) für die Entropiekonstante des festen Stoffes S_0 den Wert $3R - R \ln \dfrac{h^3 \nu^3}{k^3}$ ein, so ergibt sich:

$$S_e = \frac{5}{2} R + R \ln \frac{(2\pi m k)^{3/2}}{N h^3}.$$

die von Sackur und Tetrode aufgestellte Formel für die Entropiekonstante eines einatomigen Gases. Der Vorteil der hier gegebenen Ableitung besteht darin, daß nur die Gültigkeit der klassischen Molekulartheorie bei hohen Temperaturen und die Einsteinsche Formel für die spezifische Wärme des festen Stoffes vorausgesetzt wird, während das Gas als vollständig ideal betrachtet wird und keinerlei quantentheoretische Überlegungen darauf angewandt werden.

Zürich, Mai 1913.

(Eingegangen 22. Mai 1913.)

Neue mechanische Vorstellungen über die schwarze Strahlung und eine sich aus denselben ergebende Modifikation des Planckschen Verteilungsgesetzes.

Von A. Korn.

Bei Untersuchungen, welche ich zu dem Zwecke anstellte, einen Zusammenhang zwischen den neuen Strahlungstheorien und denjenigen mechanischen Theorien der elektrischen Erscheinungen, bei welchen die Elektronen als pulsierende Teilchen konstanter Pulsationsenergie betrachtet werden, anzubahnen, und über welche ich bei einer anderen Gelegenheit berichten werde, bot sich mir die folgende einfache Anschauung über die Natur der schwarzen Strahlung bzw. die Bewegung, welche derselben zugrunde liegt, dar.

Die ungeordnete Bewegung an irgendeiner Stelle eines Mediums im Falle der schwarzen Strahlung denken wir uns in ihrer Abhängigkeit von der Zeit derart, daß in irgendeiner Richtung ein Teilchen für $t = -\infty$ [1]) eine Geschwindigkeit $-u_0$, für $t = +\infty$ [1]) die Geschwindigkeit $+u_0$ hat, zu einer bestimmten Zeit $t + a$ die Geschwindigkeit null; $t + a$ können wir als die Phase einer solchen Geschwindigkeitsschwankung bezeichnen. Solche Schwankungen sollen ungeordnet in beliebigen Richtungen, mit beliebigen Phasen und zwischen beliebigen Geschwindigkeiten $+u_0$ und $-u_0$ stattfinden, für welche sich auf Grundlage rein mechanischer Überlegungen das Maxwellsche Geschwindigkeitsverteilungsgesetz ergeben muß. Der Einfachheit halber wollen wir zunächst die absoluten Werte $|u_0|$ für alle Teile gleich annehmen:

$$u_0 = a\sqrt{T}, \qquad (1)$$

wo T die absolute Temperatur, a eine Konstante bezeichnet.

Greifen wir eine bestimmte Schwankung heraus, welche zur Zeit $t = 0$ die Geschwindigkeit null ergibt, so haben wir also nach einer Funktion $u(t)$ zu suchen, welche die Eigenschaft

---

[1]) Es ist dabei in Wirklichkeit an Werte $t = -\omega$, $t = +\omega$ zu denken, wo ω gegen die z. B. bei elektrischen Schwingungen in Betracht kommenden Schwingungsdauern groß ist.

S4a. Otto Stern, Zur kinetischen Theorie des Dampfdrucks einatomiger fester Stoffe und über die Entropiekonstante einatomiger Gase, Habilitationsschrift Zürich Mai 1913, 154–162, Druck von J. Leemann, Zürich I, oberer Mühlsteg 2.

Zur kinetischen Theorie des Dampfdrucks einatomiger fester Stoffe und über die Entropiekonstante einatomiger Gase.

Von

OTTO STERN.

Zürich 1913

Druck von J. LEEMANN, Zürich I, oberer Mühlesteg 2.

© Springer-Verlag Berlin Heidelberg 2016
H. Schmidt-Böcking, K. Reich, A. Templeton, W. Trageser, V. Vill (Hrsg.), *Otto Sterns Veröffentlichungen – Band 1*, DOI 10.1007/978-3-662-46953-8_8

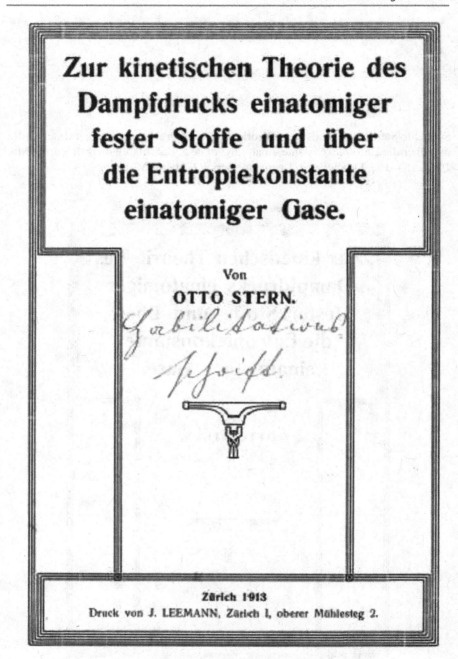

Zur kinetischen Theorie des Dampfdrucks einatomiger fester Stoffe und über die Entropiekonstante einatomiger Gase.

Von

OTTO STERN.

Zürich 1913
Druck von J. LEEMANN, Zürich I, oberer Mühlesteg 2.

154

Die reine Thermodynamik liefert uns die Temperaturabhängigkeit des Dampfdrucks eines festen Stoffes in
Funktion seiner Verdampfungswärme und seiner spezifischen
Wärme in festem und gasförmigem Zustande. Den Absolutwert des Dampfdrucks zu berechnen, gestattet uns erst die
Quantentheorie, die die Entropiekonstanten des Gases und
des festen Körpers bestimmt. Es gibt jedoch noc einen
zweiten Weg, um zu absoluten Werten für den Dampfdruck
zu gelangen, nämlich den der molekulartheoretischen Deutung
der Verdampfung. Dieser letzte Weg ist allerdings nur für
hohe Temperaturen gangbar, falls man die Gültigkeit der
klassischen Molekularmechanik voraussetzen will.[1] Im folgenden soll nun die Dampfdruckformel für einen einatomigen
festen Stoff in einem Temperaturgebiet, in dem er der klassischen Theorie gehorcht und die *Dulong-Petitsche* spezifische
Wärme besitzt, abgeleitet werden, und zwar erstens thermodynamisch mit Hilfe der Quantentheorie und zweitens kinetisch mit Hilfe des *Boltzmannschen e*-Satzes. Der Dampf soll
hierbei als ideales Gas, der feste Stoff als aus gleichartigen,
monochromatischen Resonatoren bestehend vorausgesetzt
werden.

---

1. Thermodynamischer Teil.

Die Entropie S_d eines Mols des gesättigten Dampfes von
der Temperatur T und dem Druck p ist:

$$S_d = \frac{5}{2} R \ln T - R \ln p + R \ln R + S_0, \qquad (1)$$

---

[1] Über einen Versuch, die Dampfdruckformel für tiefe Temperaturen
kinetisch abzuleiten s. *Planck* diese Zeitschr. 14, 258, 1913.

wobei S_0 die Entropiekonstante des Gases bedeutet. Andrerseits ist die Entropie des Dampfes gleich der Entropie S_f eines Mols des festen Stoffes + Entropievermehrung bei der Verdampfung:

$$S_d = S_f + \frac{L}{T}, \tag{2}$$

wobei L die gesamte Verdampfungswärme ist. Die Entropie eines aus N Resonatoren bestehenden festen Körpers ist nach der klassischen Theorie:

$$S_f = 3\,R\ln T + S_0', \tag{3}$$

wobei S_0' die Entropiekonstante des festen Stoffes bedeute. Setzt man nun nach dem *Nernst*schen Theorem

$$S_f = \int_0^T \frac{C_f}{T}\,dT,$$ worin C_f die spezifische Wärme des festen

Stoffes ist, setzt für C_f die *Einstein*sche Formel ein und bildet den Grenzwert für hohe Temperaturen, so wird:

$$S_f = 3\,R\ln T + 3\,R - 3\,R\ln \frac{h\nu}{k},$$ wobei $k = \frac{R}{N}$ und ν die

Schwingungszahl der Resonatoren ist. Es ergibt sich also:

$$S_0' = 3\,R - 3\,R\ln \frac{h\nu}{k}. \tag{3a}$$

Ferner ist, falls man mit L_0 die Verdampfungswärme beim absoluten Nullpunkt und mit C_d die spezifische Wärme des Gases bei konstantem Volumen bezeichnet:

$$L = L_0 + \int_0^T C_d\,dT - \int_0^T C_f\,dT + RT.$$

Setzt man nun $C_d = \frac{3\,R}{2}$ und für C_f wieder die *Einstein*sche Formel ein, so wird in der Grenze für großes T:

$$L = L_0 + \frac{3}{2}\,RT - \left(3\,RT - 3\,N\,\frac{h\nu}{2}\right) + RT$$

oder:

$$L = L_0 + 3\,N\,\frac{h\nu}{2} - \frac{1}{2}\,RT \tag{4}$$

bzw.

$$L = \lambda_0 - \frac{1}{2} RT, \qquad (4a)$$

falls wir $\lambda_0 = L_0 + 3 N \dfrac{h\nu}{2}$ die wahre Verdampfungswärme

beim absoluten Nullpunkt nennen. Da nämlich nach der Hypothese der Nullpunktsenergie[1]) der feste Stoff beim absoluten Nullpunkt die Energie $3 N \dfrac{h\nu}{2}$ besitzt, so ist die zur Verdampfung notwendige Wärmemenge L_0 um diesen Betrag kleiner als die potentielle Energie, die der Stoff im Gaszustande besitzt. Letztere ist vielmehr

$$L_0 + 3 N \frac{h\nu}{2} = \lambda_0.$$

Durch Einsetzen von (1), (3) und (4a) in (2) erhält man die Gleichung:

$$p = \frac{1}{V\overline{T}} \cdot e^{-\frac{\lambda_0}{RT}} \cdot R \cdot e^{\frac{S_0 - S_0'}{R} + \frac{1}{2}}. \qquad (5)$$

O. Sackur[2]) und H. Tetrode[3]) haben S_0 mit Hilfe der Quantentheorie berechnet und gefunden:

$$S_0 = \frac{5}{2} R + R \ln \frac{(2 \pi m k)^{3/2}}{N h^3}.[4])$$

Entnehmen wir noch aus Gleichung (3a) den Wert für S_0', so wird:

$$\frac{S_0 - S_0'}{R} + \frac{1}{2} = \ln \frac{(2 \pi m)^{3/2} \nu^3}{N k^{3/2}}.$$

In Gleichung (5) eingesetzt, ergibt sich schließlich als Dampfdruckformel für hohe Temperaturen:

---

[1]) *Planck*, Ann. d. Phys. **34**, 653, 1912; *A. Einstein* u. *O. Stern*, Ann. d. Phys. **40**, 551, 1913.

[2]) *O. Sackur*, Nernst-Festschrift, S. 405, 1912; Ann. d. Phys. **40**, 67, 1913; s. a. Jahresber. d. Schles. Ges. 1913.

[3]) *H. Tetrode*, Ann. d. Phys. **38**, 434; **39**, 255, 1912.

[4]) Ich habe hier den von *H. Tetrode* gegebenen Wert benutzt. *Sackur* gibt einen um R kleineren Ausdruck, doch ändert sich dadurch in Gleichung (6) nur der Zahlenfaktor um e^{-1}.

$$p = (2\,\pi)^{'/_\text{\tiny 2}} \cdot \frac{m^{'/_\text{\tiny 2}}\, v^3}{k^{'/_\text{\tiny 2}}} \cdot \frac{1}{T^{'/_\text{\tiny 2}}}\; e^{-\frac{\lambda_0}{RT}}. \tag{6}$$

Ich möchte hier gleich auf eine Voraussetzung aufmerksam machen, die wir im vorhergehenden stillschweigend gemacht haben, indem wir die gewöhnlichen Formeln für Energie und Entropie eines Resonatorensystems anwandten. Unter den N Resonatoren werden nämlich nach dem *Maxwell*schen Verteilungssatz alle möglichen Energien vorkommen. Einige Resonatoren werden also auch eine sehr hohe potentielle Energie haben. Nun ist aber die potentielle Energie, die die N Resonatoren aufnehmen können, beschränkt, und zwar gleich λ_0, falls alle verdampft sind. Die potentielle Energie, die also im Mittel ein Resonator maximal aufnehmen kann, ist $\frac{\lambda_0}{N}$, und alle diejenigen, denen wir durch die benutzten Formeln eine größere potentielle Energie zugeschrieben haben, werden in Wirklichkeit im Mittel doch nur $\frac{\lambda_0}{N}$ besitzen.

Den Fehler, den wir dadurch begehen, kann man leicht abschätzen. Die Zahl der Resonatoren, deren Energie grösser als $\frac{\lambda_0}{N}$ ist, beträgt $N\, e^{-\frac{\lambda_0}{RT}}$. Die Abweichungen von den oben benutzten Formeln werden also im wesentlichen $e^{-\frac{\lambda_0}{RT}}$ proportional sein und verschwinden, falls $\frac{\lambda_0}{RT}$ sehr groß ist. In Wirklichkeit ist dies nun stets der Fall. Wir können daher, wie wir es oben stillschweigend getan haben, auch weiterhin die beschränkende Voraussetzung machen, daß $\frac{\lambda_0}{RT}$ sehr groß ist, und Glieder von der Größenordnung $e^{-\frac{\lambda_0}{RT}}$ vernachlässigen.

2. Kinetischer Teil.

Um die Dampfdruckformel kinetisch abzuleiten, muß man ein molekularmechanisches Modell konstruieren, das den festen Körper im Gleichgewicht mit seinem Dampf veranschaulicht. Jedes beliebige solche Modell muß, falls es den Gleichungen der Mechanik gehorcht, bei gleichem ν, λ_0 und Molekulargewicht die gleiche, oben rein thermodynamisch berechnete Temperaturabhängigkeit des Dampfdrucks zeigen. Dagegen wird der Wert des von der Temperatur unabhängigen, wesentlich durch $S_0 - S_0'$ bestimmten Faktors von den speziellen Eigenschaften des Modells abhängen. Es wird sich jedoch ergeben, daß auch die speziellen Hypothesen, die den Wert des Faktors bestimmen, noch recht allgemeiner Natur sein können. Das hier benutzte Bild ist folgendes. In einem Raum befinden sich Punkte P, welche die Atome mit einer der Entfernung r direkt proportionalen Kraft anziehen. Diese Kraft wirkt jedoch, da die Verdampfungswärme einen endlichen Wert hat, nur bis zu einem bestimmten Abstande s. Die Punkte P sind also von kugeligen Anziehungssphären umgeben, innerhalb deren die Atome als monochromatische Resonatoren schwingen, während sie im übrigen Raum kräftefrei als ideale Gasmoleküle herumfliegen. Hierdurch ist die potentielle Energie der Moleküle in jedem Punkte des Raumes bestimmt und somit nach *Boltzmanns* e-Satz das Verhältnis der Moleküldichten in den Sphären und in dem freien Raume gegeben. Da aber nur das Verhältnis der Dichten bestimmt ist, müssen wir, um die Dampfdichte festzulegen, noch eine spezielle Hypothese über die in den Sphären herrschende Moleküldichte aufstellen. Hier kann man kaum eine andere Annahme machen als die, daß im Mittel in jeder Sphäre sich ein Molekül befindet. Denn wir stellen uns ja vor, daß es auch im wirklichen festen Körper ebensoviel Atome als Gleichgewichtslagen (Punkte P) gibt. Hiermit ist nun die Dampfdichte vollständig bestimmt, und die Berechnung gestaltet sich folgendermaßen. Bezeichne ich

mit n_0 und ψ_0 Moleküldichte und. potentielle Energie einer
Molekel im freien Raum, mit n_r und ψ_r diese Größen an
einem Punkt einer Sphäre, der die Entfernung r von der
Gleichgewichtslage P besitzt, so gilt nach *Boltzmann* die
Gleichung:

$$n_r : n_0 = e^{-\frac{\psi_r}{kT}} : e^{-\frac{\psi_0}{kT}},$$

oder

$$n_r = n_0 \cdot e^{\frac{\psi_0}{kT}} \cdot e^{-\frac{\psi_r}{kT}}$$

Die Gesamtzahl der in einer Sphäre enthaltenen Molekeln ist:

$$n = \int_0^s n_r \cdot 4\pi r^2 \, d r = \int_0^s n_0 \cdot e^{\frac{\psi_0}{kT}} \cdot e^{-\frac{\psi_r}{kT}} 4\pi r^2 \, d r = 1 \quad (7)$$

nach Voraussetzung. Ist nun die Kraft, mit der die Molekel
(Masse m) von dem Sphärenmittelpunkt angezogen wird,
durch die Gleichung:

$$m \frac{d^2 r}{d t^2} = - a^2 r$$

bestimmt, so ist die potentielle Energie ψ_r der Molekel im
Abstande r gleich $\dfrac{a^2}{2} r^2$, im freien Raum ψ_0 gleich $\dfrac{a^2}{2} s^2$.

Es folgt also aus (7) die Gleichung:

$$1 = n_0 \, e^{\frac{\psi_0}{kT}} 4\pi \int_0^s e^{-\frac{\frac{a^2}{2} r^2}{kT}} r^2 \, d r.$$

Setzt man $\dfrac{\frac{a^2}{2} r^2}{kT} = x^2$ und $\dfrac{\frac{a^2}{2} s^2}{kT} = x_0^2$, so wird

$$1 = n_0 \cdot e^{\frac{\psi_0}{kT}} 4\pi \left(\frac{kT}{\frac{a^2}{2}}\right)^{3/2} \int_0^{x_0} e^{-x^2} x^2 \, d x.$$

Es ist also:

$$p = n_0 \, kT = \frac{\left(\dfrac{a^2}{2}\right)^{3/2}}{4\pi \, (kT)^{1/2}} \; e^{-\frac{\psi_0}{kT}} \cdot \frac{1}{\displaystyle\int_0^{x_0} e^{-x^2} x^2 \, d x} \quad (8)$$

Nun ist $\nu'_0 N$ die potentielle Energie eines Mols im Gaszustande gleich λ_0. Ferner ist $a^2 = m (2 \pi \nu)^2$. Schließlich ist zu bedenken, daß wir hier nicht wie bei der thermodynamischen Abteilung die am Schluß des ersten Teils erwähnte Vernachlässigung gemacht haben. Um also die hier gewonnene Gleichung mit (6) vergleichen zu können, müssen wir sehen, welchem Grenzwert sich (8) für großes $\dfrac{\lambda_0}{RT}$ bzw. $\dfrac{\nu'_0}{kT} = x_0^2$ nähert. In diesem Falle wird:

$$\int_0^{x_0} e^{-x^2} x^2\, d x = \frac{\sqrt{\pi}}{4} - \frac{x_0}{2} e^{-x_0^2} = \frac{\sqrt{\pi}}{4}$$

falls wir, wie bei der thermodynamischen Ableitung, Glieder von der Größenordnung $e^{-\frac{\lambda_0}{RT}}$ vernachlässigen. Es ergibt sich somit endgültig:

$$p = (2 \pi)^{5/2}\, \frac{m^{5/2}\, \nu^3}{k^{5/2}}\, \frac{1}{T^{5/2}}\, e^{-\frac{\lambda_0}{RT}} \tag{9}$$

genau übereinstimmend mit Formel (6).

---

3. Ableitung der Entropiekonstanten eines einatomigen Gases.

Wir können nun auch den umgekehrten Weg gehen, indem wir Gleichung (5) mit (9) kombinieren, und die von der Temperatur unabhängigen Faktoren gleich setzen. Dann ist:

$$R\, e^{\frac{S_0 - S_0'}{R} + \frac{1}{2}} = \frac{(2 \pi)^{5/2}\, m^{5/2}\, \nu^3}{k^{5/2}}$$

oder

$$S_0 = S_0' + R \ln \frac{(2 \pi m)^{5/2}\, \nu^3}{N\, k^{5/2}} - \frac{1}{2}\, R.$$

Diese Gleichung ist vollständig ohne Benutzung der Quantentheorie abgeleitet. Setzt man nun aus (3a) für die Entropiekonstante des festen Stoffes S_0 den Wert $3\,R - R \ln \dfrac{h^3\, v^3}{k^3}$ ein, so ergibt sich:

$$S_0 = \frac{5}{2}\,R + R \ln \frac{(2\,\pi\,m\,k)^{5/2}}{V\,h^3}$$

die von *Sackur* und *Tetrode* aufgestellte Formel für die Entropiekonstante eines einatomigen Gases. Der Vorteil der hier gegebenen Ableitung besteht darin, dass nur die Gültigkeit der klassischen Molekulartheorie bei hohen Temperaturen und die *Einsteinsche* Formel für die spezifische Wärme des festen Stoffes vorausgesetzt wird, während das Gas als vollständig ideal betrachtet wird und keinerlei quantentheoretische Überlegungen darauf angewandt werden.

ZÜRICH. Mai 1913.

———•———

Erscheint auch in der „Physikalischen Zeitschrift".

S5. Albert Einstein und Otto Stern, Einige Argumente für die Annahme einer Molekularen Agitation beim absoluten Nullpunkt. Ann. Physik, 40, 551–560 (1913)

8. *Einige Argumente für die Annahme einer molekularen Agitation beim absoluten Nullpunkt; von A. Einstein und O. Stern.*

© Springer-Verlag Berlin Heidelberg 2016
H. Schmidt-Böcking, K. Reich, A. Templeton, W. Trageser, V. Vill (Hrsg.), *Otto Sterns Veröffentlichungen – Band 1*, DOI 10.1007/978-3-662-46953-8_9

8. *Einige Argumente*
für die Annahme einer molekularen Agitation
beim absoluten Nullpunkt;
von A. Einstein und O. Stern.

Der Ausdruck für die Energie eines Resonators lautet nach der ersten **Planck**schen Formel:

$$(1) \qquad E = \frac{h\nu}{e^{\frac{h\nu}{kT}} - 1},$$

nach der zweiten:

$$(2) \qquad E = \frac{h\nu}{e^{\frac{h\nu}{kT}} - 1} + \frac{h\nu}{2}.$$

Der Grenzwert für hohe Temperaturen wird, wenn wir die Entwickelung von $e^{\frac{h\nu}{kT}}$ mit dem quadratischen Gliede abbrechen, für (1):

$$\lim_{T=\infty} E = kT - \frac{h\nu}{2},$$

für (2):

$$\lim_{T=\infty} E = kT.$$

Die Energie als Funktion der Temperatur, wie sie in Fig. 1 dargestellt ist, beginnt also nach Formel (1) für $T = 0$ mit Null, dem von der klassischen Theorie geforderten Werte, bleibt aber bei hohen Temperaturen ständig um das Stück $h\nu/2$ kleiner als dieser. Nach Formel (2) hat der Resonator beim absoluten Nullpunkt die Energie $h\nu/2$, im Widerspruch zur klassischen Theorie, erreicht aber bei hohen Temperaturen asymptotisch die von dieser geforderte Energie. Dagegen ist der Differentialquotient der Energie nach der Temperatur, d. h. die spezifische Wärme, in beiden Fällen gleich.

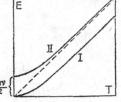

Fig. 1.

552   *A. Einstein u. O. Stern.*

Für Gebilde mit unveränderlichem v sind diese Formeln
also gleichwertig, während die Theorie solcher Gebilde, deren v
für verschiedene Zustände verschiedene Werte hat, durch die
Annahme einer Nullpunktsenergie wesentlich beeinflußt wird.
Der ideale Fall wäre der eines aus monochromatischen Gebilden bestehenden Systems, dessen v-Wert unabhängig von
der Temperatur willkürlich geändert werden kann. Die Abhängigkeit der Energie von der Frequenz bei konstanter Temperatur würde wesentlich von der Existenz einer Nullpunktsenergie abhängen. Leider liegen Erfahrungen über ein der-
artiges Gebilde nicht vor. Wohl aber kennen wir in den
rotierenden Gasmolekülen Gebilde, deren thermische Bewegungen
mit denen monochromatischer Gebilde eine weitgehende Ähn-
lichkeit aufweisen[1]), und bei welchen die mittlere Frequenz
mit der Temperatur veränderlich ist. An diesen Gebilden ist
also die Berechtigung der Annahme einer Nullpunktsenergie
in erster Linie zu prüfen. Im folgenden soll zunächst untersucht werden, inwiefern wir aus der Planckschen Formel auf
das theoretische Verhalten solcher Gebilde Rückschlüsse ziehen
können.

Die spezifische Wärme des Wasserstoffs bei tiefen Temperaturen.

Es handelt sich um die Frage, wie die Energie der Rotation
eines zweiatomigen Moleküls von der Temperatur abhängt.
Analog wie bei der Theorie der spezifischen Wärme fester
Stoffe sind wir zu der Annahme berechtigt, daß die mittlere
kinetische Energie der Rotation davon unabhängig ist, ob das
Molekül in Richtung seiner Symmetrieachse ein elektrisches Moment besitzt oder nicht. Im Falle, daß das Molekül ein solches
Moment besitzt, darf es das thermodynamische Gleichgewicht
zwischen Gasmolekülen und Strahlung nicht stören. Hieraus
kann man schließen, daß das Molekül unter der Einwirkung der
Strahlung allein dieselbe kinetische Energie der Rotation annehmen muß, die es durch die Zusammenstöße mit anderen
Molekülen erhalten würde. Die Frage ist also, bei welchem

---

1) Hierauf hat zuerst Nernst aufmerksam gemacht, vgl. Zeitschr.
f. Elektroch. **17.** p. 270 u. 825. 1911.

Molekulare Agitation beim absoluten Nullpunkt.   553

Mittelwerte der Rotationsenergie sich ein träger, starrer Dipol mit Strahlung von bestimmter Temperatur im Gleichgewicht befindet. Wie die Gesetze der Ausstrahlung auch sein mögen, so wird doch wohl daran festzuhalten sein, daß ein rotierender Dipol doppelt so viel Energie pro Zeiteinheit ausstrahlt als ein eindimensionaler Resonator, bei dem die Amplitude des elektrischen und mechanischen Moments gleich dem elektrischen und mechanischen Moment des Dipols ist. Analoges wird auch von dem Mittelwert der absorbierten Energie gelten. Machen wir nun noch die vereinfachende Näherungsannahme, daß bei gegebener Temperatur alle Dipole unseres Gases gleich rasch rotieren, so werden wir zu dem Schluß geführt, daß im Gleichgewicht die kinetische Energie eines Dipols doppelt so groß sein muß, wie die eines eindimensionalen Resonators von gleicher Frequenz. Bei den gemachten Annahmen können wir die Ausdrücke (1) bzw. (2) direkt zur Berechnung der kinetischen Energie eines mit zwei Freiheitsgraden rotierenden Gasmoleküls anwenden, wobei bei jeder Temperatur zwischen E und ν die Gleichung

$$E = \frac{J}{2} (2 \pi \nu)^2$$

besteht (J Trägheitsmoment des Moleküls).

So ergibt sich für die Energie der Rotation pro Mol:

$$(3) \qquad E = N_0 \cdot \frac{J}{2} (2 \pi \nu)^2 = N_0 \frac{h \nu}{e^{\frac{h \nu}{k T}} - 1}$$

bzw.

$$(4) \qquad E = N_0 \cdot \frac{J}{2} (2 \pi \nu)^2 = N_0 \left(\frac{h \nu}{e^{\frac{h \nu}{k T}} - 1} + \frac{h \nu}{2} \right).$$

Da nun ν und T durch eine transzendente Gleichung verknüpft sind, ist es nicht möglich, dE/dT als explizite Funktion von T auszudrücken, sondern man erhält, falls man zur Abkürzung $2 \pi^2 J = p$ setzt, als Formel für die spezifische Wärme der Rotation:

$$(5) \qquad c_r = \frac{dE}{dT} = \frac{dE}{d\nu} \cdot \frac{d\nu}{dT} = N_0 \, 2 \, p \, \nu \frac{\nu}{T \left(1 + \frac{k T}{p \, \nu^2 + h \nu} \right)}$$

554 *A. Einstein u. O. Stern.*

bzw.

(6) $\qquad c_r = \dfrac{dE}{dT} = \dfrac{dE}{d\nu} \cdot \dfrac{d\nu}{dT} = N_0\, 2\, p\, \nu - \dfrac{\nu}{T\left(1 + \dfrac{kT}{p\,\nu^2 - \dfrac{h^2}{4\,p}}\right)},$

wobei ν und T durch die Gleichung:

(5 a) $\qquad T = \dfrac{h}{k} \dfrac{\nu}{\ln\left(\dfrac{h}{p\,\nu} + 1\right)}$

bzw.

(6 a) $\qquad T = \dfrac{h}{k} \dfrac{\nu}{\ln\left(\dfrac{h}{p\,\nu - \dfrac{h}{2}} + 1\right)}$

verbunden sind. In Fig. 2 stellt die Kurve I die auf Grund von (6) und (6 a) berechnete spezifische Wärme dar, wobei p

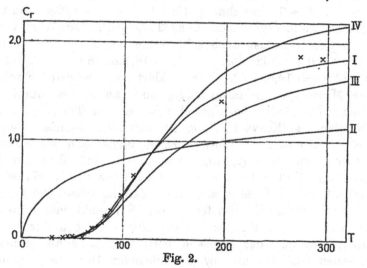

Fig. 2.

den Wert $2{,}90 \cdot 10^{-40}$ hat;[1]) Kurve II ist aus (5) und (5 a) mit Hilfe von $p = 2 \cdot 10^{-40}$ berechnet. Die Kreuzchen bezeichnen die von Eucken[2]) gemessenen Werte. Wie man sieht, zeigt die Kurve II einen Verlauf, der mit den Versuchen in völligem

---

1) Berechnet man den zu diesem Trägheitsmoment gehörigen Molekül-durchmesser, so ergibt er sich zu $9 \cdot 10^{-9}$, etwa halb so groß, als der gastheoretisch ermittelte Wert.

2) Eucken, Sitzungsber. d. preuß. Akad. p. 141. 1912.

Molekulare Agitation beim absoluten Nullpunkt.   555

Widerspruch steht, während Kurve I, die auf der Annahme
einer Nullpunktsenergie basiert, die Resultate der Messungen
in vorzüglicher Weise widergibt. Um festzustellen, welchen
Wert nach Formel (4) v für die Grenze $T = 0$ annimmt,
schreiben wir (4) in folgender Form:

$$e^{\frac{h\nu}{kT}} = \frac{h}{p\nu - \frac{h}{2}} - 1 = \frac{p\nu + \frac{h}{2}}{p\nu - \frac{h}{2}}.$$

Dann sieht man, daß für $T = 0$ v nicht gleich Null werden
kann, da die rechte Seite dann gegen -1 konvergieren würde,
während auf der linken eine Potenz von e steht. Es muß also
für $\lim T = 0$ v endlich bleiben, und zwar muß die rechte
Seite ebenso wie die linke gegen ∞ konvergieren, es muß
daher $p\,v_0 - h/2 = 0$ sein, falls wir mit v_0 den Grenzwert
von v für $T = 0$ bezeichnen. Es ist also $v_0 = h/2\,p$. Im vorliegenden Falle ergibt sich v_0 zu $11{,}3 \cdot 10^{12}$. Der Wert von v
ändert sich zunächst auch sehr wenig mit steigender Tempe-
ratur; so ist bei 102^0 abs. $v = 11{,}4 \cdot 10^{12}$, bei 189^0 $v = 12{,}3 \cdot 10^{12}$,
bei 323^0 $v = 14{,}3 \cdot 10^{12}$. Dies erklärt nun, weshalb Eucken
seine Messungen verhältnismäßig noch am besten durch die
einfache Einsteinsche Formel mit von der Temperatur un-
abhängigem v (Kurve III, Fig. 2) darstellen konnte. Jedoch
sieht man, daß auch diese Formel, namentlich bei höheren
Temperaturen, versagt, abgesehen davon, daß ohne die Annahme der Nullpunktsenergie die Konstanz von v völlig un-
verständlich bleibt. Man sieht also, daß die spezifische Wärme
des Wasserstoffs die Existenz einer Nullpunktsenergie wahrscheinlich macht, und es handelt sich nur noch darum, zu
prüfen, wie weit der spezielle Wert von $h\nu/2$ als gesichert
anzusehen ist. Da nun in der folgenden Untersuchung über
das Strahlungsgesetz der Betrag der Nullpunktsenergie zu $h\nu$
angenommen werden muß, haben wir die spezifische Wärme des
Wasserstoffs auch für diese Annahme berechnet ($p = 5{,}60 \cdot 10^{-40}$,
Kurve IV, Fig. 2). Es ist ersichtlich, daß die Kurve bei
höheren Temperaturen zu steil und zu hoch ist. Andererseits
ist zu bemerken, daß bei Berücksichtigung der Geschwindigkeitsverteilung unter den Molekülen die Kurve jedenfalls etwas
flacher ausfallen dürfte. Es ist demnach zwar unwahrschein-

556   *A. Einstein u. O. Stern.*

lich, aber nicht mit Sicherheit auszuschließen, daß die Nullpunktsenergie den Wert $h\nu$ besitzt.[1])

Die Ableitung des Strahlungsgesetzes.

Im folgenden soll gezeigt werden, wie sich auf Grund
der Annahme einer Nullpunktsenergie die Plancksche Strahlungsformel in ungezwungener, wenn auch nicht ganz strenger
Weise ableiten läßt, und zwar ohne jede Annahme über irgend-
welche Diskontinuitäten. Der Weg, den wir hierzu einschlagen,
ist im wesentlichen derselbe, den Einstein und Hopf[2]) in
einer vor 2 Jahren erschienenen Abhandlung benutzten. Wir
betrachten die fortschreitende Bewegung eines freibeweglichen
Resonators, der etwa an einem Gasmolekül festsitzt, unter
dem Einflusse eines ungeordneten Strahlungsfeldes. Im thermischen Gleichgewicht muß dann die mittlere kinetische Energie,
die das Gasmolekül durch die Strahlung erhält, gleich derjenigen sein, die es durch Zusammenstöße mit anderen Molekülen bekommen würde. Man erhält so den Zusammenhang
zwischen der Dichte der schwarzen Strahlung und der mittleren kinetischen Energie einer Gasmolekel, d. h. der Temperatur. Einstein und Hopf finden auf diese Weise das
Rayleigh-Jeanssche Gesetz. Wir wollen nun dieselbe Be-

---

1) Nimmt man die Entropie rotierender Gebilde gleich der fester
Stoffe nach dem Nernstschen Theorem für $T = 0$ zu Null an, so ergibt
sich der gesamte von der Rotation der zweiatomigen Moleküle herrührende Anteil der Entropie eines Mols zu

$$S_r = \int_0^T \frac{c_r}{T}\, dT = \int_{\nu_0}^\nu \ln \frac{\nu + \nu_0}{\nu - \nu_0}\, d\nu = \frac{2\,p\,\nu^2}{T} + k \ln\left[\left(\frac{p\,\nu}{h}\right)^2 - 1\right].$$

Für hohe Temperaturen wird:

$$S_r = R \ln T + 2R + R \ln \frac{2\,\pi^2 J k}{h^2}.$$

Nach Sackur (Nernst-Festschrift p. 414. 1912) ist die Entropiekonstante
der Rotation:

$$R + R \ln \frac{16\,\pi^3 J k}{h^2},$$

in der Hauptsache, nämlich dem Ausdruck $J k / h^2$, mit dem obigen Ausdruck übereinstimmend. Dasselbe Resultat erhält man übrigens, wenn
man für c_r nicht Formel (5), sondern Formel (6) einsetzt.

2) A. Einstein u. L. Hopf, Ann. d. Phys. **33**. p. 1105—1115. 1910.

trachtung unter der Annahme einer Nullpunktsenergie durchführen. Der Einfluß, den die Strahlung ausübt, läßt sich nach
Einstein und Hopf in zwei verschiedene Wirkungen zer-
legen. Erstens einmal erleidet die geradlinig fortschreitende
Bewegung des Resonatormoleküls eine Art Reibung, veran-
laßt durch den Strahlungsdruck auf den bewegten Oszillator.
Diese Kraft K ist proportional der Geschwindigkeit v, also
$K = - Pv$, wenigstens falls v klein gegen die Lichtgeschwin-
digkeit ist. Der Impuls, den das Resonatormolekül in der
kleinen Zeit τ, während deren sich v nicht merklich ändern
soll, erhält, ist also $- Pv\tau$. Zweitens erteilt die Strahlung
dem Resonatormolekül Impulsschwankungen $\varDelta$, die von der
Bewegung des Moleküls in erster Annäherung unabhängig und
für alle Richtungen gleich sind, so daß nur ihr quadratischer
Mittelwert $\overline{\varDelta^2}$ während der Zeit τ für die kinetische Energie
maßgebend ist. Soll nun diese den von der statistischen
Mechanik geforderten Wert $k(T/2)$ besitzen (der Oszillator soll
der Einfachheit halber nur in der x-Richtung beweglich sein
und nur in der z-Richtung schwingen), so muß nach Einstein
und Hopf (l. c. p. 1107) folgende Gleichung gelten:

$$\overline{\varDelta^2} = 2kTP\tau.$$

Was nun die Berechnung von P anlangt, so können wir annehmen, daß hierfür nur die von der Strahlung selbst angeregten Schwingungen in Betracht kommen, und daß man
diese so berechnen kann, als ob die Nullpunktsenergie nicht
vorhanden wäre. Wir können also den von Einstein und
Hopf berechneten Wert (l. c. p. 1111):

$$P = \frac{3c\sigma}{10\pi\nu}\left(\varrho - \frac{\nu}{3}\frac{d\varrho}{d\nu}\right)$$

benutzen.

Um nun $\overline{\varDelta^2}$ zu berechnen, setzen wir (l. c. p. 1111) den
Impuls, welchen der Oszillator während der Zeit τ in der
x-Richtung erfährt:

$$J = \int_0^\tau k_x\, dt = \int_0^\tau \frac{\partial E_z}{\partial x} f\, dt,$$

wobei f das Moment des Oszillators ist. Wir wollen zunächst
nur den Fall betrachten, daß die Energie der durch die Strah-

558   *A. Einstein u. O. Stern.*

lung angeregten Schwingung zu vernachlässigen ist gegen die
Nullpunktsenergie des Resonators, was bei genügend tiefen
Temperaturen sicher erlaubt ist. Bezeichnen wir mit f_0 das
maximale Moment des Resonators, so ist:

$$f = f_0 \cos \frac{2 \pi n_0 t}{T},$$

wobei T eine große Zeit und $n_0/T = \nu_0$ die Frequenz des
Resonators ist. $\partial \mathfrak{E}_z / \partial x$ setzen wir als Fouriersche Reihe an:

$$\frac{\partial \mathfrak{E}_z}{\partial x} = \sum C_n \cos \left(2 \pi n \frac{t}{T} - \vartheta_n \right).$$

Dann wird:

$$J = \int_0^\tau \sum C_n \cos \left(2 \pi n \frac{t}{T} - \vartheta_n \right) f_0 \cos \left(2 \pi n_0 \frac{t}{T} \right) dt$$

$$= f_0 \sum C_n \frac{T}{2 \pi (n_0 - n)} \sin \left(\pi \frac{n_0 - n}{T} \tau \right) \cdot \cos \left(\pi \frac{n_0 - n}{T} \tau - \vartheta_n \right),$$

da das mit $1/n_0 + n$ behaftete Glied wegfällt, weil $n_0 + n$ eine
sehr große Zahl ist. Setzt man nun $n/T = \nu$ und quadriert,
so wird:

$$\overline{J^2} = \overline{\Delta^2} = f_0^2 \overline{C_n^2} \frac{T}{8} \int_{-\infty}^{+\infty} \frac{\sin^2 \pi (\nu_0 - \nu) \tau}{[\pi (\nu_0 - \nu)]^2} d\nu,$$

oder:

$$\overline{\Delta^2} = \frac{1}{8} f_0^2 \cdot \overline{C_n^2} \, T \cdot \tau.$$

Nun ist (l. c. p. 1114):

$$\overline{C_n^2} \, T = \frac{64}{15} \frac{\pi^3 \nu^2}{c^2} \varrho.$$

Also ist:

$$\overline{\Delta^2} = \frac{8}{15} \frac{\pi^3 \nu^2}{c^2} \varrho \, \tau \cdot f_0^2.$$

Besitzt nun der Resonator die Nullpunktsenergie $h \nu$[1]), so ist:

$$\frac{1}{2} K f_0^2 = h \nu \text{[2])} \quad \text{oder} \quad f_0^2 = \frac{2 h \nu}{K} = \frac{3}{8} \frac{h \sigma c^3}{\pi^4 \nu^2} \cdot \text{[2])}$$

---

1) Es hat sich gezeigt, daß bei der hier skizzierten Rechnungs-
weise die Nullpunktsenergie gleich $h \nu$ gesetzt werden muß, um zur
Planckschen Strahlungsformel zu gelangen. Spätere Untersuchungen
müssen zeigen, ob die Diskrepanz zwischen dieser Annahme und der
bei der Untersuchung über den Wasserstoff zugrunde gelegten Annahme
bei strengerer Rechnung verschwindet.

2) M. Planck, Wärmestrahlung 6. Aufl. p. 112 (Gleichung (168)).

Molekulare Agitation beim absoluten Nullpunkt.   559

Mithin ist:

$$\overline{\varDelta^2} = \frac{1}{5\pi} h c \sigma \varrho \tau.$$

Setzt man dies in die Gleichung

$$\overline{\varDelta^2} = 2 k T P \tau$$

ein, so gelangt man zum **Wienschen Strahlungsgesetz.** Wir wollen hier jedoch gleich die Voraussetzung, daß die durch die Strahlung angeregte Schwingung des Resonators zu vernachlässigen sei, aufgeben. Nehmen wir nun an, daß die Energie der dem Resonator von der Strahlung erteilten Schwingungen Impulsschwankungen liefert, die von den der Nullpunktsenergie entsprechenden Schwankungen unabhängig sind, so können wir den quadratischen Mittelwert beider Impulsschwankungen addieren.[1] Wir haben also zu dem oben berechneten Wert für $\overline{\varDelta^2}$ noch den von **Einstein** und **Hopf** (l. c. p. 1114, Gleichung (15)) hinzuzufügen und erhalten:

$$\overline{\varDelta^2} = \frac{1}{5\pi} h c \sigma \varrho \tau + \frac{c^4 \sigma \tau}{40 \pi^2 \nu^3} \varrho^2.$$

Andererseits ist:

$$\overline{\varDelta^2} = 2 k T P \tau = 2 k T \tau \cdot \frac{3 c \sigma}{10 \pi \nu} \left(\varrho - \frac{\nu}{3} \frac{d\varrho}{d\nu} \right).$$

Es ergibt sich demnach als Differentialgleichung für ϱ:

$$h \varrho + \frac{c^3}{8 \pi \nu^3} \varrho^2 = 3 k T \left(\varrho - \frac{\nu}{3} \frac{d\varrho}{d\nu} \right).$$

Die Auflösung dieser Gleichung liefert:

$$\varrho = \frac{8 \pi \nu^2}{c^3} \frac{h \nu}{e^{\frac{h \nu}{k T}} - 1},$$

das **Plancksche Strahlungsgesetz,** und die Energie des Resonators ergibt sich zu:

$$E = \frac{h \nu}{e^{\frac{h \nu}{k T}} - 1} + h \nu.$$

---

1) Es braucht kaum betont zu werden, daß diese Art des Vorgehens sich nur durch unsere Unkenntnis der tatsächlichen Resonatorgesetze rechtfertigen läßt.

560   *A. Einstein u. O. Stern.   Molekulare Agitation usw.*

Zusammenfassung.

1. Die Euckensche Resultate über die spezifische Wärme des Wasserstoffs machen die Existenz einer Nullpunktsenergie vom Betrage $h\nu/2$ wahrscheinlich.

2. Die Annahme der Nullpunktsenergie eröffnet einen Weg, die Plancksche Strahlungsformel ohne Zuhilfenahme irgendwelcher Diskontinuitäten abzuleiten. Es erscheint jedoch zweifelhaft, ob auch die anderen Schwierigkeiten sich ohne die Annahme von Quanten werden bewältigen lassen.

Zürich, Dezember 1912.

(Eingegangen 5. Januar 1913.)

Anmerkung bei der Korrektur:

Hr. Prof. Weiß machte uns darauf aufmerksam, daß auch die Curieschen Messungen über den Paramagnetismus des gasförmigen Sauerstoffs darauf hinweisen, daß dessen Rotationsenergie bei hohen Temperaturen den von der klassischen Theorie geforderten Wert und nicht einen um $h\nu/2$ kleineren besitzt, wie dies ohne die Annahme einer Nullpunktsenergie zu erwarten sein würde. Es läßt sich leicht zeigen, daß in letzterem Falle bei der Genauigkeit der Curieschen Messungen sich Abweichungen vom Curieschen Gesetz hätten zeigen müssen.

S6. Otto Stern, Zur Theorie der Gasdissoziation. Ann. Physik, 349, 497–524 (1914)

1914.   № 12.

ANNALEN DER PHYSIK.
VIERTE FOLGE. BAND 44.

1. *Zur Theorie der Gasdissoziation;*
von Otto Stern.

1914.   № 12.

ANNALEN DER PHYSIK.
VIERTE FOLGE. BAND 44.

1. *Zur Theorie der Gasdissoziation;*
von Otto Stern.

Einleitung.

Im Folgenden[1]) soll eine Reaktion zwischen idealen Gasen betrachtet werden, und zwar der einfache Fall, daß zwei Atome A und B zum Molekül AB zusammentreten:

$$A + B \rightleftharpoons AB.$$

Im Gleichgewicht gilt dann, falls wir mit C die Konzentration in Mol pro Kubikzentimeter bezeichnen, nach dem Massenwirkungsgesetz die Gleichung:

$$\frac{C_a \cdot C_b}{C_{ab}} = K.$$

Die Thermodynamik lehrt, daß die Temperaturabhängigkeit der Gleichgewichtskonstanten K durch die Wärmetönung Q der Reaktion bestimmt ist, deren Temperaturabhängigkeit wiederum durch die Differenz der spezifischen Wärmen c der Reaktionsteilnehmer gegeben ist. Wir können also K für alle Temperaturen berechnen, wenn uns der Wert von K und Q für eine Temperatur sowie der Verlauf der spezifischen Wärmen c bekannt ist. Das Nernstsche Wärmetheorem ermöglicht uns, allein aus Q und c den Wert von K zu berechnen, falls uns die chemischen Konstanten der Reaktionsteilnehmer gegeben sind, die aus Messungen an den reinen Stoffen ermittelt werden können. Die Quantentheorie schließlich gestattet uns, den Wert der chemischen Konstanten eines Stoffes aus dem Gewicht m und — bei dem zweiatomigen

---

1) Die erste Anregung zu vorliegender Arbeit gab eine gesprächsweise von Hrn. P. Ehrenfest gestellte Frage: Was denn das für eine Art von „prästabilierter Harmonie" sei, die das Nernstsche Theorem über die empfindlichen Bezirke in Boltzmanns Schema der Gasdissoziation verhänge.

498   *O. Stern.*

Molekül — dem Trägheitsmoment i des Moleküls zu berechnen. Bei höherer Temperatur muß noch die Frequenz v der Schwingung der Atome im Molekül AB bekannt sein. Aus diesen Daten — m_a, m_b, m_{ab}, i, event. v — sind nicht nur die chemischen Konstanten, sondern auch die spezifischen Wärmen von A, B und AB berechenbar, so daß wir nur noch den Wert von Q für eine Temperatur zu kennen brauchen, um Q und K für beliebige Temperaturen zu berechnen.

Diese Berechnung läßt sich nun auch auf einem ganz anderen Wege durchführen, nämlich durch die direkte Anwendung der Molekulartheorie auf die Gasreaktion. Zur Durchführung dieses Weges, der zuerst von Boltzmann[1]) beschritten wurde, braucht man ein molekularmechanisches Modell der chemischen Reaktion. Ferner muß man sich, wie wir jetzt wissen, bei der Anwendung der klassischen Molekulartheorie auf hohe Temperaturen beschränken, und wir wollen daher im folgenden nur solche Temperaturen betrachten, bei denen die Gültigkeit der klassischen Molekulartheorie durch die ihr entsprechende spezifische Wärme des Moleküls AB gewährleistet scheint. Der molekulartheoretischen Ableitung soll im wesentlichen, d. h. mit einigen Modifikationen, das von Boltzmann gegebene Modell der Gasdissoziation zugrunde gelegt werden.

Zum Schluß sollen dann die auf beiden Wegen erhaltenen Ergebnisse miteinander verglichen und an der Erfahrung geprüft werden.

I. Thermodynamisch-quantentheoretischer Teil.

Ich denke mir in einem Wärmereservoir von der Temperatur T ein Gefäß G (vgl. Fig. 1), das mit dem im Gleichgewicht befindlichen Gemisch der Gase A, B und AB gefüllt ist. Das Gefäß G sei durch passende semipermeable Wände mit drei durch Stempel verschlossenen Reservoiren verbunden, die je eins der Gase in der dem Gleichgewicht entsprechenden Konzentration enthalten. Durch Verschieben der Stempel kann

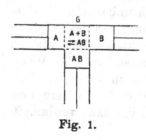

Fig. 1.

1) L. Boltzmann, Vorlesungen II. p. 177—217.

Zur Theorie der Gasdissoziation.   499

ich auf reversible Weise ein Mol A und ein Mol B sich zu
einem Mol AB vereinigen lassen. Die dabei dem System
zugeführte Arbeit ist RT. Die Energieabnahme ist gleich
Q_v, der Wärmemenge, die bei der ohne Arbeitsleistung er-
folgenden Vereinigung je eines Mols A und B zu AB nach
außen abgegeben wird. Die gesamte vom System an das Reservoir abgegebene Wärme ist also $Q_v + RT$. Demnach ist:

$$(1) \qquad - \frac{Q_v + RT}{T} = dS,$$

der Entropiezunahme, die der Vereinigung von je einem Mol
A und B zu AB entspricht, falls die Konzentrationen der
Gase dem chemischen Gleichgewicht entsprechen. Diese Entropiezunahme dS kann ich auch so berechnen, daß ich die
Gase A und B zunächst kondensiere, bis zum absoluten Nullpunkt der Temperatur abkühle, dort zu festem AB zusammentreten lasse, das entstandene AB wieder bis T erwärme, es
verdampfe und auf eine Konzentration bringe, die mit den
angewandten Ausgangskonzentrationen von A und B im chemischen Gleichgewicht ist. Bezeichne ich die Entropiezunahme
bei der Überführung von 1 Mol eines bei $T = 0$ befindlichen
festen Stoffes in Gas von der Temperatur T und der Konzentration C mit S, ferner die Entropiezunahme bei der Überführung von je einem Mol festes A und B in festes AB bei
$T = 0$ mit Σ, so ist:

$$dS = - S_a - S_b + \Sigma + S_{ab},$$

also:

$$(2) \qquad - \frac{Q_v + RT}{T} = S_{ab} - S_a - S_b + \Sigma.$$

Nach dem Nernstschen Theorem ist bekanntlich $\Sigma = 0$, doch
wollen wir zunächst den Wert von Σ noch unbestimmt lassen.
Die Entropiezunahme S bei der Überführung von festem Stoff
von $T = 0$ in Gas von hoher Temperatur kann man, wie ich
kürzlich[1]) zeigte, für einatomige Substanzen auf die Weise
berechnen, daß man den festen Stoff zunächst bis zu einer
Temperatur erwärmt, bei der seine spezifische Wärme dem
Dulong-Petitschen Gesetz gehorcht, und ihn dann verdampft,

---

1) O. Stern, Phys. Zeitschr. **14**. p. 629. 1913.

500   *O. Stern.*

wobei die Entropieänderung bei der Erwärmung durch Anwendung der Planck-Einsteinschen Formel, bei der Verdampfung durch molekulartheoretische Erwägungen gefunden
wird. Hierbei wird zunächst vorausgesetzt, daß der feste Stoff
aus monochromatischen Resonatoren von gleicher Frequenz
besteht, was sicher nur eine grobe Annäherung darstellt.
Nun zeigt sich aber, daß in dem so erhaltenen Ausdruck für
die Entropie S eines einatomigen Gases bezogen auf den
festen Stoff bei $T = 0$ als Nullzustand:

$$(3) \qquad S = \tfrac{3}{2} R \ln T - R \ln C + \tfrac{5}{2} R + R \ln \frac{(2\pi m k)^{3/2}}{N h^3},$$

die auf den festen Stoff bezüglichen Größen ganz herausfallen
es ist: R die Gaskonstante, N Zahl der Moleküle pro Mol,
$k = R/N$, m das Gewicht einer Molekel, h die Plancksche
Konstante). Es ist also höchst wahrscheinlich, daß dieser
Ausdruck für S unabhängig von dem speziellen bei der Ableitung zugrunde gelegten Modell des festen Stoffes gilt.
Dafür spricht auch, daß Sackur[1]) und Tetrode[2]) diesen
Ausdruck schon früher auf einem ganz anderen Wege erhalten
haben.

Wir setzen daher für S_a und S_b die Ausdrücke:

$$(3\,\mathrm{a}) \qquad S_a = \tfrac{3}{2} R \ln T - R \ln C_a + \tfrac{5}{2} R + R \ln \frac{(2\pi m_a k)^{3/2}}{N h^3}$$

und

$$(3\,\mathrm{b}) \qquad S_b = \tfrac{3}{2} R \ln T - R \ln C_b + \tfrac{5}{2} R + R \ln \frac{(2\pi m_b k)^{3/2}}{N h^3}.$$

Den Wert für S_{ab}, die Entropie eines zweiatomigen Gases bei
hoher Temperatur bezogen auf den festen Stoff bei $T = 0$ als
Nullzustand, kann man, wie im Anhang gezeigt wird, unter
den gleichen Voraussetzungen und in ganz analoger Weise
wie die Entropie eines einatomigen Gases berechnen. Es
ergibt sich (vgl. Anhang):

$$(4) \qquad \begin{cases} S'_{ab} = \tfrac{5}{2} R \ln T - R \ln C_{ab} + \tfrac{5}{2} R + R \ln \frac{(2\pi m_{ab} k)^{3/2}}{N h^3} \\ \qquad\qquad + R + R \ln \frac{8\pi^2 i k}{h^2}. \end{cases}$$

1) O. Sackur, Ann. d. Phys. 40. p. 67. 1913.
2) H. Tetrode, Ann. d. Phys. 38. p. 414; 39. p. 255. 1912.

Zur Theorie der Gasdissoziation. 501

Hierbei bedeutet i das Trägheitsmoment eines Moleküls, und es ist vorausgesetzt, daß die spezifische Wärme pro Mol bei konstantem Volumen $c_v{}^{ab} = \frac{5}{2} R$ ist, daß also die Schwingung der Atome gegeneinander nichts zur spezifischen Wärme beiträgt. Um nun bei der molekulartheoretischen Rechnung die klassische Theorie anwenden zu können, müssen wir zu so hoher Temperatur T übergehen, daß die spezifische Wärme des mit potentieller Energie begabten Freiheitsgrades der Schwingung den Wert R erreicht. Daß für die zweiatomigen Gase c_v tatsächlich dem Grenzwert $\frac{7}{2} R$ zustrebt, haben Nernst[1]) und Bjerrum[2]) gezeigt, sowie auch, daß man diese Schwingung wenigstens mit einiger Annäherung als monochromatisch auffassen kann. Da uns nur für diesen Fall die spezifische Wärme theoretisch bekannt ist, will ich dies für die Rechnung annehmen. Die von der spezifischen Wärme c_s der Schwingung herrührende Entropiezunahme des Gases AB bei der Erwärmung von $T = 0$ auf T ergibt sich unter Zugrundelegung der Einsteinschen Funktion für c_s zu:

$$\int_0^T \frac{c_s}{T} dT = R \ln T + R + R \ln \frac{k}{h \nu}.$$

Die gesamte Entropie S_{ab} bei der Temperatur T ist also:

$$(5)\quad S_{ab} = \frac{7}{2} R \ln T - R \ln C_{ab} + \frac{5}{2} R + R \ln \frac{(2\pi m_{ab}k)^{3/2}}{N h^3} \cdot \frac{8\pi^2 ik}{h^2} \cdot \frac{k}{h \nu}.$$

Schließlich wollen wir noch Q_v durch Q_0 ausdrücken, die Wärmetönung der Reaktion beim absoluten Nullpunkt, die zugleich die Abnahme U_0 der potentiellen Energie bei der Vereinigung von je N Atomen A und B zu N Molekülen AB darstellt. Nach dem ersten Hauptsatz ist:

$$Q_v = Q_0 + \int_0^T (c_v{}^a + c_v{}^b) dT - \int_0^T c_v{}^{ab} dT = Q_0 + 3RT - \frac{7}{2}RT + \frac{Nh\nu}{2},$$

wobei das Glied $Nh\nu/2$ daher rührt, daß bei Annahme der Einsteinschen Funktion für die spezifische Wärme der Schwingung ihre Energie auch bei hohen Temperaturen stets

1) W. Nernst, Zeitschr. f. Elektroch. 17. p. 275. 1911.
2) N. Bjerrum, Zeitschr. f. Elektroch. 17. p. 731. 1911.

O. *Stern.*

um $Nh\nu/2$ unter dem von der klassischen Theorie geforderten Werte RT bleibt. Nun besitzt aber nach der Hypothese der Nullpunktsenergie [1]) das Molekül AB beim absoluten Nullpunkt die Energie $h\nu/2$, so daß die Abnahme U_0 der potentiellen Energie nicht vollständig durch Q_0 gegeben ist, sondern $Q_0 + Nh\nu/2$ beträgt. Es ist also:

$$(6) \qquad Q_v = U_0 - \tfrac{1}{2} R T.$$

Ebenso würde die Berücksichtigung der Abnahme der spezifischen Wärme der Rotation bei tiefen Temperaturen durch die Annahme entsprechender Nullpunktsenergie kompensiert werden. Übrigens ist diese Annahme nicht wesentlich, da auch ohnedies in den meisten Fällen das Glied $Nh\nu/2$ gegen Q_0 verschwindet. Setzt man die Werte für Q_v, S_a, S_b und S_{ab} aus (6), (3a), (3b) und (5) in Gleichung (2) ein, so ergibt sich:

$$-\frac{U_0}{T} - \frac{R}{2} = \tfrac{1}{2} R \ln T + R \ln \frac{C_a \cdot C_b}{C_{ab}} - \frac{R}{2}$$
$$+ R \ln \frac{N \, 2^{5/2} \pi^{1/2} k^{1/2} i}{\nu} \left(\frac{m_{ab}}{m_a \cdot m_b} \right)^{3/2} + \Sigma.$$

Bezeichnen wir den Abstand der Schwerpunkte der Atome A und B im Molekül AB mit d, so ist das Trägheitsmoment:

$$i = d^2 \frac{m_a \cdot m_b}{m_{ab}}.$$

Also ist:

$$K = \frac{C_a \cdot C_b}{C_{ab}} = \frac{e^{-\frac{U_0}{R T}}}{\sqrt{kT}} \cdot \frac{\nu}{N \, 2^{5/2} \pi^{1/2} d^2} \left(\frac{m_a \cdot m_b}{m_{ab}} \right)^{1/2} \cdot e^{-\frac{\Sigma}{R}}.$$

Gehen wir schließlich von Molen zu Molekülzahlen über und bezeichnen mit n_a, n_b, n_{ab} die im Volumen V enthaltenen Molekelzahlen und setzen $U_0/N = \psi_0$, so wird:

$$(7) \qquad \frac{C_a C_b}{C_{ab}} N = \frac{n_a \cdot n_b}{n_{ab} \cdot V} = \frac{e^{-\frac{\psi_0}{kT}}}{\sqrt{kT}} \, 2^{3/2} \pi^{1/2} d^2 \frac{\nu}{} \left(\frac{m_a \cdot m_b}{m_{ab}} \right)^{1/2} \cdot e^{-\frac{\Sigma}{R}}.$$

II. Molekulartheoretischer Teil.

Zur molekulartheoretischen Ableitung der Gleichgewichtsformel bedienen wir uns des folgenden molekularmechanischen

---

[1]) M. Planck, Ann. d. Phys. **37**. p. 653. 1912; A. Einstein u. O. Stern, Ann. d. Phys. **40**. p. 551. 1913.

Zur Theorie der Gasdissoziation.   503

Modells. Wir nehmen mit Boltzmann[1]) an, daß die beiden Atome A und B eine starke Anziehung aufeinander ausüben. Da sie aber im Molekül AB einen endlichen Abstand voneinander besitzen, wie wir aus der Größe des Trägheitsmomentes von AB wissen, so müssen wir annehmen, daß der Anziehung eine mit wachsender Annäherung der Atome A und B immer größer werdende Abstoßung entgegenwirkt, die schließlich der Anziehung das Gleichgewicht hält, wenn der Abstand der beiden Atomschwerpunkte gleich d geworden ist. Sowohl der Vergrößerung als der Verkleinerung dieses Abstandes wirkt eine Kraft entgegen, über deren Natur wir nichts Näheres wissen. Wir haben im thermodynamischen Teil die mit der Erfahrung annähernd übereinstimmende Annahme machen müssen, daß A und B im Molekül AB monochromatisch gegeneinander schwingen. Also müssen wir hier annehmen, daß die Kraft, welche den Abstand d der beiden Atomschwerpunkte wiederherzustellen strebt, proportional der Änderung x dieses Abstandes ist. Die Größe der Wirkungssphäre dieser Kraft, d. h. die maximale Entfernung $d + s$ der beiden Atomschwerpunkte, bis zu der A und B noch aufeinander wirken, wird dadurch bestimmt, daß die Arbeit, die nötig ist, um die beiden Atome zu dissoziieren, d. h. ihre Schwerpunkte aus der Entfernung d in eine solche, die größer ist als $d + s$, zu bringen, gleich $\psi_0 = U_0/N$ der Wärmetönung der Reaktion pro Molekül beim absoluten Nullpunkt sein muß. Ist also die rückziehende Kraft gleich $- a^2 x$, so ist s durch die Gleichung

$$\frac{a^2}{2}\, s^2 = \psi_0$$

bestimmt. Schlagen wir demnach um den Schwerpunkt eines Atoms B zwei Kugeln mit den Radien $d - s$ und $d + s$ (vgl. Fig. 2), so ist ein Atom A als gebunden zu betrachten, wenn sich sein Schwerpunkt innerhalb der Kugelschale von der Dicke $2\,s$ befindet, die wir als kritische Kugelschale des Atoms B bezeichnen wollen. Hier setzt nun eine Schwierigkeit ein, die von Boltzmann[2]) eingehend erörtert worden ist. Jedes Atom

---

1) L. Boltzmann, l. c. p. 177.
2) L. Boltzmann, l. c. p. 213—217.

504   *O. Stern.*

hat ein bestimmtes Eigenvolumen, d. h. es übt auf andere ihm
nahekommende Atome Abstoßungskräfte aus. Wir wollen die
kleinste Entfernung, bis zu der sich die Schwerpunkte zweier
Atome A nähern können, mit $2\,r_a$ bezeichnen. Schlagen wir
dann um den Schwerpunkt eines Atoms A eine Kugel mit dem
Radius $2\,r_a$ (vgl. Fig. 3), so kann in diese Kugel, die Deckungs-

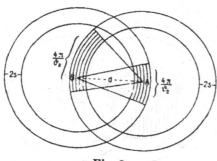

Fig. 2.

sphäre von A, nie der
Schwerpunkt eines anderen
Atoms A eindringen. Be-
trachten wir nun das in der
kritischen Kugelschale von
B befindliche Atom A, so
sehen wir, daß seine Dek-
kungssphäre einen Teil des
kritischen Volumens von B
vor dem Eindringen anderer
Atome A schützt. Der übrige
Teil des kritischen Vo-
lumens aber bietet noch mehreren Atomen A die Möglichkeit der Anlagerung. Genau so steht es natürlich mit der
Anlagerung neuer Atome B an bereits verbundene Atome A,
und Boltzmann[1]) hat gezeigt, daß in diesem Falle die Bildung größerer Komplexe gegenüber solchen, die nur zwei
Atome enthalten, stark überwiegen würde. Da wir aber tatsächlich finden, daß in den meisten Fällen solche größere
Komplexe nicht vorkommen, so müssen wir schließen, daß die
anziehende Kraft nicht nach allen Richtungen gleichmäßig
wirkt, sondern in der Weise, daß das wirkliche kritische Volumen
eines Atoms vollständig in der Deckungssphäre des damit
verbundenen Atoms liegt. Bei unserer Darstellung können wir
das so zum Ausdruck bringen, daß wir annehmen, die Anziehungskraft wirke nur innerhalb eines bestimmten kritischen
Raumwinkels $4\,\pi/\vartheta$, dessen Spitze im Schwerpunkt des Atoms
liegt (vgl. Fig. 2). Im folgenden wollen wir demnach den Teil
der kritischen Kugelschale, der durch diesen Winkel $4\,\pi/\vartheta$
herausgeschnitten wird, als kritisches Volumen bezeichnen.
Für seine Größe und die des kritischen Raumwinkels ist eine

---

1) L. Boltzmann, l. c. p. 215.

Zur Theorie der Gasdissoziation.   **505**

obere Grenze durch die Bedingung gegeben, daß das kritische
Volumen eines Atoms stets innerhalb der Deckungssphäre des
anderen sein muß. Betrachten wir mit Boltzmann die Atome
als elastische Kugeln, so gibt die in Fig. 3 ausgeführte Kon-
struktion für diesen Fall die Grenzwerte für ϑ_a und ϑ_b. Hier
bedeuten die innersten, schraffierten Kreise die Atomvolumina,
die ausgezogenen Kreise die kritischen Kugelschalen, deren
Dicke 2 *s* als sehr klein
gegen *d* betrachtet wird,
und die punktierten Kreise
die Deckungssphären der
Atome. Wie man sieht,
darf der Winkel $4\pi/\vartheta$
nicht sehr groß sein. Ich
glaube aber nicht, daß diese
Beschränkung reelle Be-
deutung besitzt. Denn in
Wirklichkeit dürfte die Natur der anziehenden che-

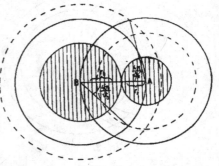

Fig. 3.

mischen Kräfte derart sein, daß ein Atom *A*, das mit einem
Atom *B* verbunden ist, eben gar keine anziehenden Kräfte
mehr auf andere *B*-Atome ausübt. Es ist wohl sicher möglich, dieses Verhalten durch ein konsequent durchgeführtes
mechanisches Modell wiederzugeben. Im vorliegenden Fall
können wir uns z. B. dadurch aus der Schwierigkeit helfen,
daß wir die Hypothese, daß die Atome sich wie elastische
Kugeln verhalten, aufgeben und dafür annehmen, daß die Entfernung, bis zu der sich zwei ungleichartige Atome *A* und *B*
nähern können, viel kleiner ist (etwa weil die Anziehungskraft
die Annäherung unterstützt) als die Entfernung $2\,r_a$ resp. $2\,r_b$, bis
zu der sich zwei gleichartige Atome nähern können. Ist $d + s$
dann nur kleiner als der kleinere der beiden Atomradien, so
liegt das kritische Volumen des einen Atoms stets vollständig
in der Deckungssphäre des anderen, ganz gleich wie groß ϑ
ist. Dieser Ausweg wird allerdings im Falle gleichbeschaffener
Atome, z. B. bei der später behandelten Dissoziation des Jods,
nicht ohne neue Hypothesen durchführbar sein. Ich will überhaupt durchaus nicht behaupten, daß die vorstehenden Ausführungen ein zutreffendes Bild der tatsächlichen Verhältnisse

506   *O. Stern.*

geben, sondern ich wollte nur zeigen, daß man aus dem Nicht-
vorhandensein größerer Atomkomplexe noch nicht ohne weiteres
auf die Größe von ϑ schließen darf. Wir werden also, was
für die späteren Ausführungen von Wichtigkeit ist, für ϑ
jeden beliebigen Wert größer als oder gleich 1 zulassen.

Mit Hilfe des vorstehenden Modells gestaltet sich die Berechnung von K folgendermaßen. Das Volumen des betrachteten Gasgemisches sei V, die Zahlen der darin im chemischen Gleichgewicht enthaltenen Molekülarten A, B und AB
seien n_a, n_b und n_{ab}. Wir greifen nun irgendeins der Atome A
heraus und verfolgen es eine lange Zeit auf seinem Weg. Den
Bruchteil dieser Zeit, während dessen es sich in gebundenem
Zustande, d. h. im kritischen Volumen eines Atoms B befindet, bezeichnen wir als die Wahrscheinlichkeit W_g für den
gebundenen Zustand, entsprechend mit W_f die Wahrscheinlichkeit für den freien Zustand. Würden auf das Atom, wenn es
sich in dem kritischen Volumen φ_b eines der Atome B befindet, keine Kräfte wirken, so würde es sich in jedem Teil
des Volumens V gleich lange aufhalten und es würde einfach

$$\frac{W_g}{W_f} = \frac{n_b \cdot \varphi_b}{V - n_b \cdot \varphi_B} = \frac{n_b \, \varphi_b}{V}$$

sein. Wir nehmen hierbei an, daß s klein gegen d ist[1]), also
auch $n_b \varphi_b$ klein gegen V ist. Ebenso vernachlässigen wir die
van der Waalsschen Anziehungs- und Abstoßungskräfte, da
es sich um ideale Gase handeln soll. Da nun in φ_b starke
Kräfte auf das Atom wirken sollen, müssen wir die Wahrscheinlichkeit für den Aufenthalt des Atoms in einem Volumelement nach Boltzmanns e-Satz mit $e^{-\frac{\psi}{kT}}$ multiplizieren,
wobei ψ die in dem Volumelement herrschende potentielle
Energie ist. Setzen wir $\psi = 0$, falls sich das Atom gebunden
in der Gleichgewichtslage befindet, so ist ψ für eine Entfernung x oder $-x$ aus dieser gleich $(a^2/2)x^2$, und im freien
Gasraum ist $\psi = (a^2/2)s^2 = \psi_0$. Teilen wir nun φ_b in der

---

1) Diese Voraussetzung machen wir, um die Temperaturabhängigkeit
von i vernachlässigen zu können, wie wir dies in Teil I bereits stillschweigend getan haben. In dem nachher behandelten Falle des Jods
ist s/d etwa 0,05 und der von uns gemachte Fehler sicher kleiner als
ein Promille.

Zur Theorie der Gasdissoziation.   507

aus Fig. 2 ersichtlichen Weise in Elemente von der Größe

$$\frac{4\,\pi}{\vartheta_b}\,(d \pm x)^2 \cdot d\,x = \frac{4\,\pi}{\vartheta_b}\,d^2\,d\,x$$

(wobei wieder s als klein gegen d betrachtet ist), so hat das betrachtete Atom A in jedem dieser Elemente die potentielle Energie $\psi = (a^2/2)\,x^2$. Es wäre also:

$$\frac{W_g}{W_f} = \frac{n_b \displaystyle\int_{-s}^{+s} \frac{4\,\pi}{\vartheta_b}\,d^2\,e^{-\frac{a^2}{2}\frac{x^2}{kT}}\,d\,x}{V \cdot e^{-\frac{\psi_0}{kT}}}.$$

Nun ist aber zu beachten, daß das betrachtete Atom A nicht stets gebunden ist, wenn sein Schwerpunkt in einem φ_b liegt, sondern es muß auch noch der Raumwinkel $4\,\pi\,\vartheta_a$ so liegen, daß er den Schwerpunkt des B-Atoms enthält, da nur in diesem Falle auch B in φ_a liegt. Da für den freien Zustand alle Richtungen gleichberechtigt sind, so ist der von uns erhaltene Wert von W_g/W_f noch mit $4\,\pi/\vartheta_a\,4\,\pi = 1/\vartheta_a$ zu multiplizieren, um den endgültigen Wert:

$$\frac{W_g}{W_f} = \frac{n_b\,4\,\pi\,d^2 \displaystyle\int_{-s}^{+s} e^{-\frac{a^2}{2}\frac{x^2}{kT}}\,d\,x}{\vartheta_a\,\vartheta_b\,V\,e^{-\frac{\psi_0}{kT}}}$$

zu erhalten. Führen wir jetzt $y = x\,\sqrt{a^2/2\,k\,T}$ als neue Variable ein, und betrachten $\psi_0/k\,T$ als so groß, daß wir Glieder von der Ordnung $e^{-\frac{\psi_0}{kT}}$ vernachlässigen können[1]), so wird:

$$\int_{-s}^{+s} e^{-\frac{a^2}{2}\frac{x^2}{kT}}\,d\,x = \left(\frac{2\,k\,T}{a^2}\right)^{\frac{1}{2}} \int_{-\sqrt{\frac{\psi_0}{kT}}}^{+\sqrt{\frac{\psi_0}{kT}}} e^{-y^2}\,d\,y = \left(\frac{2\,k\,T}{a^2}\right)^{\frac{1}{2}} \cdot \pi^{1/2},$$

da $\displaystyle\int_{-\infty}^{+\infty} e^{-y^2}\,d\,y = \pi^{1/2}$ ist. Wir wollen nun noch a^2, das dadurch definiert ist, daß $-\,a^2\,x$ die Kraft ist, welche die Atome bei

---

[1]) Über die Berechtigung hierzu vgl. die entsprechende Vernachlässigung bei O. Stern, l. c.

Veränderung des Abstandes d um x in die Gleichgewichtslage zurückzieht, durch die Massen m_a und m_b der Atome und die Frequenz ν, mit der sie gegeneinander schwingen, ausdrücken. Eine leichte Rechnung ergibt:

$$a^2 = (2\,\pi\,\nu)^2 \frac{m_a \cdot m_b}{m_a + m_b}.$$

So wird schließlich:

$$\frac{W_g}{W_f} = \frac{n_b\,d^2\,2^{3/2}\,\pi^{1/2}}{\vartheta_a\,\vartheta_b\,V\,\nu}\left(\frac{m_a + m_b}{m_a \cdot m_b}\right)^{\frac{1}{2}} \frac{\sqrt{k\,T}}{e^{-\frac{\varphi_0}{k\,T}}}.$$

Hierbei ist W_g/W_f das Verhältnis der Zeiten, während deren sich das von uns herausgegriffene Atom A in gebundenem und in freiem Zustande befindet. Da wir aber ein ganz beliebiges Atom herausgegriffen haben, so hat allgemein für jedes Atom A W_g/W_f denselben Wert. Wenn wir also, statt ein bestimmtes Atom A eine lange Zeit zu verfolgen, sämtliche Atome A zu einer bestimmten Zeit betrachten, so stellt uns W_g/W_f einfach das Verhältnis der Zahl der gebundenen zur Zahl der freien Atome A dar. Es ist $W_g/W_f = n_{ab}/n_a$. So ergibt sich

$$(8) \qquad \frac{n_a \cdot n_b}{n_{ab} \cdot V} = \frac{c^{-\frac{\varphi_0}{k\,T}}}{\sqrt{k\,T}}\,\frac{\nu}{2^{3/2}\,\pi^{1/2}\,d^2}\left(\frac{m_a \cdot m_b}{m_a + m_b}\right)^{\frac{1}{2}}\vartheta_a\,\vartheta_b,$$

während sich im ersten Teil ergeben hatte:

$$(7) \qquad \frac{n_a \cdot n_b}{n_{ab} \cdot V} = \frac{e^{-\frac{\varphi_0}{k\,T}}}{\sqrt{k\,T}}\,\frac{\nu}{2^{3/2}\,\pi^{1/2}\,d^2}\left(\frac{m_a \cdot m_b}{m_a + m_b}\right)^{\frac{1}{2}}e^{-\frac{\Sigma}{R}}.$$

III. Vergleich der Formeln.

Durch Gleichsetzung der beiden bis auf das letzte Glied identischen Formeln ergibt sich:

$$e^{-\frac{\Sigma}{R}} = \vartheta_a \cdot \vartheta_b.$$

Das Nernstsche Wärmetheorem verlangt, daß die Entropieänderung Σ bei der Reaktion der festen Stoffe beim absoluten Nullpunkt gleich Null ist. Daraus würde folgen:

$$(9) \qquad\qquad \vartheta_a \cdot \vartheta_b = 1\,; \quad \vartheta_a = \vartheta_b = 1,$$

da ϑ seiner physikalischen Bedeutung nach nicht kleiner als

Zur Theorie der Gasdissoziation.   509

1 sein kann. Die molekulartheoretische Bedeutung des Nernstschen Theorems bestünde also in unserem Falle in der Aussage, daß die chemische Anziehung keine bevorzugten Richtungen hat, sondern nach allen Seiten hin gleichmäßig wirkt.
Jedoch ist dieser Schluß nicht bündig. Denn wir wissen ja,
daß wir die klassische Molekulartheorie mit Sicherheit nur auf
solche Freiheitsgrade anwenden können, die bei der betreffenden Temperatur schon die der Theorie entsprechende spezifische
Wärme haben. Wenn wir aber annehmen, daß die von einem
Atom ausgehende chemische Kraft nur in bestimmten Richtungen wirkt, und daß die beiden Atome A und B sich diese
Richtungen zuwenden müssen, damit chemische Bindung erfolgen kann, so entspricht das einer Drehung der Atome, einem
Freiheitsgrad von der spezifischen Wärme Null. Es wäre
deshalb auch möglich, daß die molekulartheoretisch abgeleitete
Formel falsch ist, und daß das Nernstsche Theorem gilt,
obwohl ϑ_a und ϑ_b größer als 1 sind. Wir stoßen hier auf
eine Frage, auf die zuerst Hr. Einstein[1]) aufmerksam gemacht hat, ob nämlich der Ordnungsänderung von Freiheitsgraden ohne spezifische Wärme eine Änderung der Entropie
entspricht. Wäre dies nicht der Fall, so wäre die allgemeine
Gültigkeit des Nernstschen Theorems erwiesen, da wir wissen,
daß die spezifische Wärme aller Stoffe beim absoluten Nullpunkt Null wird. Man kann jedoch auch mit Einstein annehmen,
daß der von Boltzmann formulierte Zusammenhang $S = k \ln W$
zwischen der Entropiedifferenz S zweier Zustände und dem Verhältnis ihrer Wahrscheinlichkeiten W ganz allgemein gilt und
W nach den Prinzipien der Molekulartheorie berechenbar ist,
auch dann wenn diese Zustände keine spezifische Wärme haben.
Wir wollen jetzt die Entropiezunahme Σ berechnen, die unter
dieser Voraussetzung bei der Verbindung von je einem Mol
festem A und B zu festem $A B$ beim absoluten Nullpunkt eintreten würde. Die Wahrscheinlichkeit dafür, daß die Ver-
bindungslinie d der Schwerpunkte eines Atoms A und B, im
Raumwinkel $4 \pi / \vartheta_a$ liegt, verhält sich zur Wahrscheinlichkeit,
daß sie eine beliebige Richtung hat, wie $4 \pi / \vartheta_a : 4 \pi = 1 / \vartheta_a$.

---

1) A. Einstein, Deuxième Conseil de physique Solvay, Bruxelles
1913.

Das gleiche gilt für ϑ_b. Die Wahrscheinlichkeit dafür, daß die Richtung von d sowohl innerhalb das Raumwinkels $4\pi/\vartheta_a$ als auch $4\pi/\vartheta_b$ liegt, ist also für ein Atompaar $1/\vartheta_a \cdot \vartheta_b$ und für N Atompaare $1/(\vartheta_a \cdot \vartheta_b)^N$ mal so groß als die beliebiger Richtung von d. Also verhält sich die Wahrscheinlichkeit des unverbundenen Zustandes, in dem die Raumwinkel der je N Atome A und B beliebige Richtungen haben, zur Wahrscheinlichkeit des Zustandes der chemischen Bindung wie $(\vartheta_a \cdot \vartheta_b)^N : 1$. Die Entropieabnahme $-\Sigma$, die bei der chemischen Bindung eintritt, ist also:

$$- \Sigma = k \ln (\vartheta_a \cdot \vartheta_b)^N = R \ln \vartheta_a \cdot \vartheta_b .$$

Es ist daher:

$$e^{-\frac{\Sigma}{R}} = e^{\ln \vartheta_a \cdot \vartheta_b} = \vartheta_a \cdot \vartheta_b ,$$

die gleiche Beziehung, die wir durch den Vergleich der beiden Formeln erhalten haben. Wir müssen jetzt zwischen folgenden drei Möglichkeiten unterscheiden:

1. Die chemische Anziehung wirkt nicht in bevorzugten Richtungen, es ist ϑ_a und $\vartheta_b = 1$, $\Sigma = 0$.

2. Die chemische Anziehung wirkt nur in bestimmten Richtungen, es ist ϑ_a und $\vartheta_b > 1$. In diesem Fall bestehen noch folgende Möglichkeiten:

2a. Der Ordnungsänderung von Freiheitsgraden ohne spezifische Wärme entspricht keine Entropieänderung, es ist $\Sigma = 0$.

2b. Dieser Ordnungsänderung entspricht eine Entropieänderung, es ist $- \Sigma = R \ln \vartheta_a \cdot \vartheta_b$.

Die Fälle 1. und 2a. stehen in Übereinstimmung mit dem Nernstschen Theorem, der Fall 2b. widerspricht ihm. Es ist übrigens klar, daß es wesentlich nur darauf ankommt, ob die chemische Bindung von einer Ordnungsänderung von Freiheitsgraden ohne spezifische Wärme begleitet ist, daß es dagegen unwesentlich ist, ob diese Ordnungsänderung gerade auf einer Drehung der Atome beruht. Man könnte sich ebensogut vorstellen, daß dabei Elektronensysteme ihren Zustand ändern oder irgendein anderes Modell verwenden. Die Wahl des oben benutzten speziellen Modelles wird hauptsächlich durch seine

Zur Theorie der Gasdissoziation. **511**

Einfachheit und bequeme Handhabung gerechtfertigt. Sie kann nur von Einfluß auf den Zahlenwert des Endfaktors $e^{-\frac{\Sigma}{R}}$ sein, ist dagegen ohne Einfluß auf den übrigen Teil der Formel, der sich auf Freiheitsgrade mit regulärer spezifischer Wärme bezieht und auf zwei ganz verschiedenen Wegen identisch erhalten wurde. Die Frage nach dem Zahlenwert des Endfaktors, der nach dem Nernstschen Theorem eins sein müßte, wollen wir im folgenden experimentell zu beantworten suchen.

IV. Prüfung an der Erfahrung.

Der einzige Fall einer genügend genau experimentell bestimmten Dissoziation eines Gasmoleküls in zwei Atome scheint mir in dem von **Starck** und **Bodenstein**[1]) sehr sorgfältig untersuchten Gleichgewicht: $J_2 \rightleftharpoons 2\,J$ vorzuliegen. Da die beiden Atome A und B in diesem Fall gleich sind, so reduziert sich die Formel (8) auf folgenden Ausdruck:

$$\frac{n_J{}^2}{n_{J_2}\,V} = \frac{e^{-\frac{\psi_0}{RT}}}{\sqrt{kT}}\,\frac{\nu\,\sqrt{m}}{4\,\sqrt{\pi}\,d^2}\,\vartheta^2$$

wobei $\vartheta_a = \vartheta_b = \vartheta$ gesetzt ist und m die Masse eines Jodatoms bedeutet. **Starck** und **Bodenstein** haben die Gleichgewichtskonstante $K = C_J{}^2/C_{J_2}$ gemessen, wobei C die Konzentration in Mol pro Liter ist. Also ist

$$n = \frac{C' \cdot N \cdot V}{1000} \quad \text{und} \quad \frac{n_J{}^2}{n_{J_2}\,V} = K\,\frac{N}{1000}.$$

Ferner ist nach Gleichung (6) $U_0 = N\psi_0 = Q_v + \frac{1}{2}RT$. Aus der Temperaturabhängigkeit von K zwischen $T = 1073^0$ und $T = 1473^0$ ergibt sich Q_v im Mittel zu 34 340 cal, also ist $U_0 = 35\,600$ cal. Das ν des Jodmoleküls müssen wir aus der spezifischen Wärme des Gases bestimmen. Für c_p/c_v findet **Strecker**[2]) zwischen 220^0 und 375^0 den Wert 1,294, **Stevens**[3]) bei $185{,}5^0$ den Wert 1,303. Aus dem letzteren Wert, der mir zuverlässiger zu sein scheint, ergibt sich $c_v = (R/1{,}303 - 1) =$

1) G. Starck und M. Bodenstein, Zeitschr. f. Elektroch. 16. p. 961. 1910.

2) K. Strecker, Wied. Ann. 13. p. 20. 1881.

3) E. H. Stevens, Ann. d. Phys. 7. p. 285. 1902.

3,30 R und die spezifische Wärme der Schwingung zu (3,30 bis 2,50) $R = 0,80 R$ für $T = 459^0$. Unter Zugrundelegung der Einsteinschen Formel berechnet sich daraus die Frequenz ν zu $1,57 \cdot 10^{13}$. Für d berechnet Sackur[1]) aus dem Brechungsex-Wert $4,52 \cdot 10^{-8}$, womit er den Dampfdruck des Jods befriedigend darstellen kann. Wenn wir diese Werte für U_0, ν und d und $N = 6,175 \cdot 10^{23}$ in die Formel:

$$(10) \qquad e^{-\frac{\Sigma}{R}} = \vartheta^2 = e^{\frac{U_0}{R \cdot T}} \sqrt{RT} \cdot K \frac{N \, 4 \sqrt{\pi} \, d^2}{1000 \, \nu \sqrt{M}}$$

einsetzen, so ergeben sich für die fünf von Starck und Bodenstein gegebenen Werte von K die Zahlen 35,3—33,8—34,0—34,9—35,0. Im Mittel ist

$$e^{-\frac{\Sigma}{R}} = \vartheta^2 = 34,6 \quad \text{und} \quad \vartheta = 5,9 \text{ d. h.} - \Sigma = 7,03 \, .$$

Das Experiment scheint also für den Fall 2b. zu entscheiden, wonach bei der chemischen Bindung eine Entropieänderung infolge der Ordnungsänderung von Freiheitsgraden ohne spezifische Wärme eintritt, da wir anderenfalls für

$$e^{-\frac{\Sigma}{R}} = \vartheta^2$$

den Wert 1 hätten finden müssen. Wir wollen nun abzuschätzen versuchen, welchen Einfluß die Unsicherheit der benutzten Daten auf das Resultat haben kann, und ob der Fall $\vartheta^2 = 1$ wirklich als ausgeschlossen anzusehen ist. Der Wert von U_0 resp. von Q_v ergibt sich aus der vant' Hoffschen Formel

$$Q_v = \frac{R (\ln K_1 - \ln K_2) \, T_1 \, T_2}{T_1 - T_2}$$

nach Starck und Bodenstein folgendermaßen:

T	$K \cdot 10^3$	Q_v
1073	0,129	
1173	0,492	33450
1273	1,58	34580
1373	4,36	35220
1473	10,2	34120

Die größte Abweichung vom Mittelwert 34340 cal beträgt

---

1) O. Sackur, l. c. p. 97.

Zur Theorie der Gasdissoziation.   **513**

900 cal, und falls kein systematischer Fehler in Frage kommt, dürfte der Fehler, mit dem U_0 behaftet ist, kleiner als 900 cal sein. Würde man U_0 um diesen Betrag kleiner ansetzen, so würde $\vartheta^2 = 20$ werden. Dagegen müßte man, um ϑ^2 auf 1 zu bringen, U_0 um 9000 cal kleiner annehmen. Die von K herrührende Unsicherheit kommt nicht in Betracht, da die oben aus den verschiedenen K-Werten berechneten Zahlen für ϑ^2 eine maximale Abweichung von 0,8 vom Mittelwert zeigen. Was den Wert von ν anlangt, so haben wir zu seiner Berechnung die Gültigkeit der Einsteinschen Formel für die spezifische Wärme der Schwingung der Jodatome im Molekül vorausgesetzt. Nun zeigt es sich aber ganz allgemein, daß die spezifische Wärme der Schwingung bei zweiatomigen Molekülen langsamer abfällt als der Einsteinschen Formel entspricht (z. B. bei Cl_2). Die von uns benutzte Zahl für ν ist also sicher zu groß, so daß diese Ursache nur zu einer Vergrößerung von ϑ^2 führen kann. Am unsichersten ist die Berechnung von d, und es ist anzunehmen, daß d in Wirklichkeit kleiner ist. Denn beim Wasserstoff führen alle Theorien, die den Verlauf der spezifischen Wärme der Rotation darstellen wollen, zu einem kleineren Werte für das Trägheitsmoment und damit auch für d als die gastheoretische Berechnung. Um aber ϑ^2 zu eins zu machen, müßte d fünfmal, also das Trägheitsmoment 25 mal kleiner sein, als wir annahmen. Das würde nicht vereinbar sein mit dem aus der Dampfdruckkurve des Jods folgenden Wert der chemischen Konstanten des Jods.[1] Die Unsicherheit der von uns verwandten Daten ist also nicht so groß, als daß man nicht mit ziemlicher Wahrscheinlichkeit schließen könnte, daß ϑ^2 größer als eins ist, vorausgesetzt natürlich, daß die von uns benutzte Formel (8) richtig ist.

Glücklicherweise besitzen wir nun beim Jod alle Daten, um auf einem noch direkteren und hypothesenfreieren Wege Σ, die Entropiezunahme bei der Vereinigung von festem atomarem Jod zu festem molekularem Jod beim absoluten Nullpunkt, zu berechnen. Wir können nämlich einmal die Entropie von gasförmigem, atomarem Jod bezogen auf gewöhnliches festes Jod bei $T = 0$ als Nullpunkt direkt aus den experimentellen

---

1) O. Sackur, l. c. p. 100.

514

O. Stern.

Daten entnehmen. Andererseits kennen wir die Entropiekonstante eines einatomigen idealen Gases, d. h. seine Entropie bezogen auf den festen einatomigen Stoff bei $T = 0$. Denn diese Größe ist, wie bereits erwähnt, auf ganz verschiedenen Wegen theoretisch berechnet worden, und das Resultat wird experimentell durch die Dampfdruckkurve von Quecksilber gut bestätigt. Wenn wir also experimentell einen anderen Wert für die Entropie des einatomigen, gasförmigen Jods bezogen auf gewöhnliches festes Jod bei $T = 0$ als Nullpunkt finden werden, so werden wir annehmen müssen, daß der Übergang von festem, einatomigem Jod zu gewöhnlichem (molekularem) Jod bei $T = 0$ von einer Entropiezunahme Σ begleitet ist. Die experimentelle Bestimmung der Entropie $2\,S_J$ von 2 Molen atomaren, gasförmigen Jods vom Volumen v_J (pro Mol) und der Temperatur T gestaltet sich folgendermaßen. Wir gehen von einem Mol (J_2) gewöhnlichen festen Jods bei $T = 0$ aus. Dieses erwärmen wir bis zur Temperatur T_1. Dabei nimmt seine Entropie um

$$\int_0^{T_1} \frac{C}{T}\,dT$$

zu, falls C die molekulare spezifische Wärme ist. Sodann verdampfen wir das Jod beim Druck seines gesättigten Dampfes. Ist λ die molekulare Verdampfungswärme, so erfolgt dabei die Entropiezunahme λ/T_1. Nun erwärmen wir das J_2-Gas bei konstantem Volumen v_{J_2} bis zur Temperatur T, wobei seine Entropie um

$$\int_{T_1}^{T} \frac{c_v^{J_2}}{T}\,dT$$

zunimmt. Schließlich spalten wir das Mol J_2 etwa mit Hilfe der in Teil I angegebenen Vorrichtung in 2 Mole J, wobei v_J der Gleichgewichtskonzentration entsprechen soll. Ist $U = Q_v + RT$ die hierbei aufgenommene Wärme, so ist die Entropiezunahme des Systems U/T. Es ist also:

$$2\,S_J = \Sigma + \int_0^{T_1} \frac{C}{T}\,dT + \frac{\lambda}{T_1} + \int_{T_1}^{T} \frac{c_v^{J_2}}{T}\,dT + \frac{U}{T}.$$

Zur Theorie der Gasdissoziation.   **515**

Andererseits ist:

$$2\,S_J = 3\,R \ln T + R \ln v_J{}^2 + 2\,S_0 \,.$$

Nun soll v_J so gewählt sein, daß J bei T im chemischen Gleichgewicht mit J_2 vom Volumen v_{J_2} steht, falls v_{J_2} das Volumen des gesättigten Joddampfes bei T_1 ist. Es ist

$$K = \frac{C'_J{}^2}{C'_{J_2}} = \frac{1000\,v_{J_2}}{v_J{}^2}\,,$$

wobei v in Kubikzentimeter bestimmt ist. Also ist

$$v_J{}^2 = \frac{1000\,v_{J_2}}{K}\,,$$

und es ergibt sich schließlich:

$$(11) \quad \left\{ -\sum = \int_0^{T_1} \frac{C}{T}\,dT + \frac{\lambda}{T_1} + \int_{T_1}^{T} \frac{c_v{}^{J_2}}{T}\,dT + \frac{U}{T} \right. $$
$$\left. - R \ln \frac{1000\,v_{J_2}}{K} - 3\,R \ln T - 2\,S_0 \,. \right.$$

Wir wählen $T_1 = 323$. Die spezifische Wärme des festen Jods ist im Nernstschen Institut bis zu $T = 28{,}3$ herunter gemessen worden. Sie läßt sich durch die Nernst-Lindemannsche Formel[1]) mit $\beta \nu = 98$ darstellen; um die spezifische Wärme bei konstantem Druck zu erhalten, muß man noch ein Korrektionsglied $10 \cdot 10^{-6}\,T^{\frac{3}{2}}$ hinzufügen. Mit diesen Daten ergibt sich:

$$\int_0^{323} \frac{C}{T}\,dT = 31{,}05 \,.$$

Die Verdampfungswärme λ berechnet man am besten aus den Dampfdruckmessungen von Baxter, Hickey und Holmes[2]) mit Hilfe der Clausiusschen Gleichung. Für $T_1 = 323$ ergibt sich $\lambda = 14780$ cal, also $\lambda/T_1 = 45{,}76$. Die spezifische Wärme des Joddampfs $c_v{}^{J_2}$ kennen wir nur für eine Temperatur; sie ist, wie erwähnt, für 200° etwa $6{,}55$. Ihre Temperaturabhängigkeit kennen wir nicht, doch werden wir sicher keinen

---

1) Nernst u. Lindemann, Zeitschr. f. Elektroch. **17.** p. 817. 1911.
2) Baxter, Hickey u. Holmes, Landolt-Börnstein, 4. Aufl.
). 374.

33*

516   *O. Stern.*

großen Fehler machen, wenn wir sie gleich der des Chlors setzen, dessen spezifische Wärme in diesem Temperaturintervall um 0,001 pro Grad zunimmt. Unter der gleichen Annahme hat das Jod bei 600° seine maximale spezifische Wärme von 6,95 erreicht, und wir nehmen an, daß bei Temperaturen über 600° $c_v{}^{J_2}$ konstant und gleich 6,95 ist. Dann wird:

$$\int_{823}^{T} \frac{c_v{}^{J_2}}{T}\, dT = \int_{823}^{873} \frac{6,0014 + 0,001\, T}{T}\, dT + \int_{873}^{T} \frac{6,95}{T}\, dT$$

$$= 6,59 + 6,95 \ln T - 47,04 = 6,95 \ln T - 40,45.$$

Für U_0 hatten wir oben 35600 cal berechnet, also ist, da $U = U_0 + \tfrac{1}{2} R T$ ist,

$$\frac{U}{T} = \frac{35\,600}{T} + \tfrac{1}{2} R.$$

Das Volumen eines Mols gesättigten Joddampfes v_{J_2} bei 50° ergibt sich aus seinem Druck von 2,154 mm[1]) zu 9,356·10⁶ ccm. Daher ist

$$- R \ln \frac{1000\, v_J{}^2}{K} = F \ln K - 45,57.$$

Schließlich ist

$$S_0 = \tfrac{1}{2} R + R \ln \frac{(2\,\pi\, m\, k)^{\frac{3}{2}}}{N\, h^3},$$

also $2\, S_0 = 6,46$, wobei $k = 1,346 \cdot 10^{-16}$, $h = 6,548 \cdot 10^{-27}$ und $N = 6,175 \cdot 10^{23}$[2]) gesetzt ist. Mit diesen Daten wird:

$$- \sum = 31,05 + 45,76 + 6,95 \ln T - 40,45 + \frac{35\,600}{T} + \tfrac{1}{2} R$$
$$+ R \ln K - 45,57 - 3\, R \ln T - 6,46,$$

oder

$$- \sum = -14,68 + \frac{35\,600}{T} + \tfrac{1}{2} R \ln T + R \ln K.$$

Mit den bereits oben angegebenen Werten von K folgt:

$$- \sum = 7,65 \quad 7,56 \quad 7,57 \quad 7,62 \quad 7,63,$$

im Mittel:

(12) $- \sum = 7,61 = R \ln \vartheta^2$, $\vartheta^2 = 46,1$, $\vartheta = 6,8$,

---

1) Baxter, Hickey u. Holmes, l. c.
2) M. Planck, Wärmestrahlung, 1. Aufl.

Zur Theorie der Gasdissoziation.   **517**

noch höhere Werte als oben berechnet. Ich will hier eine Bemerkung einschalten, die der für ϑ gewonnene Zahlenwert nahe liegt. Die physikalische Bedeutung von ϑ ist ja die, daß $4\pi/\vartheta$ den Raumwinkel darstellt, innerhalb dessen die chemische Anziehungskraft wirkt. Es liegt nahe, hier an einen schon von Boltzmann[1]) angedeuteten Zusammenhang mit der Valenz zu denken und anzunehmen, daß die Zahl ϑ gleich der Maximalvalenz des Atoms ist, oder, um eine präzisere Formulierung zu geben, daß das Atom sich in der ϑ^{ten} Gruppe des periodischen Systems der Elemente befindet. Hiermit will ich natürlich durchaus nur eine vorläufige Vermutung aussprechen, denn erst ein umfangreicheres Erfahrungsmaterial, event. in Verbindung mit einer tiefer auf den Mechanismus der chemischen Bindung eingehenden Theorie, könnte uns hier sichere Schlüsse erlauben.

Es entsteht nun wieder die Frage, ob der dem Nernstschen Theorem entsprechende Wert von $\sum = 0$, resp. $\vartheta^2 = 1$, mit Sicherheit auszuschließen ist. Wir wollen die einzelnen Summanden von $-\sum$ (Gl. 11) der Reihe nach durchgehen und untersuchen, ob ein um 7,61 kleinerer Wert im Bereich der Möglichkeit liegt. Eine verhältnismäßig große Unsicherheit scheint das Integral

$$\int_0^{323} -\frac{C}{T}\, d\,T$$

zu bedingen, weil ein Fehler in den aufgenommenen Wärmemengen einen um so größeren Einfluß auf die Entropie hat, je kleiner die Temperatur ist. Nehmen wir aber selbst an, daß der zur Berechnung von C verwendete Wert von $\beta\nu = 98$ um 20 Proz. zu klein wäre, was bei den präzisen Messungen Nernsts und seiner Mitarbeiter sehr unwahrscheinlich ist, so würde die Entropie dadurch nur um 1,1 kleiner werden. Nun ist allerdings zu bedenken, daß der kleinste bei $T = 28{,}3$ gemessene Wert von $C/2$ noch 3,78 beträgt. Doch müßte die spezifische Wärme, um die Entropie zu verkleinern, bei tiefen Temperaturen dann viel schneller abfallen als der Nernst-Lindemannschen Formel entspricht, während wohl eher das

---

1) L. Boltzmann, l. c. p. 177.

518   *O. Stern.*

Gegenteil zu erwarten ist. Die Verdampfungswärme λ scheint
mir recht sicher bekannt zu sein. Folgende kleine Tabelle
zeigt die aus den Dampfdruckmessungen von Baxter, Hickey
und Holmes[1]) berechneten Werte von λ für 50°.

t^0	p_{mm}	λ_{50}	t^0	p_{mm}	λ_{50}
55	3,084		45	1,498	
		14865			14895
35	0,699		25	0,305	
50	2,154		40	1,025	
		14770			14600
30	0,469		15	0,131	

$d\lambda/dT = c_p^{J_2} - C$ ist hierbei zu -5 cal angenommen. Die
größte Abweichung vom Mittelwert 14780 beträgt 180 cal.
Würde man λ um diesen Betrag kleiner ansetzen, so würde
die Entropie um $\frac{180}{323} = 0{,}56$ kleiner werden. Aus den Messungen von Naumann[2]) ergibt sich ein etwas größerer Wert
für λ, da jedoch die einzelnen Zahlen nicht so gut über-
einstimmen, habe ich sie nicht berücksichtigt. Die spezifische
Wärme $c_v^{J_2}$ des J_2-Gases ist nur aus den wohl nicht besonders
genauen Bestimmungen von c_p/c_v bekannt. Auch daß wir die
Temperaturabhängigkeit von $c_v^{J_2}$ gleich der des Chlors gesetzt
haben, ist einigermaßen willkürlich. Glücklicherweise hat jedoch
selbst ein beträchtlicher Fehler von $c_v^{J_2}$ nur einen geringen
Einfluß auf das Resultat. Würde nämlich $c_v^{J_2}$ durchweg um
0,2 cal kleiner sein, als wir annahmen, und also erst bei 800°
den Grenzwert $\frac{7}{2}R$ erreichen, so würde dies die Entropie nur
um 0,22 verkleinern. Den maximalen Fehler von U haben
wir bereits oben zu 900 cal geschätzt, was bestenfalls den
Wert von $-\Sigma$ um $900/T = 0{,}84$ erniedrigen würde. Die
nun noch folgenden Glieder werden keinen merklichen Fehler
verursachen. Die größte Abweichung vom Mittelwerte $-\Sigma$,
welche die verschiedenen K-Werte verursachen, beträgt 0,05,
und der durch v_{J_2}, d. h. den Dampfdruck des Jods bedingte
Fehler wird kaum größer sein. Die spezifische Wärme des
einatomigen J-Gases schließlich, die das Glied $3R\ln T$ bedingt,
wird sicher nicht merklich größer sein als $\frac{3}{2}R$. Würden die
hier geschätzten Maximalwerte der Abweichungen alle in demselben Sinne liegen, so würden sie den Wert von $-\Sigma$ doch erst

---

1) Baxter, Hickey u. Holmes, l. c.
2) Naumann, Dissert. Berlin 1907.

Zur Theorie der Gasdissoziation.   **519**

von 7,61 auf 4,79 erniedrigen. Falls also in den experimentellen Daten nicht ein wider Erwarten großer Fehler steckt,
bleiben nur folgende zwei Möglichkeiten:

Erstens, der für S_0 theoretisch gefundene Wert ist zu klein.
Die von Sackur und Tetrode gegebenen Ableitungen lassen
dies wohl durchaus zu. Jedoch scheint mir diese Möglichkeit
bei der von mir benutzten Methode zur Berechnung von S_0,
wenn auch nicht als ausgeschlossen, so doch als unwahrscheinlich. Dagegen spricht auch, daß beim Quecksilber der aus den
Messungen[1]) berechnete Wert 4,97 mit dem theoretischen 4,59
gut übereinstimmt.

Zweitens, der Übergang von festem atomarem Jod zu gewöhnlichem festem Jod bei $T = 0$ ist von einer Entropieänderung begleitet, im Widerspruch zum Nernstschen Wärmetheorem. Nun ist aber dieses Theorem bekanntlich in zahlreichen
Fällen bei chemischen Reaktionen geprüft und bestätigt worden[2]),
und es fragt sich, ob die andere hier als möglich hingestellte
Theorie überhaupt nicht schon dadurch widerlegt wird. Aus
folgenden Gründen glaube ich, daß dies nicht der Fall ist.
Was zunächst die Gasreaktionen anlangt, so sind wohl durchweg nur solche untersucht worden, bei denen Moleküle rea-
gieren, z. B. $H_2 + Cl_2 = 2HCl$. Da hier die Atome vor und
nach der Reaktion gebunden sind, also gar keine Ordnungsänderung resp. Richtungsänderung der kritischen Raumwinkel
stattfindet, so ist hier gar keine Entropieänderung zu erwarten.
Was nun die Reaktionen zwischen kondensierten Stoffen betrifft,
so sind hier allerdings einige untersucht worden, bei denen
Atome frei resp. gebunden werden. Erstens sind jedoch diese
Reaktionen bei Zimmertemperatur untersucht worden, wo
die eventuell zu erwartenden Abweichungen noch gering
sind, zweitens aber ist es leicht möglich, daß im festen Zustande die Atome auch bei manchen reinen Elementen zu
Molekülen verbunden sind, in welchem Falle dann wieder
keine Entropieänderung bei der Reaktion zu erwarten wäre.
Doch müßte sich dies dann, falls sie zu einatomigem Gas

---

1) Verdampfungswärme und Dampfdruck sind den Messungen von
Knudsen (Ann. 29. p. 184. 1909) entnommen.

2) Vgl. F. Pollitzer, Die Berechnung chemischer Affinitäten nach
dem Nernstschen Wärmetheorem. 1912.

520   *O. Stern.*

verdampfen, in ihrer Dampfdruckkurve verraten, für die in diesem Falle als Entropiekonstante nicht S_0, sondern $S_0 + R \ln \vartheta$ maßgebend sein sollte. Soweit ich sehe, gestatten die bis jetzt vorliegenden experimentellen Daten noch nicht, diese Frage zu entscheiden.

Zum Schluß möge noch betont werden, daß bei den gewichtigen Gründen, die für das Nernstsche Theorem sprechen, wie z. B. seine Ableitbarkeit aus dem Prinzip von der Unerreichbarkeit des absoluten Nullpunkts, ein Widerspruch dagegen von vornherein weniger Wahrscheinlichkeit besitzt, und daß hier nur auf die Möglichkeit einer anderen Auffassung hingewiesen werden sollte, über deren Berechtigung wohl am besten genaue experimentelle Messungen der Entropie einatomiger Gase entscheiden können.

Zusammenfassung.

Die Resultate vorliegender Arbeit lassen sich kurz, wie folgt, zusammenfassen:

1. Es wird für eine Reaktion zwischen idealen Gasen vom Typus $A + B \rightleftharpoons AB$ die Gleichgewichtskonstante K mit Hilfe der Thermodynamik und der Quantentheorie berechnet.

2. Die Gleichgewichtskonstante wird auch rein molekulartheoretisch berechnet, wobei sich genau der gleiche Ausdruck für K ergibt.

3. Es werden die molekulartheoretische Bedeutung des Nernstschen Theorems und die Möglichkeit einer anderen Theorie erörtert.

4. Die Resultate werden an den Experimenten über die Reaktion $J + J \rightleftharpoons J_2$ geprüft.

5. Es wird die Entropiekonstante der Rotation eines zweiatomigen Moleküls molekulartheoretisch berechnet, wobei die Quantentheorie nur in Form der Einsteinschen Formel für die spezifische Wärme benutzt wird.

Anhang.
Die Entropiekonstante eines zweiatomigen Gases.

Im folgenden will ich den Ausdruck für die Entropie eines zweiatomigen Gases bezogen auf den festen Stoff bei

Zur Theorie der Gasdissoziation.   **521**

$T = 0$ als Nullpunkt in analoger Weise ableiten, wie ich dies
kürzlich[1]) für einatomige Gase getan habe, d. h. indem nur die
Gültigkeit der Molekulartheorie bei hohen Temperaturen und
die Einsteinsche Formel für die spezifische Wärme eines
Resonators vorausgesetzt wird. Nimmt man zunächst an, daß
die Moleküle im festen Stoffe frei drehbar sind und nur ihre
Schwerpunkte um Gleichgewichtslagen schwingen, so ist es klar,
daß man die Entropieänderung bei der Verdampfung in genau
der gleichen Weise molekulartheoretisch berechnen kann wie
bei einem einatomigen Stoff. Es handelt sich also nur darum,
die Entropie eines Mols des festen Stoffes (bezogen auf $T = 0$)
zu berechnen. Die Entropie der $3N$ Freiheitsgrade der
Schwingung ist ohne weiteres durch die Planck-Einsteinsche
Formel gegeben. Um die Entropie der $2N$ Freiheitsgrade der
Rotation zu erhalten, muß man den Wert des Integrals

$$\int_0^T \frac{c_r}{T}\, dT$$

kennen, wobei unter c_r die spezifische Wärme dieser Freiheitsgrade verstanden ist. Nun sind anläßlich der Euckenschen
Messungen[2]) am Wasserstoff eine ganze Reihe Formeln[3])
für c_r aufgestellt worden, und es scheint mir momentan sehr
schwierig zu entscheiden, ob eine und welche von ihnen
richtig ist. Aus diesem Grunde will ich im folgenden einen
Weg einschlagen, bei dem die frei drehbaren Moleküle zunächst bei hoher Temperatur im Gültigkeitsgebiet der klassischen Molekulartheorie in monochromatische Resonatoren ver-
wandelt werden, deren spezifische Wärme dann bis $T = 0$ bekannt ist. Zu diesem Zweck will ich mich des sogenannten
Weißschen molekularen Feldes bedienen[4]), das in der Theorie
des Magnetismus eine wichtige Rolle spielt. Ich will also an-

---

1) O. Stern, l. c.
2) A. Eucken, Sitzgsber. d. preuß. Akad. p. 141. 1912.
3) A. Einstein u. O. Stern, Ann. d. Phys. **40.** p. 551. 1913; O.
Sackur, Jahresbericht d. Schles. Ges. f. vat. Kultur 1913; P. Ehrenfest,
Verh. d. Dtsch. Phys. Ges **15.** p. 451. 1913; E. Holm, Ann. d. Phys. **42.**
p. 1311. 1913.
4) P. Weiß, Verh. d. Dtsch. Phys. Ges. **13.** p. 718. 1911.

522   *O. Stern.*

nehmen, daß die Moleküle gegenseitig eine richtende Kraft
aufeinander ausüben, so daß sie bei tiefer Temperatur, wo alle
fast vollständig gerichtet sind, nur kleine Schwingungen um
Gleichgewichtslagen ausführen, während die Unordnung bei
wachsender Temperatur immer größer wird, bis schließlich
(beim Curie-Punkt) alle Richtungen gleich wahrscheinlich
werden. Um dies zu erreichen, schreiben wir jedem Molekül
ein Moment m zu und nehmen an, daß die Gesamtheit der
N Moleküle auf eines von ihnen mit der Feldstärke $\mathfrak{H}_m = A\,\sigma_m$
wirkt, wobei das molare Moment $\sigma_m = \sum m \cos \alpha$ (α Winkel
zwischen der Richtung von $\mathfrak{H}_m$ und m) und A einen Proportionalitätsfaktor bedeutet. Beim absoluten Nullpunkt ist
$\mathfrak{H}_{m_0} = A\,\sigma_{m_0} = A \cdot N \cdot m$, da dann alle Moleküle gleichgerichtet
sind. Bei tiefen Temperaturen ist die Kraft, die das Molekül
bei kleinen Abweichungen in die Ruhelage, d. h. die Richtung
von $\mathfrak{H}_{m_0}$, zurückzieht gleich $-m\,\mathfrak{H}_{m_0} \sin \alpha = -m\,\mathfrak{H}_{m_0}\,\alpha$. Bezeichnen wir wieder mit i das Trägheitsmoment des Moleküls,
so gilt die Gleichung:

$$i \cdot \frac{d^2 \alpha}{d\,t^2} = -m\,\mathfrak{H}_{m_0}\,\alpha \; .$$

Die Moleküle führen also monochromatische Schwingungen
aus, deren Frequenz ν durch die Beziehung $(2\,\pi\,\nu)^2 = m\,\mathfrak{H}_{m_0}/i$
gegeben ist. Wir können nun bei passender Wahl von m und
$\mathfrak{H}_{m_0}$ resp. A und für genügend großes i, wie es für zweiatomige
Moleküle in Betracht kommt, eine Temperatur T_1 so bestimmen,
daß sie mit genügender Annäherung einerseits niedrig genug ist,
damit wir die Moleküle noch als Resonatoren von der oben berechneten Frequenz ν auffassen können, andererseits hoch genug, damit wir die Gültigkeit der klassischen Molekulartheorie bereits
voraussetzen können. Bezeichnen wir die spezifische Wärme der
Moleküle mit c_r, so ist ihre Entropie bei der Temperatur T_1:

$$S_0^{\,T_1} = \int\limits_0^{T_1} \frac{c_r}{T}\,dT = 2\,R\ln T_1 + 2\,R - R\ln \frac{h^2\,\nu^2}{k^2}$$

$$= 2\,R\ln T_1 + 2\,R - R\ln \frac{h^2\,m\,\mathfrak{H}_{m_0}}{4\,i\,k^2\,\pi^2} \; .$$

Für höhere Temperaturen als T_1 können wir nun c_r in zwei
Teile spalten, nämlich in die Zunahme der potentiellen Energie ψ

$$\textit{Zur Theorie der Gasdissoziation.} \qquad 523$$

und der kinetischen Energie. Letztere liefert zu c_r den Anteil R, erstere den Anteil $d\,\psi/d\,T$, so daß die Zunahme der Entropie von T_1 bis zum Curie-Punkt Θ

$$\int_{T_1}^{\Theta} \frac{c_r}{T}\,d\,T = R \ln \frac{\Theta}{T_1} + \int_{T_1}^{\Theta} \frac{1}{T}\,\frac{\dot\psi}{d\,T}\,d\,T$$

wird. Oberhalb Θ ist $d\,\psi/d\,T = 0$ und $c_r = R$. Es ist nun:

$$\psi = \tfrac{1}{2}\mathfrak{H}_m\,\sigma_m = -\tfrac{1}{2}A\,\sigma_m^2,$$

also:
$$\frac{1}{T}\,\frac{d\,\psi}{d\,T} = - A\,\frac{\sigma_m}{T}\,\frac{d\,\sigma_m}{d\,T}\,.$$

Nach Weiß[1]) kann σ_m als Funktion von σ_m/T ausgedrückt werden:

$$\sigma_m = \sigma_{m_0}\left(\cot h\,a - \frac{1}{a}\right) = \sigma_{m_0}\,f(a),$$

wobei
$$a = \frac{\sigma_{m_0} A}{R}\,\frac{\sigma_m}{T}$$

als neue Variable eingeführt ist. Dann wird:

$$\frac{1}{T}\,\frac{d\,\psi}{d\,T} = - A\,\frac{\sigma_m}{T}\,\frac{d\,\sigma_m}{d\,T} = - \frac{R\,a}{\sigma_{m_0}}\cdot\frac{d\,\sigma_{m_0}\,f(a)}{d\,T},$$

und:
$$\int_{T_1}^{\Theta} \frac{1}{T}\,\frac{d\,\psi}{d\,T}\,d\,T = - R \int_{a_{T_1}}^{a_\Theta} a\,d\,f(a),$$

wobei a_Θ und a_{T_1} die Werte von a für die als Indizes benutzten Temperaturen sind. Durch partielle Integration wird:

$$\int_{a_{T_1}}^{a_\Theta} a\,d\,f(a) = a\,f(a) - \int f(a)\,d\,a = a \cot h\,a - 1 - \ln \frac{e^a - e^{-a}}{a}\Big|_{a_{T_1}}^{a_\Theta}$$

Nun ist $a_\Theta = 0$, weil σ_m bei Curie-Punkt Null wird. Ferner können wir für $a_{T_1} = \dfrac{\sigma_{m_0} A}{R}\,\dfrac{\sigma_m}{T_1}$ nach den oben gemachten Voraus-

setzungen $a_{T_1} = \dfrac{\sigma_{m_0} A}{R}\,\dfrac{\sigma_{m_0}}{T_1} = \dfrac{m\,\mathfrak{H}_{m_0}}{k\,T_1}$ setzen und überdies a_{T_1} als so groß betrachten, daß wir das Glied e^{-a} gegenüber e^a vernachlässigen können. Dann ergibt sich:

$$\int_{T_1}^{\Theta} \frac{1}{T}\,\frac{d\,\psi}{d\,T}\,d\,T = R\ln 2 - R + R\ln a_{T_1} = - R\ln T_1 - R + R\ln \frac{2\,m\,\mathfrak{H}_{m_0}}{k}\,.$$

---

1) P. Weiß, l. c. p. 722.

524   O. Stern   Zur Theorie der Gasdissoziation.

Schließlich wird die gesamte Entropie der Rotation für Θ:

$$S_r^{\,\Theta} = \int_0^\Theta \frac{c_r}{T}\, dT = \int_0^{T_1} \frac{c_r}{T}\, dT + R \ln \frac{\Theta}{T_1} + \int_{T_1}^\Theta \frac{c_r}{T}\, dT$$

$$= 2\,R \ln T_1 + 2\,R - R \ln \frac{h^2\, m\, \mathfrak{H}_{m_0}}{4\, i\, k^2\, \pi^2},$$

$$+\, R \ln \Theta - 2\,R \ln T_1 - R + R \ln \frac{2\, m\, \mathfrak{H}_{m_0}}{k}$$

$$= R \ln \Theta + R + R \ln \frac{8\,\pi^2\, i\, k}{h^2},$$

und da für $T > \Theta$ die spezifische Wärme c_r konstant und gleich R ist, so ist für $T > \Theta$:

$$S_r^{\,T} = \int_0^T \frac{c_r}{T}\, dT = R \ln T + R + R \ln \frac{8\,\pi^2\, i\, k}{h^2}.$$

Der hier gefundene Wert für die Entropiekonstante der Rotation zweiatomiger Moleküle stimmt auch in den Zahlenfaktoren genau mit dem von O. Sackur[1]) durch direkte quantentheoretische Rechnung gefundenen Wert überein. Da man ferner die oben durchgeführte molekulartheoretische Berechnung der Gleichgewichtskonstanten K auch dazu verwenden kann, aus den bekannten Entropiekonstanten der einatomigen Gase die des zweiatomigen Gases zu berechnen, und dabei den gleichen Wert für $S_r^{\,T}$ erhält, so darf dieser wohl als sicher gestellt angenommen werden. Die gesamte Entropie des zweiatomigen festen Stoffes bei der Temperatur T bezogen auf $T = 0$ erhält man, indem man zu $S_r^{\,T}$, die nach der Planck-Einsteinschen Formel berechnete Entropie der $3\,N$ Freiheitsgrade der Schwingungen der Molekülschwerpunkte hinzuaddiert. Mit Hilfe der Dampfdruckformel[2]) ergibt sich dann die Entropie des zweiatomigen Gases AB von der Temperatur T und der Konzentration C_{ab} bezogen auf den festen Stoff bei $T = 0$ als Nullzustand zu:

$$S_{ab}' = \frac{5}{2} R \ln T - R \ln C_{ab} + \frac{5}{2} R + R \ln \frac{(2\,\pi\, m_{ab}\, k)^{\frac{3}{2}}}{N\, h^3} + R + R \ln \frac{8\,\pi^2\, i\, k}{h^2}.$$

1) O. Sackur, Ann. d. Phys. 40. p 90. 1913.
2) O. Stern, l. c.

Zürich, Februar 1914.

(Eingegangen 27. Februar 1914.)

S7. Otto Stern, Die Entropie fester Lösungen. Ann. Physik, 49, 823–841 (1916)

2. *Die Entropie fester Lösungen;*
von Otto Stern.

© Springer-Verlag Berlin Heidelberg 2016

H. Schmidt-Böcking, K. Reich, A. Templeton, W. Trageser, V. Vill (Hrsg.), *Otto Sterns Veröffentlichungen – Band 1*, DOI 10.1007/978-3-662-46953-8_11

2. *Die Entropie fester Lösungen;*
von Otto Stern.

Einleitung.

Die Frage, ob die Entropie von Lösungen dem Nernstschen Theorem gehorcht und bei abnehmender Temperatur
gegen Null konvergiert, ist sehr umstritten. Nernst u. a.[1])
bejahen sie, Einstein und Planck[2]) verneinen sie. Nach
der Ansicht der letzten beiden Forscher ist beim absoluten
Nullpunkt die Entropie S_0 eines aus h Komponenten bestehenden Gemisches pro Mol gleich

$$R \sum_{i}^{1, h} x_i \ln \frac{1}{x_i}$$

(R Gaskonstante, x_i Molenbruch der i-ten Komponente). Die
Entropie S des Gemisches bei der Temperatur T würde demnach

$$S = S_0 + \int_0^T \frac{c}{T}\, dT$$

sein (c spezifische Wärme des Gemisches). Nach Nernst
dagegen ist $S_0 = 0$, also

$$S = \int_0^T \frac{c}{T}\, dT .$$

Wir wollen zunächst die Schwierigkeiten, die diese Annahme
mit sich bringt, darlegen und die zugunsten der Planck-Einsteinschen Auffassung sprechenden Gründe kurz erörtern. Am
einfachsten gestaltet sich die Diskussion für den Fall eines
Gemisches aus chemisch sehr ähnlichen Komponenten. Für
ein solches gilt erfahrungsgemäß der Satz, daß der Partial-
dampfdruck einer jeden Komponente proportional ihrem

---

1) W. Nernst, Sitzber. d. Kgl. Preuß. Akad. d. Wiss. 1913 (972);
W. H. Keesom, Phys. Zeitschr. **14.** p. 665. 1913.

2) M. Planck, Thermodynamik. 4. Aufl. p. 279 ff. 1913; A. Einstein, Zweiter Brüsseler Solvaykongreß 1913.

Molenbruch ist. Um diesen Satz molekulartheoretisch zu
verstehen, bedienen wir uns eines von Hrn. Einstein mehrfach angewandten Kunstgriffes, nämlich der Methode der
gekennzeichneten Moleküle. Wir betrachten eine chemisch ein-
heitliche kondensierte Phase (Flüssigkeit oder festen Stoff)
im Gleichgewicht mit der dampfförmigen Phase und denken
uns nun einen bestimmten Bruchteil der Moleküle, ohne ihre
Eigenschaften sonst im geringsten zu verändern, irgendwie
gekennzeichnet, z. B., grobsinnlich gesprochen, rot gefärbt.
Dann ist es klar, daß im Gleichgewicht der Prozentsatz der
roten Moleküle in der kondensierten und in der dampfförmigen
Phase gleich sein wird, d. h. das obige Partialdampfdruck-
gesetz ist in diesem Falle, der den idealen Grenzfall eines
Gemisches aus chemisch sehr ähnlichen Komponenten darstellt, erfüllt. Die Entropiezunahme, die beim isothermen
Mischen der beiden Komponenten stattfindet, können wir mit
Hilfe des Partialdampfdruckgesetzes leicht berechnen, indem
wir die Mischung reversibel durch isotherme Destillation vornehmen.[1]) Da die Mischungswärme in diesem Fall gleich Null
ist, ergibt sich die Entropieänderung zu

$$R \sum_{i}^{1,2} x_i \ln \frac{1}{x_i},$$

falls wir die Gültigkeit der idealen Gasgesetze für den Dampf
voraussetzen. Diese Voraussetzung bleibt aber, da es sich um
gesättigte Dämpfe handelt, bis zu den tiefsten Temperaturen
herab gültig, und ebenso ist nicht einzusehen, weshalb die
Überlegung mit den gekennzeichneten Molekülen, bei der ja
von Temperatur gar nicht die Rede war, bei tiefen Temperaturen versagen sollte. Wir müssen daher annehmen, daß
die Entropiezunahme beim Mischen der roten und der un-
gefärbten Moleküle auch für $T = 0$ gleich

$$R \sum_{i}^{1,h} x_i \ln \frac{1}{x_i}$$

bleibt. Doch brauchen wir uns nicht auf diesen idealen Grenzfall zu beschränken. Das systematische Glied

$$R \sum_{i}^{1,h} x_i \ln \frac{1}{x_i}$$

---

1) Vgl. z. B. O. Sackur, Lehrbuch der Thermochemie und Thermodynamik.

Die Entropie fester Lösungen. 825

ist ja bei genügend hohen Temperaturen sicher auch in dem Ausdruck für die Entropie eines Gemisches von chemisch sehr verschiedenen Stoffen enthalten. Wäre nun nach Nernst $S_0 = 0$, so müßte dieses Glied durch die Integration über c/T entstehen. Das ist aber ausgeschlossen, falls man annimmt, daß die spezifische Wärme c eines Mischkristalls als Summe der spezifischen Wärmen seiner Eigenschwingungen nach der Planck-Einsteinschen Formel berechnet werden kann. Weshalb diese Überlegungen, die mir lange Zeit die stärksten Gründe gegen die Allgemeingültigkeit des Nernstschen Theorems zu sein schienen, doch in die Irre führen, und wie man auf wohl einwandfreie Weise die Entropie einer festen Lösung für beliebige Temperaturen bis zum absoluten Nullpunkt herab berechnen kann, soll im folgenden gezeigt werden.

Berechnung der Entropie einer festen Lösung.

Wir betrachten einen Mischkristall, eine feste Lösung, die aus $(1 - x)$ Molen $= (1 - x) N$ Molekülen des Stoffes A und aus x Molen $= x N$ Molekülen des Stoffes B besteht. Wir wollen die Stoffe im folgenden als einatomig voraussetzen; doch geschieht dies nur, um Weitschweifigkeiten zu vermeiden, da unsere Überlegungen, wie sich zeigen wird, ebenso für Moleküle gelten. Wir nehmen ferner an, daß die Atome im Mischkristall an raumgitterartig angeordnete Gleichgewichtslagen gebunden sind, und daß alle Atome ihre Plätze miteinander tauschen können, wozu prinzipiell jede noch so langsame Diffusion genügt. Die Entropie einer solchen Lösung könnte man bei hohen Temperaturen, im Gültigkeitsgebiete der klassischen Molekulartheorie, etwa folgendermaßen berechnen. Wir denken uns eine sehr große Zahl, z. B. ebenfalls N, von Exemplaren unseres Mischkristalls im Gleichgewicht mit einem großen Wärmebade. Dann werden in einem bestimmten Moment alle möglichen Zustände, die der Mischkristall überhaupt annehmen kann, unter diesen N Exemplaren vertreten sein, z. B. auch solche Zustände, die völliger Entmischung entsprechen. Als die Wahrscheinlichkeit eines bestimmten Zustandes bezeichnen wir seine prozentische Häufigkeit, d. h. die Zahl der in ihm befindlichen Exemplare, dividiert durch N. Wir hätten die Wahrscheinlichkeit eines Zustandes übrigens auch auf solche Weise definieren können,

826   *O. Stern.*

daß wir *einen* Mischkristall sehr lange Zeit hindurch beobachten und angeben, welchen Bruchteil dieser Zeit sich der Kristall in dem betreffenden Zustande aufhält. Die räumlich oder zeitlich definierte Wahrscheinlichkeit eines Zustandes hängt nun, wie die statistische Mechanik lehrt, nur von seiner Energie ε ab; sie ist bekanntlich proportional

$$e^{-\frac{\varepsilon}{kT}}\left(k = \frac{R}{N}\right).$$

Die Wahrscheinlichkeiten aller möglichen Zustände sind also bekannt, wenn ihre Energiedifferenzen gegeben sind, und die Entropie des Mischkristalls läßt sich dann nach den Regeln der statistischen Mechanik leicht aus diesen Wahrscheinlichkeiten berechnen. Leider versagt diese Methode aus bisher noch unbekannten Gründen bei tiefen Temperaturen, und die dann an ihre Stelle tretende Quantentheorie ermöglicht es zur Zeit noch nicht, das vorliegende Problem in einwandfreier Weise zu behandeln.

Aus dieser Schwierigkeit hilft uns im vorliegenden Falle eine von der üblichen abweichende Definition des Zustandes. Bei der üblichen, auch den obigen Ausführungen zugrunde liegenden, Zustandsdefinition wird ein bestimmter Zustand des Mischkristalls durch die Angabe der Lagen und Geschwindigkeiten sämtlicher Atome innerhalb bestimmter, sehr kleiner Grenzen charakterisiert. Das ist nun eine für unsere Zwecke viel zu eingehende Zustandsdefinition. Nehmen wir nämlich an, daß die Atome des Mischkristalls Schwingungen um raumgitterartig angeordnete Gleichgewichtslagen ausführen, so interessiert uns bei unserem Problem der Mischung hauptsächlich die Art der Verteilung der Atome A und B über diese Gleichgewichtslagen. Wir wollen daher festsetzen, daß ein bestimmter Zustand des Kristalls durch die Angabe dieser Verteilung vollständig definiert ist, wobei natürlich die Lagen und Geschwindigkeiten der einzelnen Atome in weiten Grenzen beliebig sind. Ferner wollen wir noch alle Zustände, die dadurch ineinander übergeführt werden können, daß Atome gleicher Art die Plätze tauschen, als identisch ansehen. Schließlich wird es im allgemeinen die Symmetrie des Kristalls mit sich bringen, daß immer je r dieser Zustände durch Drehung ineinander übergeführt werden

Die Entropie fester Lösungen. 827

können (die Berücksichtigung der endlichen Ausdehnung des Kristalls würde eine minimale Korrektur bedingen). Auch solche Zustände betrachten wir als identisch. Nach diesen Festsetzungen ist die Zahl Z der möglichen Zustände des Mischkristalls gleich

$$\frac{N!}{(1-x)\,N!\,x\,N!} \cdot \frac{1}{r},$$

nämlich gleich der Zahl der verschiedenen •Arten, auf die man die Atome über die N Gleichgewichtslagen des Raumgitters des Mischkristalls, dessen äußere Form als konstant angenommen wird, verteilen kann, dividiert durch r. Jeden dieser Zustände können wir nun — und das ist der Grund, weshalb wir den Zustand auf diese besondere Art und Weise definierten — als eine bestimmte chemische Verbindung der $(1-x)\,N$ Atome des Stoffes A und der $x\,N$ Atome des Stoffes B zu dem großen Molekül des Mischkristalls ansehen. Die neueren Untersuchungen über die Konstitution der Kristalle lassen keinen Zweifel zu, daß diese Auffassung durchaus dem Wesen der Sache entspricht. Es sind also die Z Zustände unseres Mischkristalls die Z Isomeren der chemischen Verbindung, von welcher der Mischkristall ein Molekül ist. Die Aufgabe, die Wahrscheinlichkeiten aller möglichen Zustände und die Entropie der Lösung zu berechnen, ist nunmehr, durch die besondere Art, das Problem zu formulieren, eine einfache Aufgabe aus der chemischen Gleichgewichtslehre geworden, die für beliebige Temperaturen rein thermodynamisch gelöst werden kann.

Die Ausführung gestaltet sich etwa folgendermaßen. Wir wählen als Wärmebad ein ideales Gas, in dem die N Exemplare des Mischkristalls, dem Einfluß der Schwerkraft entzogen, suspendiert sind. Das Volumen V des Gefäßes, in dem das ganze System enthalten ist, sei so groß, daß der durch die Brownsche Bewegung der Mischkristalle verursachte Druck auf die Wand des Gefäßes den idealen Gasgesetzen gehorcht. Wir bezeichnen mit n_i die Zahl der Mischkristalle im i-ten Zustande oder, mit anderen Worten, die Zahl der Moleküle des i-ten Isomeren im chemischen Gleichgewicht, mit

$$\xi_i = \frac{n_i}{N}$$

den Molenbruch des i-ten Isomeren. Das Isomere 1 entspreche dem ungemischten Zustande, den wir durch eine bestimmte

         O. Stern.

Form der Grenzfläche zwischen den reinen Komponenten charakterisiert annehmen. Wir denken uns nun an dem Gefäß Z halbdurchlässige Wände angebracht, deren jede für je ein Isomeres und das als Wärmebad dienende ideale Gas durchlässig ist und an ein durch einen Stempel verschlossenes Gefäß grenzt, welches das betreffende Isomere in der Gleichgewichtskonzentration enthält. Wir ziehen jetzt den Stempel des Ansatzgefäßes mit dem Isomeren i reversibel um das Volumen V heraus und stoßen gleichzeitig den Stempel des Ansatzgefäßes mit dem Isomeren 1 reversibel so weit hinein, daß n_i Moleküle aus dem Zustand 1 in den Zustand i überführt werden. Die hierbei aufgenommene Wärmemenge ist $n_i (\varepsilon_i - \varepsilon_1)$, falls ε_i die Energie des Mischkristalls im Zustande i bedeutet. Die durch den Prozeß bewirkte Entropiezunahme ist also

$$d S = \frac{n_i (\varepsilon_i - \varepsilon_1)}{T} \, .$$

Andererseits ist dS gleich der Entropiedifferenz zwischen den entstandenen und verschwundenen Stoffen, d. h. es ist

$$d S = \xi_i \left(R \ln \frac{V}{\xi_i} + 3\,R \ln T + S_0{}^i - R \ln \frac{V}{\xi_1} - 3\,R \ln T - S_0{}^1 \right)$$
$$+ n_i (\sigma_i - \sigma_1).$$

Hierin stellt die erste Klammer den von der fortschreitenden und drehenden Brownschen Bewegung der Kristalle herrührenden Anteil der Entropie dar, wie ihn die Gastheorie liefert, wobei S_0 die sog. Entropiekonstante ist, während σ die Entropie der Atombewegungen im Kristall bedeutet, also das, was man gewöhnlich als die Entropie des Kristalls bezeichnet. Nun können wir alle $S_{0|}{}^i$ als gleich ansehen, da S_0 in universeller Weise von der Masse und den Trägheitsmomenten des Kristalls abhängt.[1]) Die Massen sind aber für alle Isomeren gleich, und die geringen Verschiedenheiten der Trägheitsmomente können wir als für unser Problem unwesentlich vernachlässigen, da sie nur für die von der Brownschen Rotationsbewegung der Kristalle herrührenden Entropiedifferenzen maßgebend sind. Aus dem gleichen Grunde können wir auch

---

1) Vgl. O. Sackur, Ann. d. Phys. **40**. p. 67. 1913; H. Tet ode, Ann. d. Phys. **38**. p. 414; **39**. p. 255. 1912; O. Stern, Phys. Zeitschr. **14**. p. 629. 1913.

Die Entropie fester Lösungen.   829

die bei außerordentlich tiefen Temperaturen auftretenden Quantenabweichungen dieser enorm großen Moleküle vernachlässigen. Somit wird

$$dS = \frac{n_i(\varepsilon_i - \varepsilon_1)}{T} = n_i\,k\,\ln\frac{\xi_1}{\xi_i} + n_i(\sigma_i - \sigma_1).$$

Bezeichnen wir mit $f_i = \varepsilon_i - \sigma_i T$ die freie Energie eines Isomerenmoleküls, d. h. eines Mischkristalls in einem bestimmten Zustande, so haben wir:

$$k\,\ln\frac{n_1}{n_i} = \frac{\varepsilon_i - \varepsilon_1}{T} - (\sigma_i - \sigma_1) = \frac{f_1 - f_i}{T}.$$

Also ist

(1) $n_i = \text{konst. } e^{-\frac{f_i}{kT}}.$

Wir haben somit die Wahrscheinlichkeit $w_i = n_i/N = \xi_i$ des i-ten Zustandes berechnet. Wir hätten dieses Resultat für *hohe* Temperaturen auch mit Hilfe der klassischen Molekulartheorie ableiten können; aber die hier benutzte Methode hat den Vorzug, daß sie ein für *beliebige* Temperaturen streng gültiges Resultat liefert. Führen wir nun den oben beschriebenen Prozeß mit jedem der Isomere 2 bis Z, also $(Z-1)$mal aus und trennen auch von dem das Isomere 1 enthaltenden Gefäß das Volumen V ab, so erhalten wir von jedem Isomeren n_i Moleküle im Volumen V. Die dadurch bewirkte Entropiezunahme ist gleich

$$\sum_i^{1,Z} n_i\left(k\,\ln\frac{1}{\xi_i} + \sigma_i\right) - \sum_i^{1,Z} n_i\left(k\,\ln\frac{1}{\xi_1} + \sigma_1\right).$$

Indem wir schließlich alle Isomeren in demselben Volumen V vereinigen, wobei keine Entropieänderung auftritt, haben wir

$$\sum_i^{1,Z} n_i = N$$

Mischkristalle aus dem ungemischten in den gemischten Zustand übergeführt. Dabei waren aber die N Mischkristalle 1 in dem ihrer Gleichgewichtskonzentration ξ_1/V entsprechenden Volumen V/ξ_1 enthalten. Verwandle ich also bei gleichbleibendem Volumen N Mischkristalle, deren jeder die beiden Komponenten A und B in reinem Zustande enthält, in N Mischkristalle, deren jeder die feste Lösung der beiden Komponenten A und B darstellt, so ist die Entropiezunahme um $R\,\ln 1/\xi_1$ größer, also gleich:

O. Stern.

$$R \ln \frac{1}{\xi_1} + \sum_i^{1,Z} n_i \left(k \ln \frac{1}{\xi_i} + \sigma_i \right) - \sum_i^{1,Z} n_i \left(k \ln \frac{1}{\xi_1} + \sigma_1 \right)$$

$$= R \ln \frac{1}{\xi_1} + \sum_i^{1,Z} n_i \left(k \ln \frac{1}{\xi_i} + \sigma_i \right) - N \left(k \ln \frac{1}{\xi_1} + \sigma_1 \right)$$

$$= \sum_i^{1,Z} n_i \left(k \ln \frac{1}{\xi_i} + \sigma_i \right) - N \sigma_1.$$

Andererseits ist diese Entropiezunahme, wenn ich mit σ^* die Entropie der festen Lösung bezeichne, gleich $N \sigma^* - N \sigma_1$. Daher ist

$$\sigma^* = \sum_i^{1,Z} \frac{n_i}{N} \left(k \ln \frac{1}{\xi_i} + \sigma_i \right) = \frac{\sum_i^{1,Z} n_i \sigma_i}{N} + \sum_i^{1,Z} \xi_i k \ln \frac{1}{\xi_i} = \bar{\sigma} + k \sum_i^{1,Z} \xi_i \ln \frac{1}{\xi_i},$$

falls wir mit $\bar{\sigma} = \dfrac{\sum_i^{1,Z} n_i \sigma_i}{N}$ eine mittlere Entropie der Isomeren bezeichnen. In analoger Weise soll im folgenden für jede Größe g ihr Wert für die Lösung mit g^*, für das i-te Isomere mit g_i und ihr durch die Gleichung $\dfrac{\sum_i^{1,Z} n_i g_i}{N} = \bar{g}$ definierter Mittelwert mit $\bar{g}$ bezeichnet werden. Setzen wir für n_i den oben berechneten Wert konst. $e^{-\frac{f_i}{kT}}$ ein, so wird

$$\bar{g} = \sum_i^{1,Z} \xi_i g_i = \sum_i^{1,Z} \frac{n_i}{N} g_i = \frac{\sum_i^{1,Z} g_i e^{-\frac{f_i}{kT}}}{\sum_i^{1,Z} e^{-\frac{f_i}{kT}}},$$

und für die Entropie σ^*, die Energie ε^*, die freie Energie f^* und die spezifische Wärme c^* der Lösung ergeben sich folgende Werte:

$$(2) \quad \begin{cases} \sigma^* = \bar{\sigma} + \sum_i^{1,Z} \xi_i \ln \frac{1}{\xi_i} = \bar{\sigma} + k \sum_i^{1,Z} \xi_i \ln \dfrac{\sum_i^{1,Z} e^{-\frac{f_i}{kT}}}{e^{-\frac{f_i}{kT}}} \\[2em] = \bar{\sigma} + k \sum_i^{1,Z} \xi_i \ln \sum_i^{1,Z} e^{-\frac{f_i}{kT}} + k \sum_i^{1,Z} \xi_i \frac{f_i}{kT} \\[2em] = \bar{\sigma} + k \ln \sum_i^{1,Z} e^{-\frac{f_i}{kT}} + \frac{\bar{f}}{kT} = \frac{\bar{\varepsilon}}{T} + k \ln \sum_i^{1,Z} e^{-\frac{f_i}{kT}}. \end{cases}$$

Die Entropie fester Lösungen.   831

$$(3) \qquad \varepsilon^* = \bar{\varepsilon} = \frac{\sum\limits_{i}^{1,Z} \varepsilon_i\, e^{-\frac{f_i}{kT}}}{\sum e^{-\frac{f_i}{kT}}} \cdot$$

$$(4) \qquad f^* = \varepsilon^* - \sigma^* T = -kT \ln \sum\limits_{i}^{1,Z} e^{-\frac{f_i}{kT}}.$$

$$(5) \qquad \left\{ \begin{aligned}
c^* &= \frac{d\varepsilon^*}{dT} = \frac{d\sum\limits_{i}^{1,Z} \varepsilon_i \xi_i}{dT} = \sum\limits_{i}^{1,Z} \xi_i \frac{d\varepsilon_i}{dT} + \sum\limits_{i}^{1,Z} \varepsilon_i \frac{d\xi_i}{dT} = \sum\limits_{i}^{1,Z} c_i \xi_i \\
&\qquad\qquad\qquad\qquad + \sum\limits_{i}^{1,Z} \varepsilon_i \frac{d}{dT}\left(\frac{e^{-\frac{f_i}{kT}}}{\sum\limits_{i}^{1,Z} e^{-\frac{f_i}{kT}}} \right) \\
&= \bar{c} + \frac{1}{kT^2}\left(\overline{\varepsilon_i{}^2} - \bar{\varepsilon}_i{}^2 \right).
\end{aligned} \right.$$

Damit ist unsere Aufgabe gelöst. Wir können vermittelst der obigen Formeln Entropie und Energie der Lösung berechnen, wenn uns diese Größen für jedes Isomere, das einen möglichen Zustand der Lösung darstellt, gegeben sind. Am einfachsten ist, wie man sieht, der Ausdruck für f^*, den wir daher meist der Diskussion zugrunde legen werden. Ferner werden wir im folgenden, falls eine Spezialisierung nötig ist, annehmen, daß man den temperaturabhängigen Anteil von f_i mit Hilfe der Planckschen Formel durch eine Summe über die $3\,N$ Eigenschwingungen des betreffenden Isomeren darstellen kann.

Grenzwerte für hohe Temperaturen.

Wir wollen zunächst zeigen, daß unsere Theorie für hohe Temperaturen die bekannten Grenzgesetze für verdünnte Lösungen und für Gemische chemisch ähnlicher Stoffe liefert. Im letzteren Falle kann man annehmen, daß sich alle f_i nur um kleine Beträge δ voneinander unterscheiden. Wir setzen $f_i = \bar{f} + \delta_i$. Dann wird

$$f^* = -kT \ln \sum\limits_{i}^{1,Z} e^{-\frac{\bar{f}+\delta_i}{kT}} = -kT \ln \left(e^{-\frac{\bar{f}}{kT}} \cdot \sum\limits_{i}^{1,Z} e^{-\frac{\delta_i}{kT}} \right)$$

$$= \bar{f} - kT \ln \sum\limits_{i}^{1,Z} e^{-\frac{\delta_i}{kT}} = \bar{f} - kT \ln Z,$$

da mit wachsendem T der Ausdruck δ_i/kT gegen Null, $e^{-\frac{\delta_i}{kT}}$ also gegen den Wert Eins konvergiert. Nun ist

832   *O. Stern.*

$$Z = \frac{N!}{(1-x)\,N!\,x\,N!}\,\frac{1}{r}\,,$$

also wird bei Anwendung der Stirlingschen Approximation
und Vernachlässigung von $\ln r$

$$\ln Z = -(1-x)\,N \ln(1-x) - x\,N \ln x$$

und

$$k\,T \ln Z = R\,T\left[(1-x)\ln\frac{1}{1-x} + x \ln\frac{1}{x}\right],$$

in Übereinstimmung mit der gewöhnlichen Theorie. Für den
Grenzfall der gekennzeichneten Moleküle sind alle f_i gleich,
und die Entropieänderung beim Mischen ergibt sich wie in der
Einleitung für *alle* Temperaturen zu

$$R\sum_i^{1,2} r_i \ln\frac{1}{x_i}\,.$$

Auch für den Fall, daß die eine Komponente, z. B. B, nur
in geringer Menge vorhanden ist, kann man durch die üblichen
Überlegungen ableiten, daß f_i für die überwiegende Mehrzahl
der Isomeren gleich, und zwar gleich $(1-x)\,f_A + x\,f_B'$ ist
(f_A freie Energie von reinem A, f_B' von B in der Lösung).
Dann wird

$$f^* = (1-x)\,f_A + x\,f_B' - k\,T \ln Z = (1-x)\,f_A + x\,f_B' - R\,T$$
$$\left[(1-x)\ln\frac{1}{1-x} + x \ln\frac{1}{x}\right],$$

wie in der van't Hoffschen Theorie.

Grenzwert für $T = 0$. Nernstsches Theorem und Nullpunktsenergie.

Für die Diskussion der Grenzwerte, denen σ^*, ε^* und f^*
für den limes $T = 0$ zustreben, sind zwei wesentlich verschiedene Fälle zu unterscheiden, je nachdem, ob *ein* Isomeres eine kleinere freie Energie als alle übrigen besitzt (Fall *a*),
oder ob *mehrere* Isomere die gleiche freie Energie, und zwar
wiederum eine kleinere als alle übrigen besitzen (Fall *b*).

Wir behandeln zunächst Fall *a*. Dabei bezeichnen wir $\lim_{T=0} f_i$
mit f_i^0 und das kleinste f_i^0 mit f_m^0. Man sieht nun leicht ein,
daß für $T = 0$ die Wahrscheinlichkeit aller Isomeren gegen
über der des m-ten verschwindet, während dieses die Wahrscheinlichkeit 1 besitzt und allein vorhanden ist. Denn es ist:

Die Entropie fester Lösungen.   833

$$w_m = \xi_m = \frac{n_m}{\sum\limits_i^{1,Z} n_i} = \frac{e^{-\frac{f_m}{kT}}}{\sum\limits_i^{1,Z} e^{-\frac{f_i}{kT}}}.$$

Nun ist aber

$$\lim_{T=0} \sum_i^{1,Z} e^{-\frac{f_i}{kT}} = e^{-\frac{f_m^0}{kT}}.$$

Setzen wir nämlich $f_i^0 = f_m^0 + \delta_i^0$, wobei alle δ_i^0 nach Voraussetzung positive und endliche Größen sind und nur $\delta_m^0 = 0$ ist, so wird

$$\lim_{T=0} \sum_i^{1,Z} e^{-\frac{f_i}{kT}} = e^{-\frac{f_m^0}{kT}} \cdot \sum_i^{1,Z} e^{-\frac{\delta_i^0}{kT}} = e^{-\frac{f_m^0}{kT}},$$

weil für $T = 0$ $\frac{\delta_i^0}{kT} = \infty$ also $e^{-\frac{\delta_i^0}{kT}} = 0$ wird außer für $i = m$,

in welchem Falle $\frac{\delta_m^0}{kT} = 0$ also $e^{-\frac{\delta_m^0}{kT}} = 1$ wird. Daher ist

$$\lim_{T=0} w_m = \frac{e^{-\frac{f_m^0}{kT}}}{e^{-\frac{f_m^0}{kT}}} = 1,$$

wie behauptet. Es ist das nichts anderes als die aus der chemischen Gleichgewichtslehre längst bekannte Tatsache, daß beim absoluten Nullpunkt das Gleichgewicht vollständig nach der Seite der Verbindung mit der kleinsten freien Energie verschoben ist. Es sei noch bemerkt, daß dieses Isomere natürlich auch das den ungemischten Zustand repräsentierende, also $m = 1$ sein kann. Aus dem Vorhergehenden folgt für den limes $T = 0$: $\sigma^* = \sigma_m$, $\varepsilon^* = \varepsilon_m$, $f^* = f_m$,

und die Entropiezunahme beim Mischen wird für den absoluten Nullpunkt:

$$\sigma^* - \sigma_1 = \sigma_m - \sigma_1,$$

d. h. gleich der Entropieänderung bei der chemischen Umwandlung eines Moleküls in ein mit ihm isomeres Molekül. Das Nernstsche Theorem gilt also im Falle *a* für *Lösungen*, falls es für diese Art *chemischer Reaktionen* gilt. Diese Voraussetzungen können wir in unserem Falle wohl unbedenklich machen, denn die in einer früheren Arbeit[1]) von mir ge-

―――――――――

1) Ann. d. Phys. **44**. p. 497. 1914.

834   *O. Stern.*

äußerten Bedenken gegen die Gültigkeit des Nernstschen Theorems für chemische Reaktionen bezogen sich nur auf den Fall, daß Atome aus dem Zustande chemischer Bindung in den freien Zustand übergehen, was hier nicht der Fall ist. Es scheint aber überhaupt, als ob die in der erwähnten Arbeit festgestellte Diskrepanz des Nernstschen Theorems mit der Erfahrung durch unerwartete Fehler des Experiments[1]) bedingt ist, so daß wir die Gültigkeit des Nernstschen Theorems jedenfalls für alle Arten chemischer Reaktionen annehmen können. Es sei hierzu auch auf die weiter unten durchgeführte Diskussion über die allgemeine Gültigkeit dieses Satzes hingewiesen. Wir können also setzen: $\sigma^* - \sigma_1 = 0$, d. h. im Falle *a* gilt das Nernstsche Theorem für Lösungen.

Dies trifft nicht zu für den Fall *b*. Haben nämlich *mehrere* (etwa Z_0) Isomere die gleiche minimale freie Energie $f_m{}^0$, so kann man in gleicher Weise wie oben zeigen, daß für lim $T = 0$ jedes von ihnen die gleiche Wahrscheinlichkeit besitzt, während die Wahrscheinlichkeit aller übrigen gleich Null wird. Es wird dann für lim $T = 0$:

$$f^* = f_m{}^0 - k\,T \ln Z_0, \quad \varepsilon^* = \bar{\varepsilon} = \varepsilon_m{}^0, \quad \sigma^* = \sigma_m{}^0 + k \ln Z_0,$$

und die Entropieänderung beim Mischen wird für $T = 0$:

$$\sigma^* - \sigma_1 = \sigma_m{}^0 - \sigma_1 + k \ln Z_0 = k \ln Z_0,$$

d. h. im Falle *b* gilt das Nernstsche Theorem *nicht* für *Lösungen*, selbst wenn es für *chemische Reaktionen* gilt. Seine Gültigkeit hängt also davon ab, ob Fall *b* möglich ist. Diese Frage wollen wir jetzt näher untersuchen.

Zunächst können wir noch eine Vereinfachung vornehmen, indem wir

$$\lim_{T=0} \sigma_i T = 0$$

setzen, so daß $f_i{}^0 = \varepsilon_i{}^0$ wird. Die Frage ist nun, ob von allen möglichen Anordnungen, die man durch Verteilung der $(1-x)N$ Atome A und xN Atome B über die N raumgitterartig angeordneten Gleichgewichtslagen des Kristalls herstellen kann, nur eine die kleinste Energie besitzt. Das ist sicher dann der Fall, wenn alle Anordnungen beim absoluten Nullpunkt ver-

---

1) Nach einer freundlichen persönlichen Mitteilung von Herrn Geheimrat Nernst hat es sich gezeigt, daß u. a. die spezifische Wärme des festen Jods merklich durch die Wärmetönung einer Umwandlung, der es bei tiefen Temperaturen unterliegt, gefälscht ist.

Die Entropie fester Lösungen.   885

schiedene Energie haben, wofür wir im folgenden Gründe beizubringen versuchen werden. Das ist natürlich nicht möglich, ohne Hypothesen über die zwischen den Atomen wirkenden Kräfte zu machen. Es möge daher von vornherein der — im Gegensatz zu dem Vorangegangenen — hypothetische Charakter der folgenden Erörterungen betont werden. Zunächst wollen wir voraussetzen, daß die chemische Verschiedenheit der Stoffe A und B auch eine Verschiedenheit der zwischen den Atomen gleicher und verschiedener Art wirksamen Kräfte bedingt. Es könnte nun plausibel scheinen, anzunehmen, daß unter dieser Voraussetzung verschiedenen Konfigurationen auch stets verschiedene potentielle Energien zukommen. Das ist aber nicht richtig. Denn wenn wir die — nach allem, was wir wissen, der Wirklichkeit sehr nahe kommende — Hypothese machen, daß immer nur die unmittelbar benachbarten Atome aufeinander wirken, so sieht man ohne weiteres, daß besonders bei verdünnten Lösungen sehr viele Konfigurationen — z. B. alle, bei denen jedes gelöste Atom vollständig von Lösungsmittelatomen umgeben ist, — die gleiche potentielle Energie haben werden. Man muß dann für den Fall, daß beim Mischen Wärme frei wird — anderenfalls hat der ungemischte Zustand die kleinste Energie —, annehmen, daß für $T = 0$ viele Konfigurationen mit der gleichen kleinsten Energie vorhanden sind. Doch liegt die Sache noch ungünstiger, weil die obige Voraussetzung, daß chemische Verschiedenheit auch Verschiedenheit der Atomkräfte bedingt, nicht in allen Fällen zuzutreffen braucht. Man muß vielmehr annehmen, daß zwei Stoffe A und B auch dann chemisch verschieden sind, wenn die von ihren Atomen ausgehenden Kräfte genau gleich und nur die Massen der Atome verschieden sind, weil man solche Stoffe z. B. durch Schwerewirkung oder Zentrifugieren reversibel trennen kann. Nach den neueren Anschauungen der auf dem Gebiete der Radiochemie arbeitenden Forscher sind bekanntlich die sogenannten Isotopen mit außerordentlicher Annäherung als solche Stoffe zu betrachten.[1]) In diesem Falle besitzen nun überhaupt alle möglichen Anordnungen die gleiche potentielle Energie. Gegen diese Erwägungen könnte man einwenden, daß eben in der Wirklichkeit unsere

---

1) S. z. B. K. Fajans, Die Naturwissenschaften 1914. p. 429 u. 463.

54*

O. Stern.

Voraussetzungen nie streng erfüllt, daß also prinzipiell auch die entferntesten Atome im Kristall Wirkungen, wenn auch außerordentlich geringe, aufeinander ausüben, und daß die von Atomen mit verschiedener Masse ausgehenden Kräfte prinzipiell geringe Verschiedenheiten aufweisen. Für die Gravitationswirkung ist das ja sicher der Fall; aber auch für die von isotopen Atomen ausgehenden chemischen Kräfte resultieren, falls man der Theorie das Rutherfordsche Atommodell zugrunde legt, ganz geringe Verschiedenheiten, wie K. Fajans[1]) kürzlich gezeigt hat. Mit Hilfe derartiger Überlegungen ließe sich das Nernstsche Theorem wohl auf jeden Fall aufrecht erhalten. In viel natürlicherer Weise geschieht dies jedoch meines Erachtens durch Einführung der Nullpunktsenergie, wodurch, wenn ich so sagen darf, das Nernstsche Theorem mit der richtigen Größenordnung gültig wird. Es sind nämlich für einen Mischkristall, der ein Mol einer festen Lösung zweier Isotopen darstellt, infolge der Verschiedenheit der Massen bei Gleichheit der Kräfte die $3\,N$ Eigenschwingungen des Systems für verschiedene Konfigurationen verschieden, und es wird daher jedenfalls auch die Summe ihrer Eigenfrequenzen

$$\sum_{e}^{1,3\,N} \nu_i^e$$

(ν_i^e ist die l-te Eigenschwingung des i-ten Isomeren) verschieden sein. Dann wird auch die Nullpunktsenergie vom Betrage

$$\frac{h}{2} \sum_{e}^{1,3\,N} \nu_i^e$$

der Konfigurationen verschieden, und beim absoluten Nullpunkt wird das Isomere, für das

$$\sum_{e}^{1,3\,N} \nu_i^e$$

ein Minimum ist, die Wahrscheinlichkeit Eins haben. Ebenso verursacht die Nullpunktsenergie eine Verschiedenheit der ε_i^0 für den oben erwähnten Fall der verdünnten Lösungen. Natürlich müßten diese hier aufgestellten Behauptungen durch explizite Berechnung, auf die ich in einer folgenden Arbeit,

---

1) K. Fajans, Elster- u. Geitel-Festschrift, p. 623. 1915.

Die Entropie fester Lösungen.   837

die auch die Behandlung einfacher Spezialfälle auf Grund der
hier entwickelten Theorie bringen soll, eingehen zu können
hoffe, nachgewiesen werden; doch ist ihre Richtigkeit wohl
auch ohne dies ersichtlich. Nur in einem Fall ist die Energie
verschiedener Anordnungen sicher gleich, wenn es sich nämlich
um zwei spiegelbildlich gleiche Konfigurationen handelt. Wäre
ihre Energie zugleich kleiner als die aller übrigen Isomeren,
so besäßen sie beide beim absoluten Nullpunkt die gleiche
Wahrscheinlichkeit, nämlich $\frac{1}{2}$, und die Entropie der Lösung
würde für $T = 0$ nicht gegen Null, sondern gegen den Wert

$$k \ln 2 = R \frac{\ln 2}{N}$$

konvergieren, wodurch ein prinzipieller Widerspruch gegen
das Nernstsche Theorem bedingt wäre. Ich glaube aber,
daß dieser Widerspruch durch quantentheoretische Betrach-
tungen behoben werden kann, doch bin ich nicht imstande,
dies durch die in dieser und in meinen früheren Arbeiten angewandten Methoden zu beweisen. Hier möchte ich noch die
Bemerkung anschließen, daß die obigen Überlegungen auch
für Gemische optisch-aktiver Isomeren gelten, da auch bei
diesen den verschiedenen Anordnungen der Stoffe verschiedene
ε_i^0 entsprechen, wie man durch Betrachtung der Atomgitter
statt der Molekülgitter einsieht.

Es mögen nun noch die in der Einleitung angeführten
Argumente, welche die Möglichkeit, das Nernstsche Theorem
für Lösungen aufrecht zu erhalten, auszuschließen schienen,
auf Grund unseres jetzigen Standpunktes kurz besprochen
werden.

Die Überlegung mit den gekennzeichneten Molekülen ist
dahin zu modifizieren, daß solche Moleküle auch bezüglich
der vom Nernstschen Theorem geforderten Abweichungen
von der klassischen Theorie der Lösungen einen Grenzfall
darstellen, indem diese Abweichungen erst bei um so tieferen
Temperaturen auftreten, je ähnlicher die Moleküle sind. Die
Überlegung gilt also beim absoluten Nullpunkt nur für solche
Moleküle, die genau gleiche Masse haben und von denen genau
gleiche Kräfte ausgehen. Solche Stoffe kann man aber nicht
mehr als chemisch verschieden ansehen, weil sie nicht auf
reversible Weise getrennt werden können.

838   *O. Stern.*

Der zweite Einwand, daß das Glied

$$\sum_{i}^{1, h} x_i \ln \frac{1}{x_i}$$

durch Integration über c/T nicht entstehen kann, falls c als Summe der spezifischen Wärmen der Eigenschwingungen des Mischkristalls berechenbar ist, erledigt sich durch den Hinweis auf die oben abgeleitete Formel (5) für die spezifische Wärme der Lösung

$$c^* = \bar{c} + \sum_{i}^{1, Z} \varepsilon_i \frac{d\,\xi_i}{d\,T},$$

die zeigt, daß c^* nicht als solche Summe darstellbar ist, sondern daß zu c^* die Umwandlungswärmen der Isomeren, deren Einfluß das zweite Glied darstellt, wesentlich beitragen. An dieser Stelle möge auch auf den einzigen meines Wissens bisher vorliegenden Ansatz zu einer Theorie der festen Lösungen auf Grund des Nernstschen Theorems wenigstens für sehr tiefe Temperaturen hingewiesen werden. Herr Nernst[1]) hat nämlich für den osmotischen Druck P einer festen Lösung das Grenzgesetz $P = a + \beta\,T^4$ (a und β sind *spezifische* Konstanten) versuchsweise für den Fall aufgestellt, daß bei sehr tiefen Temperaturen, bei denen die Entropie der Lösung schon stark degeneriert ist, ihre spezifische Wärme dem Debyeschen Grenzgesetz folgen würde. Ob das in diesem Temperaturgebiet überhaupt möglich ist oder sogar bei genügend tiefer Temperatur allgemein eintritt, könnte erst eine eingehendere Rechnung zeigen. Nur so viel ist sicher, daß umgekehrt bei einem Gemisch aus chemisch und an Masse sehr ähnlichen Komponenten der Fall eintreten wird, daß die spezifische Wärme der Lösung bereits proportional T^3 ist, während der osmotische Druck sich noch vollständig normal verhält, weil auch das systematische Glied

$$\sum_{i}^{1, h} x_i \ln \frac{1}{x_i}$$

in der Entropie noch vorhanden ist. Sein vom Nernstschen Theorem gefordertes Kleinerwerden erfolgt erst bei ganz tiefen

---

1) W. Nernst. l. c.

Die Entropie fester Lösungen.   **839**

Temperaturen gerade dadurch, daß das Debyesche Grenzgesetz ungültig wird. Es wird dann bei noch tieferen Temperaturen wieder gültig, bei denen die Lösung nahezu in eine reine
chemische Verbindung, das Isomere mit der kleinsten Energie,
übergegangen ist. Es ist wohl kaum nötig hinzuzufügen, daß
man bei experimenteller Untersuchung eines bestimmten Mischkristalls bei genügend tiefen Temperaturen natürlich stets das
Debyesche Grenzgesetz bestätigt finden würde, weil man infolge der außerordentlichen Langsamkeit der Diffusion (= der
außerordentlich geringen Reaktionsgeschwindigkeit der Iso-
merenumwandlungen) bei tiefen Temperaturen keine Lösung,
sondern nur ein bestimmtes Isomere vor sich hätte.

Zusammenfassend läßt sich über die Bedeutung unserer
Resultate etwa folgendes sagen: Es soll und kann nicht behauptet werden, daß es hier gelungen wäre, die Gültigkeit des
Nernstschen Theorems für Lösungen streng zu beweisen.
Dagegen glaube ich, in einwandfreier Weise die Bedingung
für diese Gültigkeit aufgezeigt und ihr prinzipielles Erfülltsein
in der Wirklichkeit zum mindesten als wahrscheinlich nachgewiesen zu haben. Es besteht also durchaus die Möglichkeit,
das Nernstsche Theorem auch für Lösungen aufrecht zu
erhalten, was bisher nicht der Fall zu sein schien.[1]

Da nun aber das Nernstsche Theorem, wie mehrfach
betont wurde, seiner ganzen Art nach ein Satz ist, dessen
wesentliche Bedeutung auf seiner *allgemeinen* Gültigkeit beruht, weshalb er ja auch oft als dritter Hauptsatz der Wärme-
theorie bezeichnet wird, so würde ihm durch den Nachweis
seiner Ungültigkeit auch nur in einem einzigen Falle, nämlich dem der Lösungen, ein großer Teil seines Wertes genommen und seine Gültigkeit auch für andere Fälle in
Frage gestellt werden. Andererseits besitzt das Nernstsche Theorem, das eine große Menge experimentell sowie

---

1) Bezeichnend dafür ist auch, daß — bis auf die oben besprochene
Ausnahme — noch kein Versuch gemacht worden ist, eine Theorie der
Lösungen auf Grund des Nernstschen Theorems zu entwickeln, obwohl
es doch besonders denjenigen Forschern, die sogar eine Entartung der
idealen Gase bei Annäherung an den absoluten Nullpunkt annehmen,
nahegelegen hätte, etwas Analoges für die Lösungen anzunehmen. Ich
glaube übrigens, daß es gelingen wird, die Theorie der idealen Gase nach
einer ähnlichen Methode, wie sie hier benutzt wurde, zu behandeln.

840 *O. Stern.*

theoretisch gefundener Tatsachen und Gesetze einheitlich abzuleiten gestattet und selbst aus dem Prinzip von der Unerreichbarkeit des absoluten Nullpunktes gefolgert werden kann, eine derartig hohe innere Wahrscheinlichkeit für sich, daß ich fast sagen möchte, es genügt, die Möglichkeit seiner allgemeinen Gültigkeit nachgewiesen zu haben, um sicher zu sein, daß es wirklich allgemein gilt. Daher möchte ich auch die Erörterungen über die Rolle der Nullpunktsenergie nicht etwa als eine Ableitung des Nernstschen Theorems mit Hilfe der Hypothese der Nullpunktsenergie, sondern viel eher als Stütze für diese Hypothese aufgefaßt wissen. Jedenfalls besteht zwischen diesen beiden Dingen ein enger Zusammenhang, der auch an manchen anderen Stellen, z. B. in der Theorie des Magnetismus, zutage tritt. Zum Schluß sei noch besonders betont, daß die im letzten Abschnitt behandelten Fragen natürlich nichts mit der Ableitung unserer Formeln (1) bis (5) zu tun haben, die rein mit Hilfe der klassischen chemischen Gleichgewichtslehre begründet sind.

Zusammenfassung.

In der vorliegenden Arbeit wurde die allgemeine Theorie der festen Lösungen auf Grund folgender Annahmen entwickelt. In einem Mischkristall sind die Moleküle der Komponenten an raumgitterartig angeordnete Gleichgewichtslagen gebunden. Durch Diffusion können die Moleküle ihre Plätze tauschen. Man erhält alle möglichen Zustände des Mischkristalls, indem man die Moleküle verschiedener Art auf alle möglichen Weisen über die Gitterpunkte verteilt. Jeder dieser Zustände stellt eine bestimmte chemische Verbindung dar, die mit allen übrigen Zuständen isomer ist. Der Mischkristall in einem bestimmten Zustande ist also ein Molekül der durch diesen Zustand repräsentierten chemischen Verbindung. Die Wahrscheinlichkeit eines beliebigen Zustandes und die Entropie der Lösung werden dann mit Hilfe der chemischen Gleichgewichtslehre berechnet, woraus sich auch die allgemeinen Formeln für die Energie, freie Energie und spezifische Wärme der Lösung ergeben. Der Grenzwert des so erhaltenen Ausdruckes für die Entropie der Lösung wird für hohe Temperaturen mit dem aus der klassischen Theorie erhaltenen iden-

Die Entropie fester Lösungen.   **841**

tisch; für den limes $T = 0$ wird er gleich Null, falls nur *ein*
Zustand beim absoluten Nullpunkt eine kleinere Energie als
alle übrigen besitzt. Dies ist also die Bedingung für die Gültigkeit des Nernstschen Theorems für Lösungen. Es wird gezeigt, daß diese Bedingung in ungezwungener und natürlicher
Weise erfüllt ist, wenn man die Annahme einer von der Frequenz abhängigen Nullpunktsenergie macht. Die Bedeutung
dieser Resultate für die Frage nach der Allgemeingültigkeit
des Nernstschen Theorems wird diskutiert.

Lomsha (Russisch-Polen), Januar 1916.

(Eingegangen 10. Februar 1916.)

Personenregister

A.W. Hull *Bd IV* 52
E. Hulthèn *Bd I* 27, 28
F. Hund *Bd III* 44, *Bd IV* 232
D.A. Hutchinson *Bd IV* 137

I

H.E. Ilves *Bd V* 62

J

D.A. Jackson *Bd I* 34, *Bd III* 82,
 Bd IV 121
F. Jahnke *Bd II* 150
A.F. Joffe *Bd III* 243
T.H. Johnson *Bd II* 200, *Bd III* 72, 85,
 100, 105, 224, 248, 254, *Bd V* 62,
 140, 228
H.L. Johnston *Bd IV* 137
H. Jones *Bd I* 56, 96
G. Joos *Bd II* 184
B. Josephy *Bd I* 38, *Bd IV* 51
G. Just *Bd I* 122, *Bd III* 59

K

Fa. Kahlbaum/Berlin *Bd I* 102, *Bd II*
 213, *Bd IV* 214
A. Kallmann *Bd I* 15, *Bd II* 161, 228,
 Bd IV 218, *Bd V* 94
H. Kammerlingk-Onnes *Bd V* 157
T. von Karman *Bd II* 40, 47, 62
W.H. Keesom *Bd I* 182, *Bd II* 136
Fa. Keiser&Schmidt/Berlin *Bd I* 103
J.M.B. Kellog *Bd IV* 85, 91, *Bd V* 140
F. Kerschbaum *Bd III* 76
S. Kikuchi *Bd III* 105, 223, 232, 234, 237
T.J. Kilian *Bd V* 61
K.H. Kingdon *Bd V* 62, 67, 91
Fa. P.J. Kipp & Zonen/Delft *Bd I* 102,
 105, 106, *Bd IV* 86, 102, *Bd V*
 115, 218
F. Kirchner *Bd III* 232, 233, 235, 238,
 239, 245, *Bd IV* 52, 53, 54, 57
H. Klein *Bd I* 28
O. Klein *Bd III* 171
Z. Klemensiewicz *Bd III* 76
F. Knauer *Bd I* 19, 21, 23, 26, 33, 34, 37,
 38, *Bd III* 85, 104, 105, 108, 110,
 125, 127, 128, 152, 194, 214, 247, 261,
 263, *Bd IV* 52, 196, *Bd V* 53, 62,
 65, 96, 100, 112, 117, 140, 141, 144, 162,
 176, 213, 217, 228, 229, 240
P. Knipping *Bd I* 13, *Bd III* 223
M. Knudsen *Bd I* 174, *Bd II* 147, 157,
 188, 244, 261, 266, *Bd III* 60, 65, 87,

104, *Bd IV* 90, 188, 190, 191, 192,
 234, *Bd V* 85, 86, 222
A. Koenig *Bd III* 76
P.P. Koch *Bd I* 26
Fa. M. Kohl A.G./Chemnitz *Bd IV* 241,
 Bd V 72
F. Kohlrausch *Bd V* 101
W. Kossel *Bd II* 142
H.A. Kramers *Bd V* 170
M. Kratzenstein *Bd I* 38
E. Kreuzer *Bd I* V, VI, XIII, XIV, XV,
 Bd II V, VI, XIII, XIV, XV, *Bd III* V,
 VI, XIII, XIV, XV, *Bd IV* V, VI, XIII,
 XIV, XV, *Bd V* V, VI, XIII, XIV, XV
F. Krüger *Bd II* 202, 203
H. Krumreich *Bd II* 202
Kühnemann *Bd I* 80
W. Kükenthal *Bd I* 80
T.S. Kuhn *Bd I* 3, 14, 15, 16, 28, 29
C.H. Kunsman *Bd III* 223
B. Kurrelmeyer *Bd III* 63, 243
S. Kyropolus *Bd IV* 137

L

R. Ladenburg *Bd I* 13, 80, *Bd V* 83,
 89
B. Lammert *Bd I* 37, *Bd V* 49, 50
L.D. Landau *Bd III* 171, 175
A. Landè *Bd I* 17, 18, 29, *Bd II* 66,
 Bd III 140, 142, 244
Landeck/Frankfurt *Bd II* 195
H.R. Landolt-R. Börnstein *Bd I* 170,
 Bd II 73, 195, 228, *Bd III* 95,
 Bd V 93, 133
P. Langevin *Bd II* 136, *Bd V* 156
I. Langmuir *Bd II* 191, 200, 225, 247,
 Bd IV 52, 53, 101, 105, 128, 188, 192,
 Bd V 61, 65, 70, 91, 214, 225
G.O. Langstroth *Bd III* 245
O. Laporte *Bd IV* 182
P.S. Laplace *Bd II* 65
J. Larmor *Bd I* 13, 14, 15, *Bd II* 161,
 Bd III 175, 244
B.G. Lasarew *Bd IV* 91
K. Lauch *Bd III* 245
H. Le-Chatelier *Bd II* 194
J. Leemann *Bd I* 31
E. Lehrer *Bd V* 157
G. Leithäuser *Bd III* 77
W.J. Leivo *Bd I* 36, *Bd IV* 136
J. Lemmerich *Bd I* 13
W. Lenz *Bd I* 18, 19, *Bd II* 86, 249